高等职业教育"十二五"规划教材

Windows与Linux
网络管理与维护

WINDOWS YU LINUX WANGLUO GUANLI YU WEIHU

◎主　编　游贵荣
◎副主编　刘　勇

重庆大学出版社

内容提要

本书是一本基于工作过程的工学结合教材,依据中小企业系统管理员/网络管理员岗位的典型工作任务,设计了7个学习情境、二十几个活动任务来完成整个项目的教学过程。通过活动任务的实际操作讲解,学生可以在实践过程中学会 Windows 与 Linux 网络操作系统的常用服务配置、管理与维护等技术,同时具备在实际工作中网络服务器操作系统的选型、安装、常用服务的配置和远程管理的能力。

本书结构清晰,内容具有一定的深度和广度,叙述简练,突出操作实践。本书适用于高职高专学校计算机网络技术、电子商务、信息管理等相关专业的网络服务器应用技术教学,也可以作为非计算机网络技术专业的选修课程用书,还可以作为计算机网络建设、管理、应用以及相关从业人员的自学用书。

图书在版编目(CIP)数据

Windows 与 Linux 网络管理与维护/游贵荣主编. —
重庆:重庆大学出版社,2013.2
高等职业教育"十二五"规划教材
ISBN 978-7-5624-7156-1

Ⅰ.①W… Ⅱ.①游… Ⅲ.①
Windows 操作系统—高等职业教育—教材 ②
Linux 操作系统—高等职业教育—教材 Ⅳ.①TP316.8

中国版本图书馆 CIP 数据核字(2012)第 308810 号

高等职业教育"十二五"规划教材
Windows 与 Linux 网络管理与维护
主 编 游贵荣
副主编 刘 勇
责任编辑:江欣蔚 版式设计:江欣蔚
责任校对:谢 芳 责任印制:赵 晟

*

重庆大学出版社出版发行
出版人:邓晓益
社址:重庆市沙坪坝区大学城西路21号
邮编:401331
电话:(023)88617183 88617185(中小学)
传真:(023)88617186 88617166
网址:http://www.cqup.com.cn
邮箱:fxk@ cqup.com.cn (营销中心)
全国新华书店经销
重庆五环印务有限公司印刷

*

开本:787×960 1/16 印张:25 字数:450千
2013年2月第1版 2013年2月第1次印刷
印数:1—2 000
ISBN 978-7-5624-7156-1 定价:45.00元

本书如有印刷、装订等质量问题,本社负责调换
版权所有,请勿擅自翻印和用本书
制作各类出版物及配套用书,违者必究

编写委员会

主　任：林　彬　　福建商业高等专科学校党委书记
副主任：黄克安　　福建商业高等专科学校校长、教授、硕士生导师、政协福建省
　　　　　　　　　　委常委、国务院政府特殊津贴专家、国家级教学名师
　　　　　吴贵明　　福建商业高等专科学校副校长、教授、博士后、硕士生导师、
　　　　　　　　　　省级教学名师
秘书长：刘莉萍　　福建商业高等专科学校教务处副处长、副教授
委　员：(按姓氏笔画排序)
　　　　　王　瑜　　福建商业高等专科学校旅游系主任、教授、省级教学名师
　　　　　叶林心　　福建商业高等专科学校商业美术系副教授、福建省工艺美术
　　　　　　　　　　大师、高级工艺美术师
　　　　　庄惠明　　福建商业高等专科学校经济贸易系党总支书记兼副主任(主
　　　　　　　　　　持工作)、副教授、博士后、硕士生导师
　　　　　池　玫　　福建商业高等专科学校外语系主任、教授、省级教学名师
　　　　　池　琛　　中国抽纱福建进出口公司总经理
　　　　　张荣华　　福建冠福家用现代股份公司财务总监
　　　　　陈增明　　福建商业高等专科学校教务处长、副教授、省级教学名师
　　　　　陈建龙　　福建省长乐力恒锦纶科技有限公司董事长
　　　　　陈志明　　福建商业高等专科学校信息管理工程系主任、副教授
　　　　　陈成广　　东南快报网站主编
　　　　　苏学成　　北京伟库电子商务科技有限公司中南大区经理
　　　　　林　娟　　福建商业高等专科学校基础部主任、副教授
　　　　　林　萍　　福建商业高等专科学校思政部主任、副教授、省级教学名师
　　　　　林常青　　福建永安物业公司董事长
　　　　　林军华　　福州最佳西方财富大酒店总经理
　　　　　洪连鸿　　福建商业高等专科学校会计系主任、副教授、省级教学名师
　　　　　章月萍　　福建商业高等专科学校工商管理系主任、副教授、省级教学名师
　　　　　黄启儒　　福建海峡服装有限公司总经理
　　　　　董建光　　福建交通(控股)集团副总经理(副厅级)
　　　　　谢盛斌　　福建锦江科技有限公司人力行政副总经理
　　　　　廖建国　　福建商业高等专科学校新闻传播系主任、副教授

序

　　胡锦涛总书记在清华大学百年校庆讲话中提出，人才培养、科学研究、服务社会、文化传承创新是现代大学的四大功能。高校是人才汇集的高地、智力交汇的场所，在这里，古今中外的思想、理论、学说相互撞击、相互交融，理论实践相互充实、相互升华，百花齐放、百家争鸣，并以其强大的导向功能辐射影响全社会，堪称社会新思想、新理论、新观念的发源地和集散中心。教师扮演着人类知识传承者和社会责任担当者的角色，更应践行"立德、立功、立言"人生三不朽。

　　当下许多教师，特别是青年教师尚未脱离从家门到校门、从校门再到校门的"三门学者"的路径依赖，致使教学内容单调、研究成果片面。要在教学上有所成绩、学术上有所建树、事业上有所成就，不仅要做"出信息、出对策、出思想"的"三出学者"，更要从"历史自觉"的高度有效克服自身存在的"历史不足"，勇于探索出一条做一名"出门一笑大江横""出类拔萃显气度""出人头地见风骨"的"三出学者"路径。作为高职高专院校的教师，要培养学生成为"应用型""高端技能型"人才，更要亲密接触社会、基层获取实践经验，做到既博览群书又博采众长，既"书中学"更"做中学"，成为既有理论又有实践经验的综合型人才。

　　百年商专形成了"铸造做人之行，培育做事之品"的"品行教育"特色。学校在做强硬实力的同时，不遗余力致力于软实力建设。要求教师一要敢于接触社会，不能"两耳不闻窗外事，一心只读圣贤书"，要广泛接触社会，了解社情民意，与企事业单位"亲密接触"；二要勇于深入基层，唯有对基层、对实际有深入的了解，才能做到"春江水暖鸭先知"，才能适时将这些知识与信息传播给学生；三要勤于实践锻炼。教师只有自觉增强实践能力，接受新信息、新知识、新概念，了解新理念，跟踪新技术，不断更新自身的知识体系和能力结构，才能更加适应外界环境变化和学生发展的需求。俗话说："要给学生一杯水，自己就要有一桶水"，现在看来，教师拥有"一桶水"远远不够了，教师应该是"一条奔腾不息的河流"！教师要有"绝知此事要躬行"的手，要有"留心处处皆学问"的眼、要有"跳出庐山看庐山"的胆，在"悬思—苦索—顿悟"之后，以角色自信和历史自觉，厚积薄发，沉淀思想、观点、经验、体悟。

　　百年商专，在数代前贤和师生的共同努力下，取得了无数的荣誉，形成了自己的特色和性格，拥有了自己的尊严和声誉，奠定了自己的地位和影响，也创出了自己的品牌和名气。不同时代的商专人都应为丰富商专的内涵作出自己的贡献。当下的"商专人"更应以"商专人"为荣,靠精神、靠文化、靠人才、靠团结、靠拼搏,敬业精业、齐心协力、同舟共济,强基固础、争先创优、攻艰克难、奋发有为。在共同感受学生成长、丰富自己人生、铸就学校未来的同时,服务社会、奉献社会,为我国的高职教育做出自己的一份贡献。

源于此,学校在长乐企业鼎力支持下建立"校本教材出版基金",鼓励和支持有丰富教学与企业经验、较高学术水平与教材编写能力的教师和相关行业企业专家共同编写校本教材。本系列校本教材在编写过程中,力求实现体现"校企合作、工学结合"的基本内涵;符合高职教育专业建设和课程体系改革的基本要求,以"基于工作过程或以培养学生实际动手能力"为主线设计教材总体架构;符合实施素质教育和加强实践教学的要求;反映科学技术、社会经济发展和教育改革的要求;体现当前教学改革和学科发展的新知识、新理念、新模式。

斯言不尽,代以为序。

福建商业高等专科学校党委书记　林　彬
2011 年 12 月

前言

21世纪是信息化社会，信息无处不在，信息系统是维持企业高效运作不可或缺的重要组成部分。作为承载信息系统的网络服务器，是保障信息系统正常、安全、稳定运行的必要条件。

本书围绕着目前中小企业网络服务器常用的 Windows 与 Linux 网络服务器的实际应用要求，介绍各种主流网络服务器的安装、配置与管理。作者根据多年从事网络教学、校园网管理和网络工程设计与实施工作的经验，充分考虑到高职毕业生多数就业面向中小企业的实际状况，精心选择教学内容，如去除 Windows 网络服务器很重要但中小企业很少用到的活动目录(Active Directory)部分。

本书在内容上整合 Windows 与 Linux 网络操作系统、服务配置与管理和网络交换机、路由器配置与管理的部分相关内容，内容由浅入深，突出实用性、先进性和可操作性。以工作过程为导向，按照实际典型工作任务要求，精心设计学习情境，并给出了每个学习情境实训项目引导文。

本书由福建商业高等专科学校游贵荣任主编，星网锐捷网络有限公司高级工程师刘勇任副主编。学习情境1、学习情境2 的 Linux 部分、学习情境3、学习情境5、学习情境6 的 Linux 部分、实训项目引导文由游贵荣编写，学习情境2 的 Windows 部分、学习情境6 的 Windows 部分由薛彦斌编写，学习情境4、学习情境7 由郑佳芳编写，全书由游贵荣统稿总撰。乐宁莉老师对本书的部分内容的编写提出许多有益的建议，在此表示感谢。

在本书编写过程中，得到了福建商业高等专科学校领导和重庆大学出版社的大力支持，以及黄培周老师提出的有益建议和提供的相关资料，在此表示衷心感谢。

由于编者水平有限，疏漏和错误之处恳请广大读者批评指正。

编　者
2012 年 8 月

目 录

学习情境 1　基本网络操作系统的安装与配置 …………………………………… 1
　任务 1　VMware 虚拟机软件的安装与使用 ……………………………… 3
　任务 2　Windows Server 2008 R2 安装与配置 …………………………… 12
　任务 3　CentOS Linux 6 安装与配置 ……………………………………… 28

学习情境 2　局域网资源共享的配置与管理 …………………………………… 57
　任务 1　Windows Server 2008 文件与打印机的共享与使用 …………… 59
　任务 2　CentOS 6 资源共享服务器 Samba 配置与管理 ………………… 87

学习情境 3　DHCP 服务器安装、配置与管理 ………………………………… 124
　任务 1　Windows Server 2008 DHCP 服务器配置与管理 ……………… 128
　任务 2　CentOS 6 DHCP 服务器配置与管理 …………………………… 141
　任务 3　配置虚拟跨网段网络环境 ……………………………………… 146

学习情境 4　DNS 服务器安装、配置与管理 …………………………………… 157
　任务 1　CentOS 6 域名服务系统 DNS 配置与管理 ……………………… 161
　任务 2　Windows Server 2008 DNS 服务器配置与管理 ………………… 176

学习情境 5　FTP 服务器安装、配置与管理 …………………………………… 191
　任务 1　Win2K8 自带 FTP 服务器组件的配置与管理 …………………… 194
　任务 2　Win2K8 常用第三方 FTP 服务器软件的安装与管理 …………… 205
　任务 3　CentOS 6 中 VSFTPD 服务器配置与管理 ……………………… 216

学习情境 6　Web 服务器安装、配置与管理 …………………………………… 240
　　任务 1　Windows Server 2008 IIS 服务器安装、配置与管理 …………… 243
　　任务 2　CentOS 6 的 LAMP 环境安装、配置与管理 …………………… 270

学习情境 7　网络服务器远程控制与管理 …………………………………… 308
　　任务 1　Win2K8 远程桌面服务的配置与管理 …………………………… 310
　　任务 2　Win2K8 常用第三方远程控制软件的安装与使用 ……………… 317
　　任务 3　CentOS 6 服务器远程控制与管理 ……………………………… 325

附录　实训项目引导文 ……………………………………………………… 358
　　实训项目 1　熟悉 VMware 并安装配置服务器操作系统 ……………… 358
　　实训项目 2　局域网资源共享的配置与管理 …………………………… 363
　　实训项目 3　DHCP 服务器安装、配置与管理 ………………………… 368
　　实训项目 4　DNS 服务器安装、配置与管理 …………………………… 372
　　实训项目 5　FTP 服务器安装、配置与管理 …………………………… 376
　　实训项目 6　Web 服务器安装、配置与管理 …………………………… 380
　　实训项目 7　网络服务器远程控制与管理 ……………………………… 384

参考文献 ……………………………………………………………………… 388

学习情境1 基本网络操作系统的安装与配置

知识目标

1. 了解 Windows Server 2008 R2 不同发行版本的特性
2. 了解安装 Windows Server 2008 R2 对软硬件的要求
3. 掌握 Windows Server 2008 R2 安装与基本配置的方法与技巧
4. 熟悉如何配置 Windows Server 2008 R2 工作环境
5. 了解常用虚拟机软件的优缺点
6. 掌握 VMware 虚拟机软件的安装与使用
7. 了解 Linux 不同版本的特性
8. 了解安装 CentOS 6 对软硬件的要求
9. 掌握 CentOS 6 安装与基本配置的方法与技巧
10. 熟悉如何配置 CentOS 6 工作环境

能力目标

1. 能根据企业提供的网络服务要求,正确选择相对应的网络服务器操作系统
2. 能根据安装目标网络服务器所提供的具体服务,对服务器硬盘进行分区并正确定制安装指定的操作系统(非默认组件安装方式)
3. 会安装网络服务器相关硬件的驱动程序
4. 能根据具体网络环境的要求,正确设置服务器 IP 地址
5. 能进行基本的操作系统工作环境的配置

情景再现与任务分析

某软件公司需要对新推出的一套基于 B/S 模式软件进行测试,该软件用.NET开发,需要有 IIS、.NET 框架和 SQL Server 数据库的支持;同时,该软件也有相应的基于 Java 开发的版本,使用的是 Linux 操作系统和 MySQL 数据库。公司在进行软件功能测试的同时,还要进行模拟多用户的压力测试,为了进行不同软件运行环境的对比,公司要求管理员在一台服务器上同时安装 Windows Server 2008 R2 和 CentOS 6,并搭建相应的组件环境。

随着服务器硬件性能的提高和刀片服务器及网络存储的使用,为了充分发挥服务器使用效率,硬件虚拟化技术应用已经逐步成熟。目前,一般入门级服务器硬件核心配置都是双 CPU、4 GB 内存、双网卡、双硬盘镜像或更高。通常对软件产品进行测试都需要大量、具有不同操作系统环境和配置的计算机及网络环境,如:Windows XP、Windows 7、Linux 和安装不同的浏览器等。如果频繁地在一台物理机服务器上安装不同操作系统,明显效率低下。因此,通过在一台物理机服务器上安装类似 VMware 虚拟机软件,虚拟出多台服务器是一种理想的解决方案。

学习情境教学场景设计

学习领域	Windows 与 Linux 网络管理与维护	
学习情境	基本网络操作系统的安装与配置	
行动环境	场景设计	工具、设备、教件
①企业现场 ②校内实训基地	①分组(每组2人) ②参观校园网网络中心 ③教师讲解网络操作系统安装的知识点及注意事项 ④学生提出方案设想 ⑤讨论形成方案 ⑥方案评估 ⑦提交文档	①投影仪或多媒体网络广播教学软件 ②多媒体课件、操作过程屏幕视频录像 ③安装有双网卡(其中一块可以是无线网卡)的服务器或 PC 机 ④网络互联设备,教学场所能够接入 Internet ⑤相关操作系统安装光盘或 ISO 映像文件

任务1　VMware 虚拟机软件的安装与使用

知识准备

1. 什么是虚拟化，为什么要使用虚拟机

虚拟化是一个广义的术语，是指计算元件在虚拟的基础上而不是真实的基础上运行，是一个为了简化管理、优化资源的解决方案。随着服务器硬件性能的提高和刀片服务器及网络存储的使用，为了充分发挥服务器使用效率，硬件虚拟化技术应用已经逐步成熟。

虚拟机（Virtual Machine，VM）是指对物理计算机的仿真。利用在某个真实操作系统上安装的一套虚拟机软件，可以在一台计算机上模拟出若干台虚拟计算机，每台虚拟计算机可以运行独立的操作系统而不会相互干扰。这种安装了真实操作系统的物理主机称为主机系统，简称"宿主机（host）"；利用虚拟机软件虚拟出来的逻辑操作系统称为"客体机"（guest）系统或虚拟机系统，简称虚拟机。每个虚拟机运行它自己的操作系统及其安装的应用程序，如图 1-1 所示。

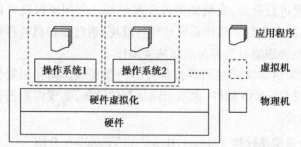

图 1-1　硬件虚拟化示意图

在实验和生产环境中使用虚拟机的场合和优势主要有以下几个方面：

①在生产环境中使用虚拟机搭建高效率、低成本的软件测试环境。利用虚拟机可以虚拟出不同操作系统版本和安装不同软件环境的多台仿真计算机，有效地减少了对不同软件环境测试要求和应用程序的兼容性问题。只要机器性

能允许,虚拟机可以在一台机器上同时运行多个操作系统,对于有些工作需要在多机环境下完成的任务,可以在一台机器上实现,有利于移动办公和产品的演示。另外,由于虚拟机软件虚拟出的硬件设备都是标准、通用的设备,使得克隆和迁移安装好的虚拟机系统变得异常简单,一般通过复制和粘贴操作就可完成。

②在企业实际生产环境中,可能部署了多台服务器,分别承担某种服务功能,有些服务功能对服务器的负载比较轻,但又不能同时安装在同一操作系统中。这时,利用虚拟化技术就能很好解决这问题,它打破了"一台服务器一个应用程序"的传统体制,提高了服务器硬件资源的利用率,降低硬件和设备成本,节约能源,简化管理,支持以及减少碳排放。利用虚拟化技术虚拟并整合多台服务器和应用程序,最大限度地减少资源浪费,增强系统运行维护的灵活性和可靠性,这也是目前企业虚拟化应用的趋势。

③利用虚拟机构建一些特定操作系统或应用软件环境。如在网络安全技术应用中,利用虚拟机运行一个没有安装任何补丁和资源的"干净"系统的"蜜罐"服务器主机,"引诱"黑客进行攻击,以便记录黑客的攻击行为,有针对性地采取一些安全措施。另外,对于涉及网上交易的金融行为,为了防止系统被病毒入侵或植入木马,网上交易者可以借助虚拟机软件,打造一个专用的、用于网上交易的虚拟机,提高资金账户的安全性。

④在实验环境中,很多实验可能带有"破坏性",如病毒、黑客攻击类的安全测试,或对硬盘进行分区、安装新的操作系统等。利用虚拟机可以实现跨系统安装完全隔离的多个独立操作系统和软件环境,通过虚拟机软件的快照和还原功能,可以在系统崩溃时更容易实施恢复操作。

⑤利用虚拟机实现暂时不具备条件的一些实验。如利用安装在虚拟机上的 OpenFiler 或 FreeNAS 软件,虚拟出网络存储设备,实现多服务器群集和故障转移功能等实验。

2. 常用的虚拟机软件 VMware,Hyper-V,VirtualBox 介绍

常用的虚拟机软件对比如表 1-1 所示。

表 1-1 常用的虚拟机软件对比

	VMware-WorkStation	Hyper-V	VirtualBox
支持的操作系统	跨平台使用，支持 Windows 和 Linux 等操作系统	Windows Server 2008	跨平台使用，既支持 Windows 平台，也支持其他的一些主流平台，如 Linux，Unix 等
虚拟网络类型设置	种类齐全，有桥接，NAT, Host-only	有外部、内部、专用 3 种类型的网络类型	桥接方式设置比较麻烦
产品使用费	少数版本免费，多数需要收费，企业级虚拟化应用费用不菲	该产品是免费的，或者与现有 Windows Server 2008 进行捆绑购买	开源软件，免费使用
独特处	服务器虚拟化的领军人物，技术成熟，无缝拖拽以及对 Linux 的支持是 VirtualBox 和 Hyper-V 无法比拟的	HyperV 使用 Windows Server 2008，很多企业对此已经拥有广泛的支持和技术经验；利用 Windows Server 2008 组件，提供广泛的硬件支持；在免费的情况下，HyperV 虽然不能满足高性能和大规模的部署，但是能满足许多企业的需求	功能够用、备份、共享、虚拟化技术支持一个都不少，同时配置简单，有简体中文版本；同时相对于 VMware，有 Remote Desktop Protocol（RDP）、iSCSI 及 USB 的支持
适用范围	企业级应用，如在一台服务器上搭建多台虚拟服务器；适合用作 Linux 虚拟开发环境和 Windows 开发环境虚拟化	适合用作服务器虚拟化，常作为 Windows 平台的开发环境虚拟化	用于个人用户学习、工作或者程序的开发调试等方面，比较适合用于 Windows 平台的虚拟开发

①VMware(威睿)虚拟机软件,是全球桌面到数据中心虚拟化解决方案的领导厂商。其主要产品分为如下 3 种:

VMware-ESX-Server:此版本不需要操作系统的支持,它本身就是一个操作系统,可以用来管理硬件资源,带有远程 Web 管理和客户端管理功能,服务器上运行的所有虚拟机需要在客户端进行管理。

VMware-GSX-Server:此版本需要操作系统的支持,这个操作系统叫做 HOST OS,可以是 Windows 2000 Server 服务器操作系统以上版本,也可以是 Linux 服务器操作系统。也带有远程 Web 管理和客户端管理功能,虚拟机也只能在客户端进行管理。

VMware-WorkStation:此版本为工作站版本,可以安装在 Windows 或 Linux 系统下,无 Web 远程管理和客户端管理功能。

②Hyper-V 是微软的一款虚拟化产品,是微软第一个采用类似 VMware 和 Citrix 开源 Xen 一样的基于 hypervisor 的技术。Hyper-V 基于 64 位操作系统,其上一代虚拟化产品 Virtual Server 和 Virtual PC 则是基于 32 位操作系统的,32 位操作系统的内存寻址空间只有 4 GB,现已不能满足企业应用要求了。

③VirtualBox 是一款开源 x86 虚拟机软件,原由德国 Innotek 公司开发,后被 Sun Microsystems 公司收购,再后来 Sun Microsystems 公司被 Oracle 公司收购,现命名为 Oracle VM VirtualBox。VirtualBox 可在 Mac、Linux 和 Windows 主机中运行。

任务实施

1. 下载 VMware Workstation 软件

VMware Workstation 的版本更新很快,本书针对 VMware Workstation7.X 版本,用户可以到 Vmware 公司的中文官方网站 http://www.vmware.com/cn/support/下载该软件的最新免费评估版本,如图 1-2 所示。

2. VMware Workstation V7.X 安装硬件配置要求

在企业实际生产环境中,运行各种服务的计算机多数是使用专用服务器,为了保证其可靠性,一般配置有双电源冗余、双硬盘镜像;同时配置有多个网卡,主要用于网络管理或连接 SAN(Storage Area Network,存储区域网络)网络存储设备使用。在教学实验环境中,考虑到实验设备的性价比,一般不会大量使用专用服务器,要求在某个 PC 机物理操作系统上安装 VMware Workstation 软件,流畅模拟出多台虚拟计算机,除了对 PC 机的 CPU 和内存要求较高外,为了更接近实际环境,建议在 PC 机中配置两块网卡(目前 PC 机主板自带 1 块千兆网卡),或配合无线网络实验,也可以用无线网卡替代。推荐计算机软、硬件基本配置如表 1-2 所示。

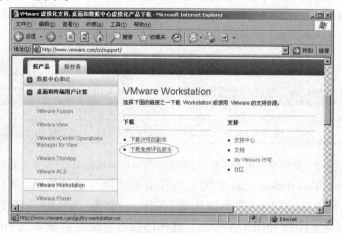

图 1-2　Vmware 公司的中文官方网站

表 1-2　实验设备配置要求

设备名称	配置要求
CPU	双核、主频≥2 GHz
内存	≥2 GB
硬盘	≥160 GB
网卡	≥2 块,或其中 1 块可用无线网卡替代
物理机操作系统	Windows XP SP2 或 Windows Server 2003 以上
光驱	建议使用虚拟光驱或光盘 ISO 映像文件

3. VMware Workstation V7.X 的安装

　　VMware Workstation 软件有 Windows 和 Linux 版本,对于初学者,建议安装在 Windows 操作系统上。VMware Workstation 支持目前流行的 Windows XP、Windows Server 2003、Windows Server 2008、Windows 7 等,本书安装环境为 Windows Server 2003。软件的安装过程比较简单,基本上是一路"Next"(下一步),需要注意的是,由于 VMware Workstation 需要安装 2 个虚拟网卡驱动程序,在安装的过程中,可能会出现"没有通过 Windows 徽标测试"提示,如图 1-3 所示。

这是由于该驱动程序没有通过微软的一个测试,经过微软测试后会给一个认证证书,当然此测试和认证是要向微软支付一定费用的。一般来说大公司开发的软件兼容性极好,因此单击"仍然继续"即可。

图1-3　安装虚拟网卡时的"没有通过 Windows 徽标测试"提示对话框

VMware Workstation 安装完成后,对于有多个网卡的计算机,为了便于识别哪个网络,建议修改网卡的"本地连接"名称,一个为"服务网络连接",另一个为"管理网络连接",如图1-4 所示。具体的修改方法是右击某网卡的"本地连接"图标,在弹出的快捷菜单中选择"重命名"命令,输入新的名称即可。

图1-4　修改网络连接名称

4. VMware Workstation V7.X 的配置

在实际使用中,经常需要将 USB 设备(如 U 盘、USB 移动硬盘、USB 软件加密狗等)连接到虚拟机中使用。要使 USB 设备能够正确连接到虚拟机中,需要确保"VMware USB Arbitration Service"服务已经启动。查看方法是右击桌面上的"我的电脑"图标,在弹出的快捷菜单中选择"管理"命令,打开"计算机管理"对话框,展开左边树形目录中的"服务和应用程序",单击"服务",然后单击右边分割窗口左下角"标准"选项卡,可以找到"VMware USB Arbitration Service"服务条目,如图1-5 所示。如果此服务没有自动启动,右击该服务条目,在弹出的快捷菜单中选择"属性"命令,在打开的对话框中设置成自动启动即可。

学习情境1　基本网络操作系统的安装与配置

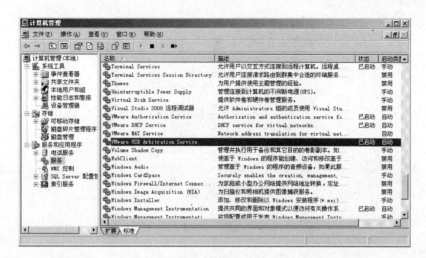

图 1-5　查看"VMware USB Arbitration Service"服务是否启动

安装完 VMware Workstation V7.X 汉化版后,启动界面如图 1-6 所示。在实际使用中,可能需要对 VMware Workstation 进行一些基本配置,以适应个人使用习惯。

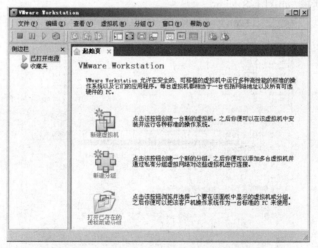

图 1-6　VMware Workstation 启动界面

单击"编辑"→"参数"命令,打开"参数"设置对话框,如图 1-7 所示。在"工作区"选项卡中可以设置工作目录,如有需要,可分别单击"输入""热键""显示""更新""内存"等选项卡,进行相关设置。如修改"虚拟机与分组默认保存位置"为"D:\VirtualPC"目录。

图 1-7 设置 VMware Workstation 参数

基本参数设置完后,为了在虚拟机中进行多个网卡连接的实验,需要指定虚拟机中的网卡使用物理机中那个网卡连接到实际网络中,以区分服务器工作网络和管理网络。单击"编辑"→"编辑虚拟网络"命令,打开"虚拟网络编辑器"设置对话框,如图 1-8 所示。

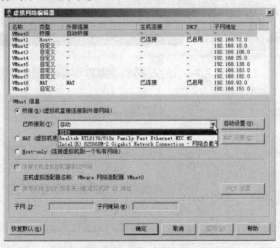

图 1-8 虚拟网络编辑器对话框

分别设置虚拟网卡 VMnet0 和 VMnet9 桥接到指定的物理主机网卡,如图 1-9 所示。

VMware 中虚拟网卡的网络连接方式有桥接、Host-only、NAT 和自定义 4 种,其网络连接属性和意义如表 1-3 所示。

学习情境1 基本网络操作系统的安装与配置

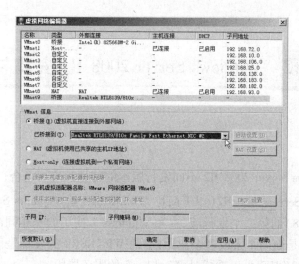

图1-9 已设置好的多网卡桥接模式

表1-3 虚拟机网络连接属性和意义

网络连接属性	意 义
桥接(Use bridged networking)	使用VMnet0虚拟网卡,此时虚拟机相当于网络上的一台独立计算机,与物理主机一样,拥有一个独立的IP地址
Host-only(使用物理主机网络)	使用VMnet1虚拟网卡,此时虚拟机只能与宿主及其上的虚拟机互联,网络上其他工作站不能访问此虚拟机
NAT(Use network address translation,使用网络地址)	使用VMnet8虚拟网卡,此时虚拟机可以通过物理主机单向访问网络上的其他工作站(包括Internet),但网络上其他工作站不能访问此虚拟机
自定义	由用户自行定义虚拟网卡的IP地址网段

任务2　Windows Server 2008 R2 安装与配置

知识准备

1. Windows Server 2008 R2 不同发行版本的特性及应用场合

Windows Server 2008 R2（以下简称 Win2K8R2）是 Windows Server 2008（以下简称 Win2K8）的第二个发行版，它和 Windows 7 使用的是相同的核心。Windows 7 的设计是面向个人或者企业用户，而 Win2K8R2 的设计是面向服务器终端。因此，Win2K8R2 可以看成是 Windows 7 的服务器版。

Win2K8R2 服务器操作系统是完全架构于 64 位平台，不再提供 32 位的版本，其负载能力大大增强，无论从性能和稳定性上都得到了提升。通信网络中的 IPv4 或许还要几年才能全面升级到 IPv6，操作系统的平台从 32 位全面升级到 64 位的时代将更加快速，而服务器硬件商在 10 年前就为此做好了准备。Win2K8R2 只支持 x64 架构的 CPU，主要提供了 Standard、Enterprise、Datacenter、Web 及安腾版这 5 个版本。

①Standard（标准版）。此版本提供了基础的 Web、虚拟化、安全性和生产特性，并平衡了成本。最高支持 4 个 x64CPU、32 GB 内存，最大支持 250 个网络访问连接、集成 Hyper-V、IIS7.5、远程桌面服务，还包括全功能的 Server Core 安装选项、支持 PowerShell2.0。

②Enterprise（企业版）。此版本在标准版的基础上提供了强大的可靠性和可扩展性，最大支持 2 TB 内存、8 个 x64CPU，没有网络连接数的限制，还有企业技术和活动目录联合服务等。

③Datacenter（数据中心版）。此版本为最高级版，适合大规模的虚拟化应用，以及大型的关键应用，如 ERP、数据库等商业应用。和企业版相比，此版本没有虚拟化使用限制，具有快速迁移等特性，最大支持 2 TB 内存、64 个 x64CPU。

④Web 版。此版本功能较为单一，主要用于构建 Web 服务器，集成 IIS7.5、ASP.NET、Microsoft.NET framework，可以让用户快速部署网站、Web 应用和服务。最大支持 32 GB 内存、4 个 x64CPU。

⑤安腾版(Itanium-Based System)。此版本是针对安腾处理器技术的服务器操作系统。

2. Win2K8R2 的主要特性

(1) Server Core

由于图形界面一直是影响 Windows 稳定性的重要因素,在 Win2K8R2 中提供了一个名为"Server Core"的最小限度服务器安装选项。Server Core 为一些特定服务的正常运行提供了一个最小的环境,简化了 GUI(Graphical User Interface,图形用户接口),采用命令行形式控制服务器,从而减少了其他服务和管理工具可能造成的攻击和风险,对系统的稳定性和远程管理伸缩性都具有非常大的好处。业内人士称之为"比 Linux 还 Linux"。由于简化了 GUI,所以 Server Core 只能实现部分的基本网络应用,如:文件服务器、域服务器、DNS、DHCP、网络负载均衡等。

(2) PowerShell 命令行

PowerShell 是微软公司为 Windows 环境所开发的外壳程序(Shell)及脚本语言技术,采用的是命令行界面。这项全新的技术提供了丰富的控制与自动化的系统管理能力,可以作为图形界面管理的补充或彻底取代它。

(3) 虚拟化技术

微软在 Win2K8R2 中集成了 Hyper-V 虚拟化平台,它能够让 Intel 和 AMD 都提供基于硬件的虚拟化支持,并且提供虚拟硬件支持平台,而这是 VMware 所难以做到的。在 R2 版中集成了 Hyper-V 2.0,其最值得期待的功能就是"Live Migration"(动态迁移),配合 AMD Opteron 等处理器可以让虚拟机在开机服务状态下实现平台间的实时迁移。

(4) 地址空间随机加载

此功能在 64 位的 Windows Vista 中已经出现,它可以确保操作系统的任何两个并发实例每次都会载入到不同的内存地址上。此特性可以防止部分恶意软件调用系统服务中的功能,提升系统的安全性。

(5) SMB2 网络文件系统

在早期的 Windows 系统中,SMB(Samba 文件共享/打印服务)就被用作 Windows 的网络文件系统。在 Win2K8R2 中采用了 SMB2,是为了更好地管理体积越来越大的媒体文件,同时也大大提升 Win2K8R2 服务器系统的运行效率。

(6) 快速关机服务

Windows 中一个历史性遗留问题就是系统关机过程缓慢,在 Windows XP

中,一旦关闭过程开始,系统就会启动一个历时 20 秒的计数器,当计数开始后,系统就会向用户发出信号询问是否用户自己中止应用程序。在 Win2K8R2 中,20 秒的倒计时被一种新服务取代,可以在应用程序需要被关闭的时候随时且一直发出信号,从而加快关闭服务器的速度。

(7) 并行会话(Session) 创建

在多用户同时登录系统的情况下,每个用户连接都是一个 Session。在 Win2K8 之前的系统中,会话创建是一个串行操作,且在终端服务系统中,串行初始化会话会导致系统出现瓶颈。Win2K8 提供的新会话模型至少能够同时对 4 个会话进行初始化,而且如果服务器的处理器多于 4 个时还能够同时初始化更多的会话,并且系统的速度不会受到影响。

(8) 增强的硬件容错机制

Win2K8R2 提供了增强的硬件容错机制(WHEA,Windows Hardware Error Architecture),极大地提高操作系统和硬件的可靠性。WHEA 能帮助系统与众多的硬件进行兼容和匹配,内置的内存容错同步机制在不中断操作系统和应用程序正常运行的状态下,从内存和页面文件上进行还原和恢复,容错机制也包含了对硬件冗余的支持。当主风扇和电源出现故障,导致对应的 CPU 和内存无法工作的时候,其他 CPU 和内存会自动接管。接管的过程中,原来的应用程序依然照常运行。在不关闭系统的情况下,系统管理员依然可以对 Win2K8R2 企业版、数据中心版等操作系统运行的硬件设备进行运维,如热添加或者替换内存、CPU 和磁盘等,系统会自动识别这些更改操作,当然在这方面需要硬件服务器的支持,比如 Itanium 的硬件服务器需要支持动态硬件分区功能。

(9) 优化的能耗控制,实现节能减排

Win2K8R2 中,微软对内核上进行了优化,同样配置的服务器,空闲状态下采用 R2 要比 Windows Server 2003 节能 30%,这对大规模部署的环境是非常有意义的。

任务实施

1. 下载 Win2K8R2 安装光盘镜像文件

用户可以到微软的官方网站 http://technet.microsoft.com/zh-cn/evalcenter/dd459137.aspx 下载 Win2K8R2 安装光盘镜像文件,目前为 180 天试用版的 Windows Server 2008 R2 Service Pack 1。

对于处于教育网内的学生用户来说,可以到微软学生中心网站申请学生序

学习情境1 基本网络操作系统的安装与配置

列号,该序列号可以直接激活标准版,而且是永久激活。网站地址为"http://www.msuniversity.edu.cn",需要注意的是,申请学生序列号时需要用".edu.cn"后缀的电子邮箱验证教育网用户身份,也就是说,没有教育网的电子邮箱,无法申请学生序列号。

2. 创建 Win2K8R2 虚拟机

①在 VMware Workstation 中,单击"文件"→"新建"→"虚拟机"命令,打开"新建虚拟机向导"对话框,如图 1-10 所示。

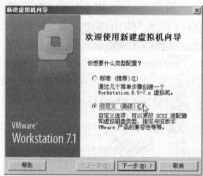 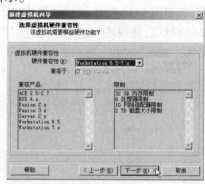

图 1-10 新建虚拟机向导对话框

②选择配置类型为"自定义(高级)",单击"下一步"按钮,在"选择虚拟机硬件兼容性"对话框中保持默认值不变,单击"下一步"按钮。

③在如图 1-11 所示的安装客户机操作系统对话框中选择"我以后再安装操作系统"选项,单击"下一步"按钮,选择客户机操作系统为"Microsoft Windows",版本为"Windows Server 2008 R2 x64",单击"下一步"按钮。

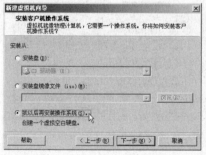 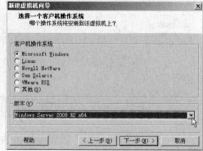

图 1-11 安装 Windows 客户机操作系统对话框

④在如图 1-12 所示的对话框中,分别设置虚拟机的名称、存放位置和处理器数量,然后单击"下一步"按钮。

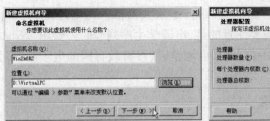
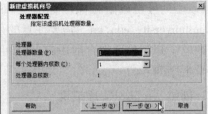

图 1-12　虚拟机名称和处理器设置对话框

⑤在如图 1-13 所示的对话框中,设置虚拟机的内存为 1 GB。为了和实际工作环境对应,建议虚拟机的网络连接类型设置为"使用桥接网络"。

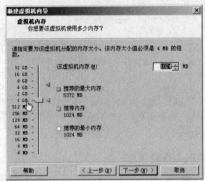
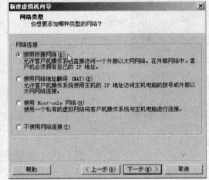

图 1-13　设置虚拟机内存和网络连接方式对话框

⑥在如图 1-14 所示的对话框中,按照默认选择虚拟机的 I/O 控制器类型为"LSI Logic SAS",以及"创建一个新的虚拟磁盘",单击"下一步"按钮。

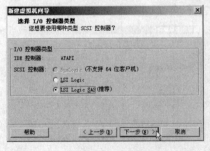
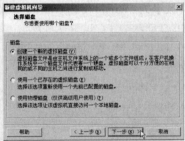

图 1-14　设置虚拟机的 I/O 控制器类型对话框

⑦在如图 1-15 所示的对话框中,选择虚拟磁盘类型为"SCSI",默认设置磁盘最大空间为"40 GB";在虚拟机系统中,虚拟磁盘对应物理主机中的一个大文件,为了方便迁移和复制虚拟机,不建议勾选"立即分配所有磁盘空间"选项;安

学习情境1　基本网络操作系统的安装与配置

装完只包含基本系统的 Win2K8R2 虚拟机,虚拟磁盘文件大小约为 7 GB,不需要将虚拟磁盘拆分成多个文件。

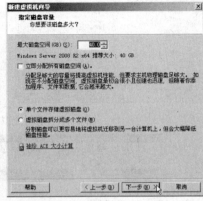

图 1-15　设置虚拟机磁盘类型和容量对话框

⑧在如图 1-16 所示的对话框中,设置虚拟机磁盘文件的存放位置和文件名,到此为止,一台虚拟机的硬件就基本"组装"完成。按照向导创建的虚拟机,包含了目前实际网络服务器中不需要的硬件设备,如软驱、声卡等。接下来单击"定制硬件"按钮,删除此类硬件设备,或添加多个网卡设备等。

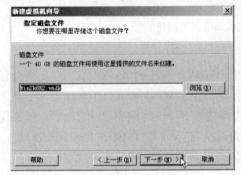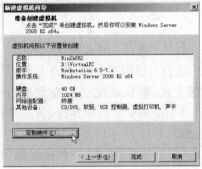

图 1-16　设置虚拟机磁盘文件存放位置及定制硬件对话框

⑨在如图 1-17 所示的对话框中,移除虚拟机中的软驱、声卡和虚拟打印机设备,并设置 CD/DVD 连接到 Win2K8R2 的安装光盘镜像文件。然后单击"确定"按钮返回上一个对话框窗口,最后单击"完成"按钮完成虚拟机的创建。

⑩完成虚拟机创建后,系统会给出刚创建好的虚拟机基本情况简介,如图 1-18 所示。接下来就可以运行此虚拟机并进行安装操作系统了。

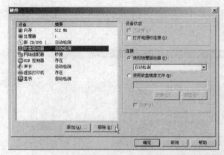 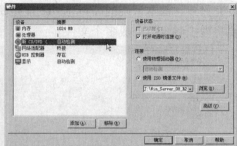

图1-17 定制虚拟机硬件设备对话框

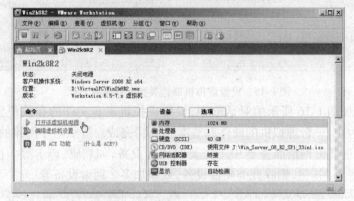

图1-18 完成虚拟机的创建

3. Win2K8R2 的安装与配置

①打开虚拟机电源,由于已经设置 CD/DVD 连接到 Win2K8R2 的安装光盘镜像文件,默认系统会从光盘进行引导,经过 Windows 启动预加载后,进入 Win2K8R2 的安装向导界面,首先是选择安装语言、时间格式和键盘类型等设置,如图1-19所示。关闭屏幕下方 VMware 提示安装 VMware Tools 区域,可以单击"以后提醒我"或"不再提醒我"按钮,由于 Win2K8R2 尚未安装,因此还不能立即安装 VMware Tools。

②单击"下一步"按钮后,在如图1-20所示的窗口中单击"现在安装"按钮开始 Win2K8R2 系统的安装操作。

③在如图1-21所示的窗口中选择"Windows Server 2008 R2 Enterprise(完全安装)"一项,单击"下一步"按钮开始安装企业版。其中标识为"服务器核心安装",表示该版本为 Server Core 版本。

④在如图1-22所示的许可条款对话框中,勾选"我接受许可条款"复选框,单击"下一步"按钮。

学习情境1　基本网络操作系统的安装与配置

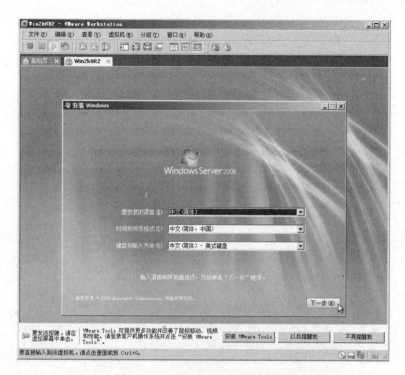

图1-19　设置Windows的语言格式

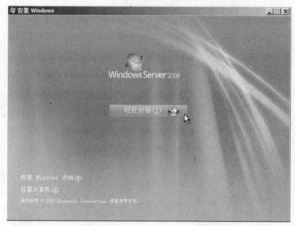

图1-20　修复或现在安装界面

⑤由于是全新安装Win2K8R2，因此在如图1-23所示窗口中需要单击"自定义"选项。

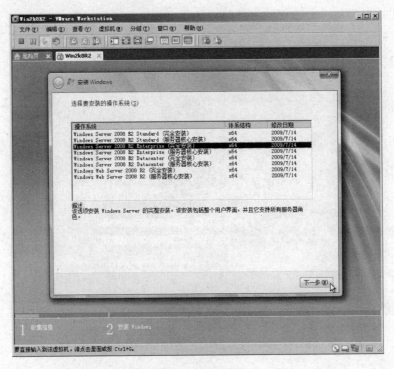

图 1-21　选择安装版本

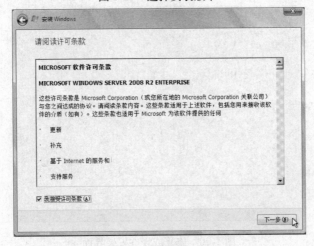

图 1-22　接受许可条款

⑥如图 1-24 所示，默认选择全部虚拟机硬盘用来安装 Win2K8R2，并由系统自行进行分区和格式化，单击"下一步"按钮。

学习情境1　基本网络操作系统的安装与配置

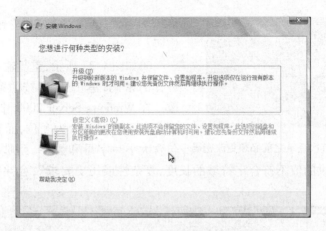

图1-23　选择安装类型

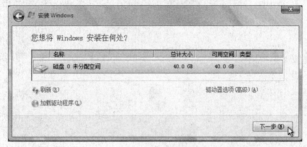

图1-24　选取安装位置

⑦接下来系统开始安装操作,经历复制、展开 Windows 文件等一系列步骤,直至完成安装,如图1-25 所示。

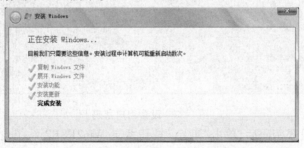

图1-25　复制、展开 Windows 文件

⑧在系统文件安装完毕之后,系统会自动重启,并显示"安装程序正在为首次使用计算机做准备",安装过程自动继续。

⑨出于安全角度考虑,系统要求用户在首次登录之前必须更改密码,如图

图 1-26 首次登录之前必须更改密码

1-26 所示。单击"确定"按钮更改登录密码。

⑩如图 1-27 所示，重复输入两次完全一样的密码，单击"→"按钮确认密码更改。在 Windows Server 2008 中，设置密码要求密码长度至少为 8 位，而且其中至少包含大小写字母和数字，否则系统会提示"新密码提供的值不符合字符域的长度，复杂性或历史要求"，会导致无法顺利设置密码。

图 1-27 设置用户密码

⑪成功设置密码后，单击"确定"按钮登录 Win2K8R2 系统，在进行准备桌面之类的最后配置后，系统安装和启动完成，进入 Window 图形界面，如图 1-28 所示。

4. 设置 Win2K8R2 计算机名称及 IP 地址

在安装 Win2K8R2 过程中，默认情况下系统没有提示用户设置计算机名称及其所属工作组,系统会按一定规则随机给一个计算机名称,默认工作组为"WORKGROUP"。在实验环境中,如果多台计算机使用同一个 Win2K8R2 的虚拟机拷贝,会导致多台计算机名称相同冲突,影响一些网络功能,建议分别进行修改。

①单击"开始"→右击"计算机",在弹出的快捷菜单中选择"属性"命令,打开系统信息显示窗口,如图 1-29 所示。

图 1-28 系统安装和启动完成

图 1-29 系统信息显示窗口

②单击"更改设置"链接,在如图 1-30 所示的对话框中选择"计算机名"选项卡,可以看到当前的计算机名称以及工作组名称,单击"更改"按钮即可更改计算机名称和工作组名称。

图 1-30　更改计算机名称

③在"计算机名/域更改"对话框中设置新的计算机名称,然后单击"确定"按钮,系统提示要求重新启动计算机才能应用更改,如图 1-31 所示。单击"确定"按钮返回"系统属性"对话框。

④在"系统属性"对话框中,单击"确定"按钮,系统提示"立即重新启动"还是"稍后重新启动",由于还需要设置 IP 地址,选择"稍后重新启动"。

⑤单击任务栏右侧通知栏中的"网络"图标,在弹出的面板中单击"打开网络和共享中心"链接,如图 1-32 所示。

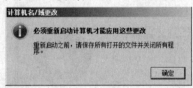 

图 1-31　重启计算机提示　　　　图 1-32　打开网络和共享中心

⑥在如图 1-33 所示的"网络和共享中心"窗口中,单击"本地连接"。

⑦在打开的"本地连接状态"对话框中,单击"属性"按钮,打开"本地连接属性"对话框,双击"Internet 协议版本 4(TCP/IPV4)",如图 1-34 所示。

⑧在如图 1-35 所示的"Internet 协议版本 4(TCP/IPV4)属性"对话框,根据实际情况输入 IP 地址、子网掩码和 DNS 地址,然后单击"确定",关闭所有窗口。

⑨单击"开始"→"注销"→"重新启动"命令,打开"关闭 Windows"对话框,如图 1-36 所示。选择一个关闭计算机描述选项,如"操作系统:重新配置(计划内)",然后单击"确定"按钮重启计算机即可。

学习情境1 基本网络操作系统的安装与配置

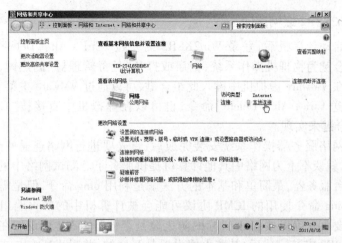

图1-33 网络和共享中心

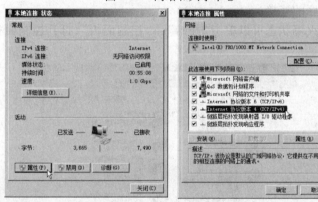

图1-34 更改本地连接

图1-35 设置IP参数

图1-36 "关闭Windows"对话框

5. Win2K8R2 联网测试

重新启动计算机后,登录 Win2K8R2 需要按"Ctrl + Alt + Delete"组合键。由于此组合键为物理机操作系统,重启或打开"任务管理器"的热键,为避免冲突且要想在 VMware 虚拟机中键入此组合键,可以通过 VMware 主菜单的"虚拟机"→"发送 Ctrl + Alt + Delete"命令,也可以在虚拟机中直接按"Ctrl + Alt + Insert"组合键来实现。

一般网络服务器操作系统安装完成后,首先要进行网络连通性测试,如果网络不通,就谈不上为网络中其他计算机提供服务了。测试网络中的计算机能否访问这台服务器,最简单和基本的方法就是利用 ping 命令,但是需要注意的是,由于 ping 命令使用的 ICMP 协议可能会被计算机中的防火墙组件阻止放行,因此,要事先确保被 ping 目标的防火墙是否放行 ICMP 协议。在默认情况下,Win2K8R2 安装完成后,其防火墙设置是开启的,并阻止所有与未在允许程序列表中的程序的连接。

①查看防火墙状态可以单击"开始"→"控制面板",打开控制面板窗口,如图 1-37 所示。

图 1-37　控制面板窗口

②单击"检查防火墙状态"链接,打开"Windows 防火墙"窗口,如图 1-38 所示,可以看到当前 Windows 防火墙状态是启用的;在实验环境中,为了使各种服务的设置顺利进行和便于查找原因,一般在服务配置的前期阶段,先关闭 Windows 防火墙。

③在"Windows 防火墙"窗口中,单击"打开或关闭 Windows 防火墙"链接,打开防火墙自定义设置窗口,如图 1-39 所示。在"公用网络位置设置"中,选择"关闭 Windows 防火墙(不推荐)"选项,单击"确定"按钮完成设置。

④单击"开始"→"命令提示符",打开命令控制台窗口,或单击任务栏上的"Windows PowerShell"图标,如图 1-40 所示,打开 Win2K8R2 功能更为强大的命令行窗口。

学习情境1　基本网络操作系统的安装与配置

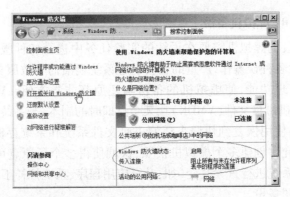

图 1-38　Windows 防火墙状态

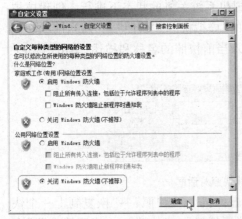

图 1-39　关闭 Windows 防火墙

图 1-40　启动 PowerShell 命令行窗口

⑤在如图 1-41 所示的命令行窗口中,执行 ping 命令,此处所 ping 的目标 IP 地址(172.16.130.254)为当前网段中的网关 IP,同时也测试 ping 网络中其他 Win2K8 服务器 IP,检验目标主机能否到达。

图 1-41　关闭 Windows 防火墙

6. Win2K8R2 虚拟机备份

由于此安装的虚拟机需要在后续的实验任务中进行各种服务的配置与管理，难免会发生各种误操作，严重的也会引起系统崩溃而导致服务器无法启动。VMware 快照管理功能，使虚拟机的备份与还原都非常方便。VMware 的磁盘"快照"是虚拟机磁盘文件（VMDK）在某个点即时的副本，当系统崩溃或发生异常时，可以通过使用恢复到快照来还原磁盘文件系统和系统存储。VMware 快照管理功能还允许创建多个虚拟机快照，这就使得多个还原点可以用于恢复。建议在对操作系统进行重大改变（如：升级应用程序、系统打补丁等）前，都进行创建虚拟机快照备份。

在对虚拟机创建快照时，建议在虚拟机系统关机的状态下进行。创建虚拟机快照的操作是单击 VMware 主菜单中的"虚拟机"→"快照"→"从当前状态创建快照"命令，打开创建快照对话框，输入当前快照的名称和描述，单击"确定"按钮完成快照的创建，如图 1-42 所示。

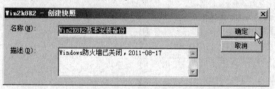

图 1-42　创建快照对话框

虚拟机快照的恢复操作可以单击"虚拟机"→"快照"→"恢复到上一个快照"命令；如果创建有多个快照，则单击"虚拟机"→"快照"→"快照管理器"命令，打开快照管理器窗口，从中选择一个还原点进行恢复即可。

任务 3　CentOS Linux 6 安装与配置

知识准备

1. Linux 不同发行版本的特性及应用场合

Linux 是一个自由软件，是源代码开放的 UNIX，最早由芬兰大学生 Linus Torvalds 在 1991 年开始编写，后来陆续加入众多爱好者共同开发完成。不过，Linux 只是一个内核，还不能称得上是一个完整的操作系统，完整的操作系统不仅仅有内核,而且还要有管理计算机软、硬件资源的程序,文件系统和由其他相关的应用程序组成。所以,许多个人、组织和企业,开发了基于 GNU/Linux 的 Linux 发行版。目前有几百种发行版,其中最著名的便是 Red Hat 公司的 Red Hat 系列以及社区(Community)组织的 Debian 系列。图 1-43 所示为目前比较常用的几个 Linux 的发行版本。

图 1-43 Linux 的主要发行版本

基于相同的内核,不同的 Linux 发行版本之间没有特别明显的差别,只是在软件包的管理上有比较明显的差别。对于企业级的服务器应用,建议安装 Red Hat 系列的 Linux 发行版;对于个人桌面系统的应用,建议安装 Debian 系列的 Linux 发行版,其图形环境的软件包管理比较友好,易于用户使用。

2. CentOS Linux 6 的新特性

CentOS(Community Enterprise Operating System)是来自于 Red Hat Enterprise Linux 依照开放源代码规定释出的源代码所编译而成。由于出自同样的源代码,因此有些要求高度稳定性的服务器以 CentOS 替代商业版的 Red Hat Enterprise Linux 使用。两者的不同,在于 CentOS 并不包含封闭源代码软件。

由于 CentOS 来自于 Red Hat Enterprise Linux(RHEL)6 依照开放源代码规定释出的源代码所编译而成,它也包含 RHEL 6 的新特性,RHEL 6 模糊了虚拟、物理和云计算之间的界限,以适应当代 IT 环境中发生的转变,RHEL 6 从内核到应用基础设施到开发工具链都采用了升级的核心技术,可以满足未来几代硬件、软件技术的需要。总结起来,CentOS 6 的新特性主要有以下几个方面:

①无处不在的虚拟化,更好的稳定性、高可用性,更高的能效以及提供多个最新软件技术;

②全面的电源管理能力，其内核的改进使系统可以更频繁地将没有活动任务的处理器变为空闲状态，可以比以前的版本降低 CPU 的温度和提高节电效率；

③可伸缩性改进，支持更多的 CPU 和内存硬件资源；

④新的 ext4 文件系统，作为下一代扩展文件系统族，它包括对更大文件尺寸的支持、效率更高的硬盘空间分配、更好的文件系统检查和更强健的日志；

⑤GCC 编译器工具升级到版本 4.4，新版本的库可以支持更多的语言和运行环境；

⑥更新了 GNOME 和 KDE 桌面系统，增加了对显示类型的检测和对多种显示器的支持功能。

任务实施

1. 下载 CentOS Linux 6 安装光盘镜像文件

下载 CentOS Linux 6 安装光盘镜像文件可以到 CentOS 的官方网站 http://www.centos.org/ 或从电驴网站 http://www.veryed.com/ 上下载。注意区分 32 位和 64 位版本，标明 i386 类型的为 32 位版本，标明 x86_64 类型的为 64 位 CPU 架构的服务器版本。

2. 创建 CentOS Linux 6 虚拟机

①按照创建 Windows Server 2008 R2 虚拟机的方法，在 VMware Workstation 中利用"新建虚拟机向导"，在如图 1-44 所示的对话框中，选择客户机操作系统为"Linux"，版本为"CentOS"，单击"下一步"按钮。

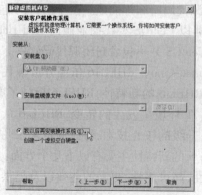

图 1-44　安装客户机操作系统对话框

学习情境1 基本网络操作系统的安装与配置

②在如图1-45所示的对话框中,分别设置虚拟机的名称、存放位置和处理器数量,然后单击"下一步"按钮。

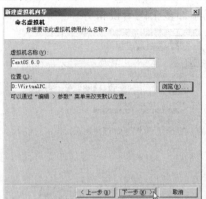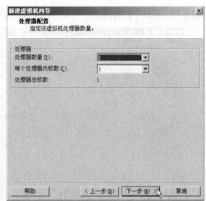

图1-45 虚拟机名称和处理器设置对话框

③在如图1-46所示的对话框中,设置虚拟机的内存为512 MB,如果实验条件允许,可以将虚拟机的内存适当增大些。为了和实际工作环境对应,建议虚拟机的网络连接类型设置为"使用桥接网络"。

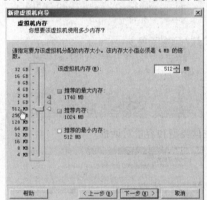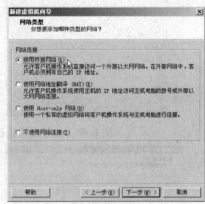

图1-46 设置虚拟机内存和网络连接方式对话框

④在如图1-47所示的对话框中,按照默认选择虚拟机的I/O控制器类型为"LSI Logic",以及"创建一个新的虚拟磁盘",单击"下一步"按钮。

⑤在如图1-48所示的对话框中,选择虚拟磁盘类型为"SCSI",默认设置磁盘最大空间为"20 GB";安装完只包含基本系统的CentOS Linux 6虚拟机,虚拟磁盘文件大小约为3 GB。

⑥在如图1-49所示的对话框中,设置虚拟机磁盘文件的存放位置和文件

名,到此为止,一台虚拟机硬件就基本"组装"完成。按照向导创建的虚拟机,包含了目前实际网络服务器中不需要的硬件设备,如软驱、声卡等。接下来单击"定制硬件"按钮,删除此类硬件设备,或添加多个网卡设备等。

图 1-47　设置虚拟机的 I/O 控制器类型对话框

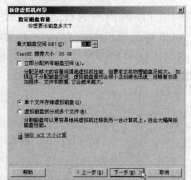

图 1-48　设置虚拟机磁盘类型和容量对话框

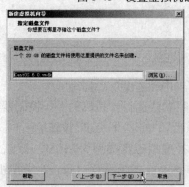

图 1-49　设置虚拟机磁盘文件存放位置及定制硬件对话框

⑦在如图 1-50 所示的对话框中，移除虚拟机中的软驱、声卡和虚拟打印机设备，并设置 CD/DVD 连接到 CentOS 的安装光盘镜像文件。然后单击"确定"按钮返回上一个对话框窗口，最后单击"完成"按钮完成虚拟机的创建。

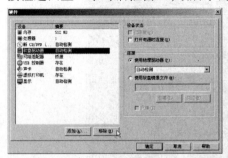

图 1-50　定制虚拟机硬件设备对话框

⑧完成虚拟机创建后，系统会给出刚创建好的虚拟机基本情况简介，如图 1-51 所示。接下来就可以运行此虚拟机并进行安装操作系统了。

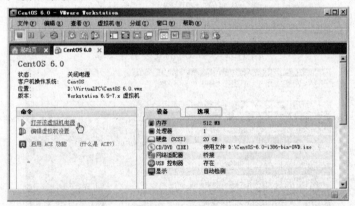

图 1-51　完成虚拟机的创建

3. CentOS Linux 6 的安装与配置

①打开虚拟机电源，由于已经设置 CD/DVD 连接到 CentOS 的安装光盘镜像文件，默认系统会从光盘进行引导，进入 CentOS 的安装引导菜单界面，如图 1-52 所示。

②选中"Install or upgrade an existing system"菜单后按回车键，经过一系列引导过程后，系统将会提示是否进行安装光盘的完整性校验，如图 1-53 所示；如果挂载的是光盘镜像文件，一般不需要进行校验，选择"Skip"跳过即可。

图 1-52 CentOS 的安装引导菜单

图 1-53 安装光盘完整性校验

③跳过安装光盘的完整性校验后，系统会给出一个 CentOS 6 的安装 LOGO 界面，单击"Next"按钮后进入系统语言选择界面，如图 1-54 所示。

④选择"简体中文"后，单击"Next"按钮，进入系统键盘布局选择界面，如图 1-55 所示。

学习情境1　基本网络操作系统的安装与配置

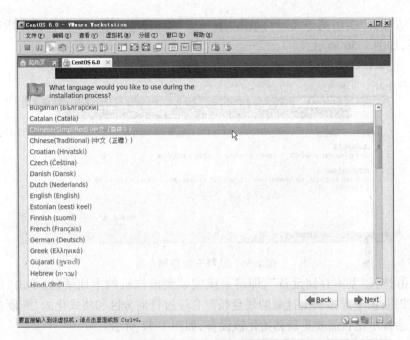

图1-54　选择安装语言环境

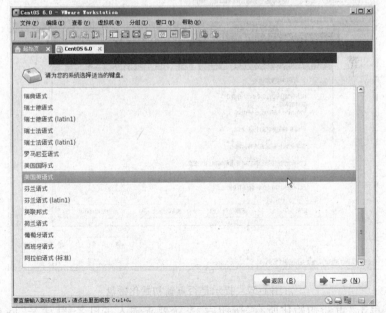

图1-55　选择系统键盘布局

⑤选择"美国英语式"后,单击"下一步"按钮,进入系统安装存储介质选择界面,如图 1-56 所示。

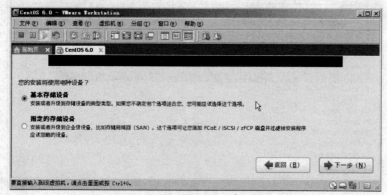

图 1-56　选择安装存储介质

⑥选择"基本存储设备",即将系统安装到虚拟机的本地硬盘,单击"下一步"按钮;由于虚拟机上挂载的硬盘是没有经过任何分区和格式化的"新硬盘",系统会提示是否需要重新初始化该设备,如图 1-57 所示。

图 1-57　提示是否重新初始化磁盘

⑦单击"重新初始化所有"按钮后,系统要求输入主机名,默认是"localhost.localdomain",建议进行更改,比如改为"Linux6"。由于虚拟机的网卡是采用桥

接方式,为了和局域网中的其他计算机进行互联,如果网络环境中没有 DHCP 服务器,必须设置网卡的 IP 地址,单击"配置网络"按钮,打开"网络连接"对话框,如图 1-58 所示。

⑧选中有线网卡的"System eth0",单击"编辑"按钮,打开编辑网卡参数对话框,如果使用 IPv4 协议,选择"IPv4 设

图 1-58 "网络连接"对话框

置"选项卡并输入相应的 IP 地址、子网掩码、网关和 DNS 服务器地址,如图 1-59 所示;为了让网卡的功能在后面计算机重新启动后自动启用,必须勾选"自动连接"选项。

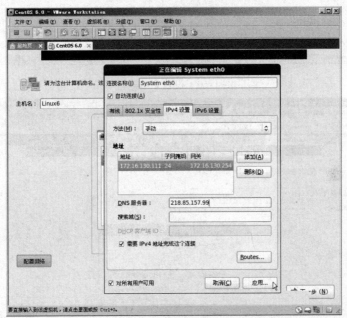

图 1-59 更改主机名和配置网络参数

⑨单击"应用"按钮,回到设置主机名界面,单击"下一步"按钮,进入到系统时区设置界面,如图 1-60 所示。

⑩默认选择"亚洲/上海",单击"下一步"按钮,进入到根账户(root)密码设置界面,如果设置的根密码过于简单,系统会提示"脆弱密码",如图 1-61 所示。

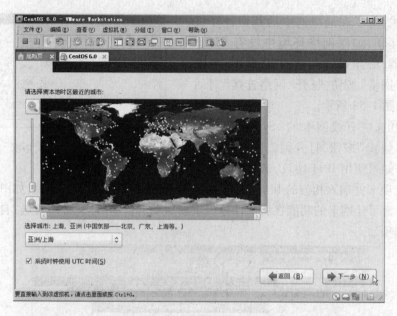

图 1-60　设置系统时区

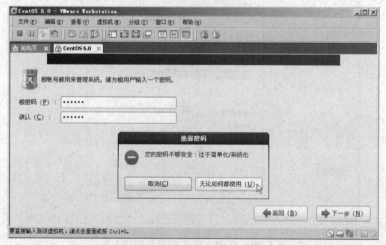

图 1-61　设置根密码

⑪在实验环境中，根密码可以设置得相对简单些，可以单击"无论如何都使用"按钮，进入到分区安装类型选择界面，如图 1-62 所示。

⑫选中"使用所有空间"选项，把虚拟出来所有 20 GB 硬盘空间分给 Linux 使用，单击"下一步"按钮后，系统会提示是否将存储配置写入磁盘对话框，如图

1-63所示;单击"将修改写入磁盘"按钮,随后系统会自动进行创建默认分区结构和进行格式化。

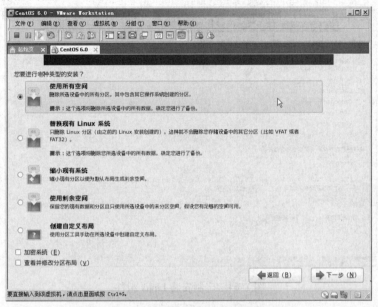

图1-62 分区安装类型选择

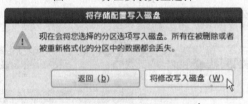

图1-63 将存储配置写入磁盘对话框

⑬系统分区创建完成后,进入服务器安装类型、组件定制界面,默认为"Minimal"最小安装模式,即安装Linux最基本的系统组件,当然不包括图形环境X-Window;对于初学者来说,不建议采用此模式,因此,建议采用"Desktop"模式,将Linux图形环境安装上,并进行自定义安装一些额外的重要组件,如图1-64所示。

⑭为了方便后续服务器各种服务的安装与配置任务的开展,单击"下一步"按钮后,需要进行定制安装部分软件包。如为了方便安装以源代码方式发行的软件,需要事先安装C/C++编译器,在此只要事先将基本开发工具安装上即可,如图1-65所示。

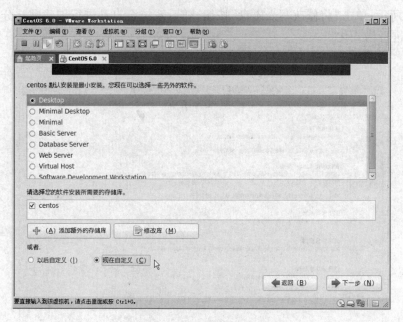

图 1-64　定制安装 Linux 组件

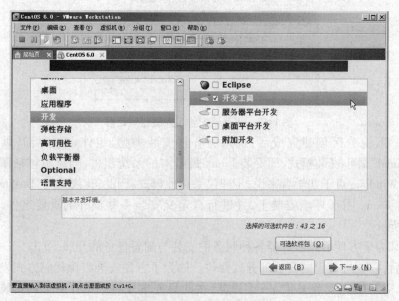

图 1-65　安装基本开发环境

⑮为了在 Linux 环境下测试 WEB 服务器,建议将应用程序中的互联网浏览器(Firefox)安装上,如图 1-66 所示。

图 1-66　安装互联网浏览器

⑯为了进行基本的 DHCP 和 DNS 服务器配置,建议勾选"服务器"中的"网络基础设施服务器",如图 1-67 所示。

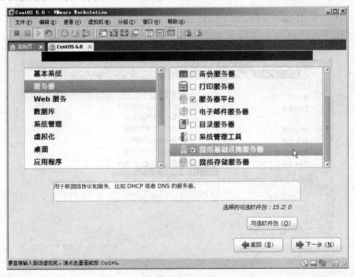

图 1-67　安装网络基础设施服务器

⑰单击"可选软件包"按钮打开软件包选择对话框,勾选"bind-9.7.0"和"dhcp-4.1.1"选项,如图1-68所示。

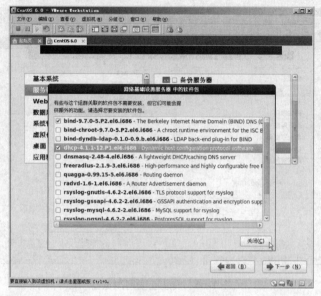

图1-68 安装网络基础设施服务器

⑱单击"关闭"按钮,返回上一界面,勾选语言支持为"中文支持",完成后单击"下一步"按钮,系统将进行软件包的依赖性检查,如图1-69所示。

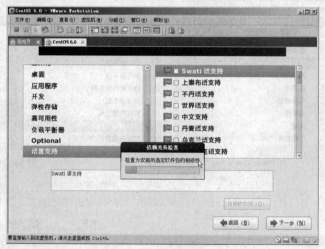

图1-69 软件包的依赖性检查

⑲软件包依赖性检查完后,系统将进行软件包的安装,系统文件将被拷贝到硬盘上,文件拷贝过程完成后,需要单击"重新引导"按钮,进行系统重启,如图 1-70 所示。

图 1-70　安装完成并提示重启计算机

⑳系统重启后,要进入 Linux 图形环境,还需要进行几项设置,主要是接受许可证协议、创建非管理员账号、设置日期和时间等,如图 1-71 所示。

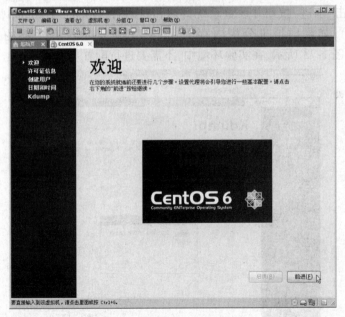

图 1-71　重启后的欢迎界面

㉑单击"前进"按钮并同意许可证协议后,进入创建非管理员用户界面,如图 1-72 所示。

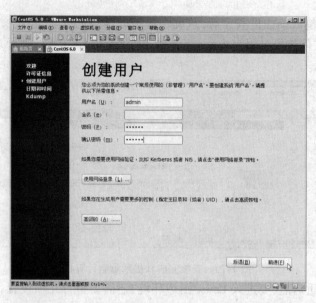

图1-72 创建非管理员用户

㉒单击"前进"按钮并设置系统日期和时间后,进行配置 kdump(内核崩溃转储机制),如果虚拟机分配内存为 512 MB,则提示没有足够的内存配置 kdump,如图1-73所示,在实验环境中,不需要进行配置。

图1-73 没有足够的内存配置 kdump

㉓单击"完成"按钮,将进入 Linux 的图形登录界面,如图 1-74 所示;默认为非管理员用户登录,可以单击"其他",进行 root 根用户登录。

图 1-74　Linux 的图形登录界面

㉔用 root 根用户登录后,系统会给出一个警告对话框,如图 1-75 所示。

图 1-75　root 根用户登录警告

㉕单击"关闭"按钮后,系统安装和启动完成,进入 X-Window 图形界面,如图 1-76 所示。

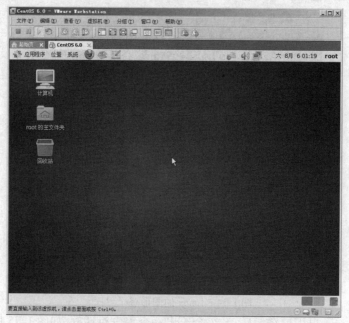

图 1-76 Linux 安装和启动完成

4. CentOS Linux 6 联网测试

注意:和 Win2K8R2 不一样,在默认情况下,CentOS 6 安装完成后,其防火墙设置是放行 ICMP 协议和 SSH 协议的。

(1)在 CentOS Linux 6 中 ping 网络中的其他计算机

单击屏幕顶端面板主菜单中的"应用程序"→"系统工具"→"终端",打开

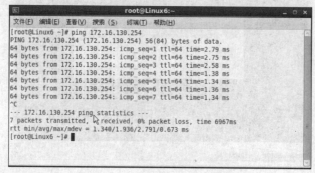

图 1-77 Linux 中的命令行窗口

命令行窗口,如图 1-77 所示;此处 ping 的目标 IP 地址(172.16.130.254)是当前网段中的网关 IP,在 Linux 中,ping 命令执行后需要按 Ctrl + C 组合键才能结束此命令,相当于 ping 命令在 Windows 中执行时加了"-t"参数。

【小链接】

命令行提示符"[root@ Linux 6 ~]#"中,"root@ Linux 6"表示当前用户 root 登录了主机名为 Linux 6 的服务器,"~"表示当前目录位置是 root 用户的主目录,"#"表示当前登录的用户具有管理员权限。

退出命令行,可以直接关闭命令行窗口,或执行"exit"命令,也可以按 Ctrl + D 组合键快速关闭命令行窗口。

(2)网络中的其他计算机 ping 服务器 CentOS Linux 6

要测试 CentOS 服务器在网络中其他计算机是否可以访问,可以让网络中同一网段的任何计算机 ping 此服务器,也可以是其他 CentOS 服务器互 ping;如果是 Linux 的主机,可以直接使用 SSH 命令,远程管理此服务器,这部分内容在后续的任务中需要熟练使用。

5. 关闭和重启 CentOS Linux 6 虚拟机

(1)图形环境下关机

在图形环境下关闭 CentOS 只需要单击屏幕顶端面板主菜单中的"系统"→"关机"命令,在打开的对话框中单击"关闭系统"按钮即可,如图 1-78 所示。

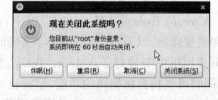

图 1-78 关闭 Linux 对话框

(2)在命令行窗口中关机

使用命令关闭 Linux 服务器有好几种方式,主要有"poweroff""init 0""shutdown"或"halt"命令。

(3)在命令行窗口重启服务器

使用命令重启服务器,可以使用"reboot"或"init 6"。

6. CentOS Linux 6 虚拟机备份

在 Linux 虚拟机关机的状态下,创建虚拟机快照的操作是单击 VMware 主菜单中的"虚拟机"→"快照"→"从当前状态创建快照"命令,打开创建快照对话框,输入当前快照的名称和描述,单击"确定"按钮完成快照的创建,如图 1-79 所示。

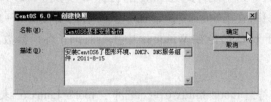

图 1-79　创建快照对话框

1. 利用虚拟机软件安装非服务器操作系统

为了进一步熟悉 VMware 软件的使用,建议安装一些非服务器操作系统,如:Windows XP,Ubuntu desktop,上网中常用的迷你 Linux 操作系统 Veket 等。

2. 安装 Win2K8"Server Core"操作系统

安装 Win2K8 服务器核心版并不困难,关键是要熟悉在没有图形界面的情况下如何进行操作系统的基本配置,如:计算机名、IP 地址等,以及如何在"Server Core"中安装各种服务或组件。

3. 在虚拟机中安装 VMware Tools

VMware Tools 是 VMware 虚拟机中自带的一种增强工具,用来增强虚拟显卡和硬盘性能,以及同步虚拟机与主机时钟等功能的驱动程序。只有在 VMware 虚拟机中安装好了 VMware Tools,才能实现主机与虚拟机之间的文件共享,同时可支持自由拖拽的功能,鼠标也可在虚拟机与主机之前自由移动(不需要再按 Ctrl + Alt 组合键),且虚拟机屏幕也可设置不同的分辨率和实现全屏最大化。如果虚拟机中未安装 VMware Tools,VMware 系统也会在窗口底部提示,如图 1-80 所示。

图 1-80　提示安装 VMware Tools

①在 Win2K8 中安装 VMware Tools 比较简单,基本上是一路"NEXT",最后重启系统即可。以管理员身份登录 Win2K8 后,单击 VMware 主菜单的"虚拟机"→"安装 VMware Tools"命令,VMware 会自动将包含 VMware Tools 的光盘映像文件挂载到虚拟机中(注意:精简版的 VMware 可能不完整,导致无法安装某

些操作系统的 VMware Tools），默认 Win2k8 系统的"自动播放"功能会打开如图 1-81 所示的对话框，单击"运行 setup.exe"链接进行安装，直至完成。

②在 CentOS Linux 6 中安装 VMware Tools 比较麻烦，需要在终端窗口中手动运行 VMware Tools 的安装脚本程序：

图 1-81　VMware Tools 安装程序自动播放

A. 以 root 用户登录 CentOS Linux 6 后，单击 VMware 主菜单的"虚拟机"→"安装 VMware Tools"命令，VMware 会自动将包含 VMware Tools 的光盘映像文件挂载到虚拟机中，并显示光盘内容及在屏幕下方提示安装方法，如图 1-82 所示。

图 1-82　挂载 VMware Tools 光盘映像文件

B. 右击 VMware Tools 的安装压缩包，在弹出的快捷菜单中选择"解压缩到"命令，在如图 1-83 所示的对话框中，选择"位置"列表框中的"root"文件夹，单击"解压缩"按钮，将 VMware Tools 的安装文件夹解压缩到 root 的主文件夹中。

C. 单击屏幕顶端面板主菜单中的"应用程序"→"系统工具"→"终端"，打开命令行窗口，默认的当前目录为 root 的主文件夹；执行"ls"命令，列出当前目录下的文件列表，VMware Tools 的安装文件所在目录为"vmware-tools-distrib"，如图1-84 所示。

图1-83 解压缩到 root 的主文件夹中

图1-84 在终端窗口中安装 VMware Tools

D. 在命令行中输入"cd vm"，然后按"Tab"键，系统自动补全剩余的文件夹名称，即"cd vmware-tools-distrib/"，按回车键后将当前目录切换到"vmware-tools-distrib"下。

E. 执行"ls"命令，可以看到 VMware Tools 的安装脚本文件名为"wmware-install.pl"，在命令行中输入"./vm"，然后按"Tab"键，系统自动补全剩余的文件名，按回车键后进行 VMware Tools 的安装。"./"表示执行当前目录里的可执行文件，这是因为 Linux 的默认搜索目录里没有当前目录，所以如果要在当前目录需要执行程序就要加上路径，"./"用全路径代替也是可以的。

F. 在 VMware Tools 的安装过程中，一般情况下，只需按回车键接受系统提供的默认值即可，直至安装完成。

G. 关闭命令行窗口，重启系统后即完成 VMware Tools 在 CentOS Linux 6 中的安装。

4. 关闭 Windows Server 的关机事件跟踪(Shutdown Event Tracker)功能

在 Windows Server 关机或重启时,默认需要提供关机或重启的原因及填写注释说明,使用这种功能操作起来虽然麻烦些,但在关闭或重启计算机系统时,关闭事件跟踪程序会记录下此次关机或重启的原因,对系统的正常运行和数据的保护是非常有帮助的。

对于一些测试服务器来说,可能需要频繁重启或开关机,此关机事件跟踪功能没有意义,可以通过"组策略编辑器"来禁止它。

① 单击"开始"→"运行"或按"(⊞+R"组合键,在如图 1-85 所示的对话框中输入"gpedit.msc",单击确定按钮。

② 在如图 1-86 所示的"本地组策略编辑器"窗口左边部分,选择"计算机配置"→"管理模板"→"系统",在右边窗口双击"显示'关闭事件跟踪程序'"。

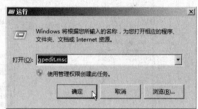

图 1-85 "运行"对话框

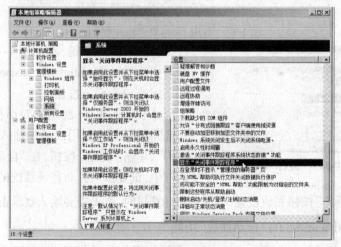

图 1-86 本地组策略编辑器

③ 在如图 1-87 所示的对话框中,选择"已禁用"选项,在注释文本框中输入禁用的原因,然后单击"确定"按钮,完成设置。

5. 设置自动登录 Win2K8 功能

Win2K8 默认是在开机后按"Ctrl + Alt + Delete"组合键进行登录 Windows

桌面系统，对于需要频繁开关机和重启的测试服务器来说，每次都需要输入登录密码，比较麻烦。可以通过更改设置，让 Win2K8 启动完成后自动登录到桌面系统，方法如下。

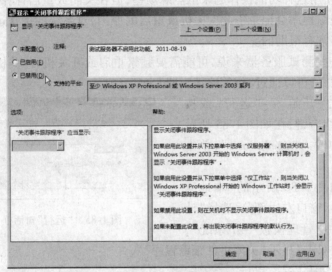

图 1-87　禁用"关闭事件跟踪程序"

图 1-88　"运行"对话框

①按"⊞+R"键，在如图 1-88 所示的对话框中输入"control userpasswords2"，按回车键或单击确定按钮。

②在如图 1-89 所示的对话框中，取消勾选"要使用本机，用户必须输入用户名和密码"，单击"确定"按钮，在"自动登录"对话框中，重复输入自动登录系统的用户密码后，单击"确定"按钮完成设置，下次重启计算机时，就不需要输入登录密码了。

6. 关闭 Win2K8 的"自动播放"功能

"自动播放"功能（AutoRun）是一个操作系统的便捷机制，在用户插入 USB 闪存、CD/DVD 等可移动媒体时，系统会自动读取其根目录的 autorun.inf 文件并运行指定程序，但这种特性数年来长期被木马、病毒等恶意软件的传播所利用。据报道，微软准备在下一个版本的 Windows 操作系统中彻底摒弃此功能。目前，用户可以通过注册表、组策略等工具关闭该功能。

在如图 1-90 所示的"本地组策略编辑器"窗口左边部分，选择"计算机配

学习情境1 基本网络操作系统的安装与配置

置"→"管理模板"→"Windows 组件",在右边窗口双击"自动播放策略",在如图 1-91 所示的窗口中,双击"关闭自动播放"选项,将其设置成"已禁用"即可。

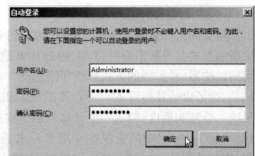

图 1-89 设置自动登录对话框

图 1-90 本地组策略编辑器

图 1-91 关闭 Win2K8 的"自动播放"

1. 企业级虚拟化的应用及云计算

(1) 什么是云计算(Cloud Computing)

狭义的云计算是指 IT 基础设施的交付和使用模式,指通过网络以按需、易扩展的方式获得所需资源;广义的云计算是指服务的交付和使用模式,指通过网络以按需、易扩展的方式获得所需服务。这种服务可以是 IT 和软件、互联网相关,也可以是其他服务。云计算的核心思想,是将大量用网络连接的计算资源统一管理和调度,构成一个计算资源池向用户按需服务。提供资源的网络被称为"云"。"云"中的资源在使用者看来是可以无限扩展的,并且可以随时获取,按需使用,随时扩展,按使用付费,就像人们用自来水和电一样。

云计算是网格计算(Grid Computing)、分布式计算(Distributed Computing)、并行计算(Parallel Computing)、效用计算(Utility Computing)、网络存储(Network Storage Technologies)、虚拟化(Virtualization)、负载均衡(Load Balance)等传统计算机和网络技术发展融合的产物。

(2) 什么是虚拟化

要实现云计算的第一步是必须进行虚拟化。虚拟化是一种方法,是一种从逻辑角度出发的资源配置技术,是物理实际的逻辑抽象。比如说,当前只有一台计算机,通过虚拟技术,在用户看来,似乎却是多台,每台都有其各自的 CPU、内存、硬盘等物理资源。对于用户,虚拟化技术实现了软件跟硬件分离,用户不需要考虑后台的具体硬件实现,而只需在虚拟层环境上运行自己的系统和软件。而这些系统和软件在运行时,也似乎跟后台的物理平台无关。

(3) 虚拟化技术的类型

虚拟化技术之所以会被广泛地采用,都有其应用背景,当前虚拟化技术主要有以下 3 种类型:拆分、整合、迁移。

①拆分,是指某台计算机性能较高,而工作负荷小,资源没有得到充分利用,这种情况下利用虚拟化技术,将这台计算机拆分为逻辑上的多台计算机,同时供多个用户使用,使得此服务器的硬件资源得到充分的利用。这种情形在配置有性能较好的大型机、小型机或服务器的企业中经常出现,目的就是为了提高计算机的资源利用率,同时也节约电能。

②整合,是指当有大量性能一般的计算机,但在特定领域(如气象预报、地质分析等)数据计算往往需要性能极高的计算机,此时可应用虚拟整合技术,将

大量性能一般的计算机整合为一台计算机,以满足客户对整体性能的要求。

③迁移,是指将一台逻辑服务器中闲置的一部分资源动态地加入到另一台逻辑服务器中,提高另一方的性能,目的是实现资源共享和跨系统平台应用等。

(4)企业服务器虚拟化的优势

①维护运行在早期操作系统上的业务应用。对于某些早期操作系统,发行厂商已经停止了系统的维护,不再支持新的硬件平台,而重写运行在这些系统上的业务应用又不现实。为此,可以将这些系统迁移到新硬件平台上运行的虚拟系统上,实现业务的延续。

②提高服务器的利用率。将多运行单一的低CPU负载的服务器,整合到一台性能较高的服务器上,可以充分发挥服务器的性能,从而提高整个系统的整体利用效率。

③动态资源调配,提升业务应用整体的运行质量。通过实现资源池或在集群系统中各个业务之间进行动态的资源调配,进而提升业务应用的整体运行质量。

④提供相互隔离的、安全的应用执行环境。虚拟系统下的各个子系统相互独立,即使一个子系统遭受攻击而崩溃也不会对其他系统造成影响。而且在使用备份机制后,子系统可被快速地恢复。

⑤提供软件调试环境,进行软件测试,保证软件质量。采用虚拟技术后,用户可以在一台计算机上模拟多个系统、多种不同操作系统,使调试环境搭建简单易行,大大提高工作效率,降低测试成本。

2. 开源软件、自由软件及共享软件

(1)开源软件

开源软件的全称为开放源代码软件(Open Source),它是指其源码可以被公众使用的软件,并且此软件的使用、修改和分发也不受许可证的限制。开放源码软件通常是有 Copyright 的,它的许可证可能包含这样一些限制:需要保护它的开放源码状态、作者身份的公告或者开发的控制。也有众多开源软件被公众利益软件组织注册为认证标记。

(2)自由软件

根据自由软件基金会的定义,自由软件(Free Software)是一种可以不受限制地自由使用、复制、研究、修改和分发的软件。这方面的不受限制正是自由软件最重要的本质,与自由软件相对的是闭源软件(Proprietary Software)即非自由软件,也常被称为私有软件、封闭软件(其定义与是否收取费用无关)。自由软件受到选定的"自由软件授权协议"保护而发布(或是放置在公共领域),其发布以源代码为主,二进制文档可有可无。自由软件的许可证类型主要有 GPL (General Public License)许可证和 BSD(Berkely Software Distribution)许可证两种。另外,自由软件也可以看作开源软件的一个子集。自由软件是一个比开源软件更严格的概念,因此所有自由软件都是开放源代码的,但不是所有的开源软件都能被称为"自由"。但在现实上,绝大多数开源软件也都符合自由软件的定义。比如,遵守 GPL 和 BSD 许可的软件都是开放的、并且是自由的。

(3)共享软件

共享软件是以"先使用后付费"的方式销售的享有版权的软件。根据共享软件作者的授权,用户可以从各种渠道免费得到它的拷贝,也可以自由传播它。用户总是可以先使用或试用共享软件,认为满意后再向作者付费;如果你认为它不值得你花钱买,可以停止使用。共享软件最明显的优点是有一个免费的试用期或使用次数。有些共享软件如果过了试用期后没有向作者付费,有些功能可能被限制使用。

3. Windows 与 Linux 系统下常用网络服务软件对比

虽然目前 Linux 操作系统已经广泛应用于服务器、桌面、嵌入式系统等各个方面,但最多的应用还是在网络服务器方面。因为 Linux 的网络功能是与生俱来的,它的设计定位就是网络操作系统。Windows 与 Linux 系统下常用网络服务软件的对比如表 1-4 所示。

表 1-4 Windows 与 Linux 系统下常用网络服务软件对比

服务类型	Windows	Linux
Web 服务	IIS	Apache
DNS 服务	Windows Server DNS	BIND
FTP 服务	IIS, ServU, Xlight	Vsftpd, Wu-ftpd, Proftpd
Mail 服务	Exchange, IMAIL	Sendmail, Postfix, Qmail
代理服务	ISA, WinGate	Squid
目录服务	Windows Active Directory	OpenLDAP
文件服务	文件共享服务,网上邻居	Samba, NFS
数据库服务	Windows SQL Server 等	MySQL, Oracle, DB2 等
远程管理	Windows 终端服务器, pcAnyWhere, VNC	SSH, Webmin, VNC, Xmanager

学习情境2　局域网资源共享的配置与管理

知识目标

1. 掌握如何管理 Windows Server 2008 和 CentOS 6 用户与用户组
2. 掌握如何管理 Windows Server 2008 文件及打印机共享的方法
3. 了解 Windows 与 Linux 各种分区格式之间的差异
4. 掌握利用命令行批量创建 Windows Server 2008 用户和设置共享权限的方法
5. 掌握 Windows 用户访问 Linux 文件和打印机服务器的配置与管理方法

能力目标

1. 能根据企业实际情况，在 Windows 和 Linux 服务器上创建用户与用户组，并设置相应的访问权限
2. 能根据需要设置企业简单的网上邻居资源共享
3. 能实现 Windows 和 Linux 服务器资源的相互访问
4. 会安装打印机驱动程序和设置网络共享打印机

情景再现与任务分析

某软件公司需要配置一台文件服务器,以方便各开发小组进行资源共享及使用网络打印机。企业中多数客户端使用 Windows 系列操作系统,部分使用 Linux 系列操作系统。该企业的部门员工组织结构如图 2-1 所示,企业对文件服务器的要求如下:

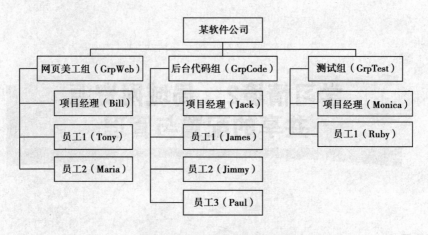

图 2-1　部门员工组织结构图

（1）需要一个公司共享内部资料的目录，其内容由系统管理员或各个小组的项目经理进行发布，除了上传文件的用户及系统管理员以外，其他用户不能删除，只有读的权限；

（2）每个小组需要一个存放资料的公用目录，只允许该小组员工可见/可读/可写，除了上传文件的用户及系统管理员以外，其他用户不能删除；

（3）每位员工有一个自己的目录，除自己可读/可写/可删除外，只有该小组项目经理可读；

（4）网页美工组的所有用户可以使用文件服务器上的光驱。

（5）鉴于部分打印机厂商未提供 Linux 下的驱动程序，要求在 Windows 系统中配置网络共享打印机，并在客户端的 Windows 系统中安装网络打印机驱动程序，实现共享打印。

对以上需求，其实就是要求在多种操作系统同时并存而形成的异构网络中，能够进行共享资源的相互访问，并进行相应的用户权限设置。在 Windows Server 系统中，要实现文件资源共享比较容易，一般使用设置向导就可以实现；而 Windows 用户要访问 Linux 的共享资源，一般通过在 Linux 中架设 Samba 服务来实现。

学习情境2　局域网资源共享的配置与管理

学习情境教学场景设计

学习领域	Windows 与 Linux 网络管理与维护	
学习情境	局域网资源共享的配置与管理	
行动环境	场景设计	工具、设备、教件
①企业现场 ②校内实训基地	①分组(每组2人) ②教师讲解实际企业工作中为什么需要通过网络共享计算机的软、硬件资源 ③学生提出共享方案设想 ④讨论形成方案 ⑤方案评估 ⑥提交文档	①投影仪或多媒体网络广播软件 ②多媒体课件、操作过程屏幕视频录像 ③安装有双网卡(其中一块可以是无线网卡)的服务器或 PC 机 ④网络互联设备 ⑤激光打印机及配套的驱动程序或安装光盘

任务1　Windows Server 2008 文件与打印机的共享与使用

知识准备

1. 什么是共享,计算机中哪些资源可以共享

共享即分享,将一件物品或者信息的使用权或知情权与其他人共同拥有,有时也包括产权。在网络环境下,理论上计算机中的软、硬件资源都可以共享。如在局域网内建立一台打印服务器,可以为局域网所有用户提供打印服务;将服务器上的某个文件、文件夹或某个硬盘分区设置成共享属性,使得多个用户可以同时打开或使用同一个文件或数据。

2. 什么是共享发布,共享名与文件夹名有什么不同,UNC 的作用是什么

在网络中,将本地系统的资源与其他用户共享的过程,称之为共享发布。

计算机上的文件夹,只有通过共享发布操作,才可以使得被选定文件夹在网络上被访问。在将文件夹进行共享发布时,共享发布后的名称称为共享名。共享名默认与被共享的文件夹同名,也可以根据实际情况修改共享名。

在访问共享时,在"我的电脑"窗口地址栏输入:"\\计算机名称或 IP 地址\文件夹的共享名",以上路径被称为 UNC(Universal Naming Convention)名称,主要应用于读取局域网络共享资源。

3. 文件共享与文件夹共享的区别

由于当前的操作系统,一般文件以文件夹为容器进行管理,因此在进行文件共享时,首先要将指定文件夹作为共享对象的容器。所谓文件共享并不是字面上单纯地发布一个或数个文件共享,而是将共享文件所在的文件夹整体作为容器,进行共享发布。

在操作时,为了便于与现实逻辑沟通,往往将企业的行政结构作为共享文件夹创建的依据。如创建名为"会计部共享"的文件夹,并将其发布为共享文件夹,作为会计部的文件共享容器。

4. 什么是用户,什么是多用户系统

在网络操作系统中,用户指的是由系统管理员创建的给予指定人员使用的计算机账号。根据在同一时间,系统可以处理的用户数量,系统可分为单用户系统和多用户系统。其中单用户系统是指一台计算机在同一时间只能由一个用户使用,一个用户独自享用系统的全部硬件和软件资源,而在同一时间允许多个用户同时使用系统,则称为多用户系统。

Win2K8 是一个网络多用户操作系统,在操作系统中内置许多用户账号(built-in account),其中最常用的两个账号是 Administrator(系统管理员)和 Guest(来宾)。

(1) Administrator

Administrator 拥有最高的权限,主要用于管理计算机,例如创建、更改、删除用户与组账号,设置安全原则、添加打印机、设置用户权限等操作。此账号无法删除,不过为了安全起见,建议将其改名。

(2) Guest

Guest 是提供给没有账号的用户临时使用的,此账号只有非常有限的权限。也可以更改其名称,但无法将其删除。注意:此账号默认是禁用的(disabled)。

5. 什么是用户组

网络操作系统不同于单机操作系统,在实际应用中,通常需要在网络操作

学习情境2 局域网资源共享的配置与管理

系统中建立很多用户账号,在此情况下,如果针对每个用户进行管理,则效率低下且容易出错。为解决这一问题,用户组的概念被提出,以用户组为容器,将具有相同要求的用户加入到同一个用户组中,将原来针对每个用户的维护操作,简化为针对用户组的操作,这样极大地减少了维护工作量。用户组在习惯上可以简称为组。

在 Win2K8 操作系统中,内置了许多本地组,这些组本身都已经被赋予权限(permissions),这些内置用户组具有管理本地计算机或访问本地资源的不同权限。只要用户账号加入到这些本地组内,这些用户账号也将具备该组所拥有的权限。表 2-1 列出几个较常用的本地组:

表 2-1 系统内置用户组

用户组名称	用户组描述
Administrators	组内的用户具备系统管理员的权限,拥有对计算机最大的控制权,内置的系统管理账号 Administrator 就是属于此组
Backup Operators	组内的用户可以通过 Windows Server Backup 工具来备份或还原计算机内的文件,不论它们是否有权限访问这些文件
Guests	组内的用户无法永久改变其桌面的工作环境,当用户登录时,系统会为其创建一个临时的用户配置文件,而注销时此配置文件就会删除。此组默认成员为用户账号 Guest
Network Configuration Operators	组内的用户可以执行一般的网络配置功能,例如更改 IP 地址;但是不可以安装、卸载驱动程序与服务,也不可以执行与网络服务器配置有关的功能,例如 DNS 服务器和 DHCP 服务器的配置
Performance Monitor Users	这个组内的用户具备从管道和远程访问计算机的功能
Power Users	Win2K8 虽然还保留着这个组,不过并没有像旧版 Windows 系统一样被赋予较多的特殊权限,也就是它权限没有比一般用户大
Remote Desktop Users	组内的用户可以从远程计算机使用终端服务登录
Users	组内的用户只拥有一些基本权限,例如运行应用程序、使用本地与网络打印机、锁定计算机等,但是不能将文件夹共享给网络上其他的用户、不能将计算机关机等,所有本地用户账号添加后自动属于此组

除了以上内置用户组外,Win2K8 内还有一些特殊用户组,而且其组成员无法更改,这些用户组被称为内置安全主体。表 2-2 列出较常见的内置安全主体:

表 2-2　内置安全主体

内置安全主体名称	用户组描述
Everyone	任何一位用户都属于这个组。Everyone 包含 Guests 组
Authenticated Users	任何使用有效用户账号来登录此计算机的用户,都属于这个组
Interactive	任何在本地登录(按 Ctrl + Alt + Del)的用户,都属于这个组
Network	任何通过网络来登录此计算机的用户,都属于这个组
Anonymous Logon	任何未使用有效用户账号来登录的用户,都属于这个组。注意 Anonymous Logon 默认并不属于 Everyone
Dialup	任何使用拨号方式来联机的用户,都是属于此组

6. 什么是权限

权限是指为了保证职责的有效履行,任职者必须具备的,对某事项进行决策的范围和程度。它常常用"具有批准×××事项的权限"来进行表达。例如,具有批准预算外 5 000 元以内的礼品费支出的权限。

在文件共享中,权限指的是用户对于文件或文件夹的操作权力与限制。

7. 什么是文件系统

操作系统中负责管理和存储文件信息的软件机构称为文件管理系统,简称文件系统。

8. 在 Win2K8 中有哪些权限可以进行设置

在 Win2K8 中权限分为共享权限与 NTFS 权限。

①共享权限。共享权限分为 3 种:完全控制、更改与读取。

②NTFS 权限。NTFS 权限是 NT 和 Windows Server 2000 中开始引入的文件系统,它支持本地多用户安全性。在同一台计算机上可以用不同用户名登录,对硬盘上同一文件夹可以有不同的访问权限。

9. 共享权限和 NTFS 权限区别

共享权限与 NTFS 权限的区别详见表 2-3 所示。两者的相似处之处在于:一是不管是共享权限还是 NTFS 权限都有累加性;二是不管是共享权限还是 NTFS 权限都遵循"拒绝"权限超越其他权限。

表 2-3　共享权限与 NTFS 的区别

共享权限	NTFS 权限
基于文件夹的,只能在文件夹上设置共享权限,不能在文件上设置共享权限	基于文件的,可以在文件夹或文件上设置NTFS权限
只有当用户通过网络访问共享文件夹时才起作用,如果用户是本地登录计算机则共享权限不起作用	无论用户是通过网络还是本地登录使用文件都会起作用,但是当用户通过网络访问文件时,NTFS 权限与共享权限都起作用,结果是采用二者中最严格的权限
共享权限与文件系统无关,只要设置共享就能够应用共享权限	NTFS 权限必须是 NTFS 文件系统,否则无效
文件夹移动与复制后,共享权限无效	若复制或移动到相同 NTFS 分区中,则 NTFS 权限保留不变;若移动到不同 NTFS 分区中,则 NTFS 权限原设置失效,需要重新继承权限

NTFS 权限的种类包括:读取、写入、读取和执行、修改、完全控制、列出文件夹目录。除了写入权限以外,用户至少还需要读取权限才可修改文件内容,列出文件夹目录权限不存在于文件对象中。各 NTFS 权限具体解释如表 2-4 所示。

表 2-4　NTFS 权限解释

权　限	解　释
读取(Read)	可以查看文件夹内的文件名与子文件夹名、查看文件夹属性和权限等
写入(Write)	可以在文件夹内新建文件与子文件夹、修改文件夹属性等
列出文件夹目录(List Folder Contents)	除了拥有读取的权限之外,还具备遍历文件夹(traverse folder)权限,即可以打开或关闭此文件夹
读取和执行(Read&Execute)	拥有与列出文件夹目录几乎完全相同的权限,只有在权限继承方面有所不同。列出文件夹目录权限只会被文件夹继承,而读取和执行会同时被文件夹与文件继承
修改(Modify)	除了拥有前面的所有权限外,还可以删除子文件夹
完全控制(Full Control)	拥有所有的 NTFS 文件夹权限,同时除了拥有上述的所有权限之外,还拥有更改权限与取得所有权的特殊权限

10. 父文件夹与子文件夹的权限继承问题

①NTFS 权限是可以被继承的，默认情况下子文件夹继承其父文件夹的权限；

②在继承过程中，权限是累加进行，权限累加规则内容详见表 2-5 所示；

③在累加过程中，若出现拒绝权限时，则拒绝权限可以覆盖所有其他任何权限，累加结果均为拒绝。

表 2-5 权限累加规则

子文件/子文件夹权限	父文件夹权限	累加后权限
允许	无权限	允许
无权限	允许	允许
允许	允许	允许
拒绝	允许/拒绝/无权限	拒绝
允许/拒绝/无权限	拒绝	拒绝

例如用户对某一文件夹或文件没有删除的权限，但是只要用户对该文件夹的父文件夹具有删除子文件夹及文件的权限，还是可以将此文件删除。而若用户对该文件夹的删除权限为拒绝，虽然可以从父文件夹继承允许删除权限，但结果仍为拒绝。

11. 文件与文件夹的所有权问题

NTFS 磁盘内的每一个文件与文件夹都有所有者（Create Owner），即默认创建文件或文件夹的用户就是该文件或文件夹的所有者。所有者可以更改其所拥有的文件或文件夹的权限，无论其当前是否有权限访问此文件或文件夹。即所有者默认对于其所有的文件夹、文件具有完全控制权。

用户可以获取文件或文件夹的所有权，使其成为新所有者。用户要获取所有权，必须满足表 2-6 所示的条件之一。

表 2-6 获取文件/文件夹所有权要求

序号	要 求
1	具备取得文件或其他对象所有权的用户系统默认是赋予 administrator 组这个权限
2	对该文件或文件夹具有取得所有权的特殊权限
3	任何用户只要具有取得文件或其他对象所有权的权限，就可以将所有权移交给其他用户和组

12. 本地账号的共享与安全模型

本地账号的共享与安全模型是 Win2K8 的一项安全设置,用于确定如何对使用本地账号的网络登录进行身份验证。如果将其设为"经典",使用本地账号凭据的网络登录通过自己的用户凭据进行身份验证。如果将其设为"仅来宾",使用本地账号的网络登录会自动映射到来宾账号。

(1)经典

对本地用户进行身份验证,不改变其本来身份。经典模型允许更好地控制对资源的访问。通过使用经典模型,可以针对同一个资源为不同用户授予不同的访问类型。

(2)仅来宾

对本地用户进行身份验证,其身份为来宾。使用仅来宾模型,可以平等地对待所有用户,以来宾身份验证所有用户,它们都会得到相同的访问权限级别来访问指定的资源,这些权限可以为只读或修改。

在实际应用中,文件共享服务器为支持多用户的不同使用需求,本地账号的共享与安全模型应使用"经典"。

方案制订

1. 确定共享文件夹

根据需求,确定要求建立 4 类共享文件夹,分别是公司内部资料、小组公用资料、员工资料、文件服务器上的打印机。

其中公司内部资料文件夹 1 个,小组公用资料文件夹 3 个(网页美工组、后台代码组、测试组),员工资料文件夹 10 个(除 9 名员工各自文件夹外,还要将这 9 个文件夹放入 1 个"职员资料"文件夹中,方便管理)。具体如表 2-7 所示。

表 2-7 文件夹信息

文件夹类型	文件夹名称	
公司内部资料文件夹	公司内部资料	
小组公用资料文件夹	小组公用资料	网页美工组
		后台代码组
		测试组

续表

文件夹类型	文件夹名称
职员资料文件夹	职员资料
	Bill
	Jack
	Monica
	Tony
	Maria
	James
	Jimmy
	Paul
	Ruby

2. 创建用户与用户组

按照需求,创建 9 名用户,系统管理员 Administrator 与系统管理员组 Administrators 为系统内置用户,无须创建。依据企业部门结构与人事管理层次,划分为 3 个部门,每个部门拥有 1 个用户组用于保存部门员工(GrpWeb、GrpCode、GrpTest),此外新建一个经理组(GrpManager),一共是 9 名用户,4 个用户组。具体如表 2-8 所示。

表 2-8 用户/用户组信息

用户组	用户
GrpWeb	Bill,Tony,Maria
GrpCode	Jack,James,Paul,Jimmy
GrpTest	Monica,Ruby
GrpManager	Bill,Jack,Monica
Administrators	Administrator

3. 确定用户组权限

①公司共享内部,其内容由系统管理员或各小组的项目经理进行发布,除上传文件的用户及系统管理员(administrator)外,其他用户不能删除文件,只有读的权限。

这要求各组经理、系统管理员有权上传资料(即写权限),所有企业员工均有读的权限。上传文件的用户默认为该文件的所有者(Create Owner),对该文件拥有包括删除在内的完全控制权,所以不必设置。系统管理员默认拥有所有文件的完全控制权,所以也无须设置。

②每个小组需要一个存放资料的公用目录,只允许该小组员工可见/可读/可写,除上传文件的用户及系统管理员外,其他用户不能删除。

该需求要求各组公用文件夹,只允许该组员工拥有读取、写入权限,其他员工无权访问。系统默认系统管理员与上传文件的用户(Create Owner)拥有包括删除权限在内的完全控制权限,不用设置。

③每位员工有一个自己的目录,除自己可读/可写外,只有该小组项目经理可读。

该需求要求针对员工文件夹,只有该员工拥有读取、写入权限,该员工所属小组经理拥有读取权,其他员工无权限,如表2-9所示。

表2-9 权限表

共享文件夹	用户组	权限
公司内部资料	GrpWeb	只能读取
	GrpCode	
	GrpTest	
	GrpManager	读取、写入
	Administrators	完全控制(默认)
	Create Owner(文件所有者)	完全控制(默认)
小组公用文件夹 以"网页美工组"为例	GrpWeb	读取、写入
	GrpCode	无权限
	GrpTest	无权限
	GrpManager	无权限
员工资料文件夹 以Tony为例	用户Tony	完全控制
	GrpWeb	无权限
	GrpCode	拒绝访问
	GrpTest	拒绝访问
	GrpManager	可读

表 2-9 中,部门以网页美工组为例,具体员工资料以员工 Tony 资料文件夹为例。

任务实施

1. 创建用于共享的文件夹

在 Win2K8 中创建文件夹一般使用"Windows 资源管理器",单击"开始"→"计算机",打开 Windows 资源管理器窗口,或单击任务栏上的"Windows 资源管理器"图标,最简单的方式是按"⊞+E"组合键。

假设在 C 分区的根目录上(C:\)创建 3 个文件夹,分别是:公司资料、小组公用资料、职员资料;在小组公用资料文件夹下,分别新建 3 个文件夹(网页美工组、后台代码组、测试组)对应 3 个小组;最后还要在职员资料文件夹中创建各个用户的主目录,如图 2-2 所示。

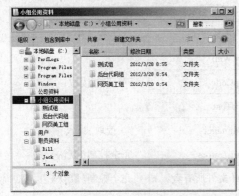
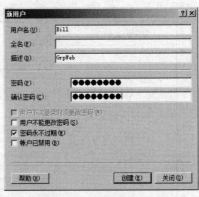

图 2-2　在资源管理器创建文件夹　　　图 2-3　创建新用户

注意:默认安装完成 Win2K8 后,桌面上是只显示"回收站"图标,如果希望在桌面上也显示"计算机"(早期版本称为"我的电脑")图标,需要单击"开始"菜单,右击"计算机",在弹出的快捷菜单中选择"在桌面上显示"命令即可。

2. 图形界面管理用户与用户组

(1)创建用户

单击任务栏上的"服务器管理"图标,打开"服务器管理"窗口。在"服务器管理"窗口左侧中,依次选择"配置→本地用户和组→用户",最后右击窗口中部的空白处,在弹出的快捷菜单中选择"新用户(N)"命令,打开新用户对话框。在用户名处输入"Bill",密码为"123@a123",取消"用户下次登录时须更改密

学习情境2 局域网资源共享的配置与管理

码",并选取"密码永不过期",其余不变,如图2-3所示。

单击"创建"按钮后,输入框会清空,此时用户已创建完毕,单击"关闭"按钮退出新用户对话框。创建成功后,在用户窗口中可以看到新创建的用户"Bill"。

注意:Windows系统中密码英文大小写敏感,在创建密码过程中,若出现提示"大小写锁定打开",表示键盘大写被锁定。

(2)创建用户组,并将用户添加到用户组中

①在"服务器管理"窗口左侧中,依次选择"配置→本地用户和组→组",然后右击窗口中部的空白处,在弹出的快捷菜单中选择"新建组(N)"命令,打开新建组对话框,如图2-4所示。

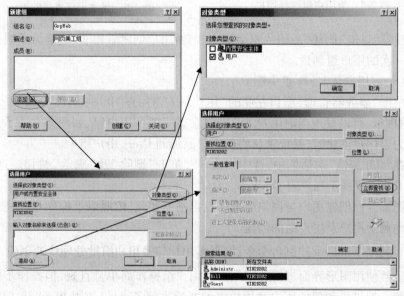

图2-4 创建用户组过程

②在组名中输入"GrpWeb",描述为"网页美工组",然后单击"添加"按钮,打开"用户对象查找选择"对话框,在"对象类型"中,选择"用户",取消"内置安全主体",这意味着接下来的查找范围为当前计算机的用户,不包括内置安全主体。

③单击"确定"按钮后,回到"用户对象查找选择"对话框后,单击"高级"按钮,打开"选择用户"对话框,单击"立即查找"按钮,此时在"搜索结果"中可以看到当前计算机所有的用户,选择本组成员"Bill"。

④单击"确定"后返回"用户选择"对话框后,如图2-5所示。再次单击"确定"按钮,完成用户组中的一次用户添加操作。最后单击"创建"及"关闭"按钮,完成用户组 GrpWeb 的创建,并且将用户 Bill 添加到用户组 GrpWeb 中。

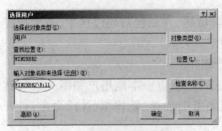
图2-5 为用户组选择用户

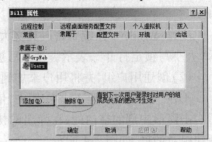
图2-6 删除用户隶属的组

注意:点击"创建"后输入框会清空,与新用户创建后相同,这是为了快速进行下一次的用户组创建。

(3)将用户从 Users 组中删除

单击"服务器管理"窗口左侧的"用户",右击用户"Bill→属性",选中"隶属于"选项卡,可以发现当前用户 Bill 同时隶属于两个用户组,如图2-6所示。这是因为当用户创建时,系统默认将新用户添加到 Users 用户组中。

在"Bill 属性"对话框中,选中"Users",单击"删除"及"确定"按钮。这时,用户 Bill 就只属于用户组 GrpWeb。

图形界面创建用户与用户组操作过程基本如此,依照以上操作步骤完成创建其他剩余用户及用户组的创建。

3. 利用 Windows 控制台命令,实现多用户与多用户组批处理快速创建

虽然使用图形界面进行管理用户和用户组操作简单且直观,但操作步骤相对烦琐。如果要创建的用户和用户组的数量比较多,建议使用 Windows 控制台的批处理命令进行实现。批处理是一种简化的脚本语言,也称做宏,它是由 Windows 系统内嵌的命令解释器解释运行。类似于 Unix/Linux 中的 Shell 脚本。一般批处理文件的扩展名为".bat"或".cmd",其文件内容主要由 Windows 控制台命令和一些流程控制语句组成,属于文本文件,可以使用"记事本"应用程序进行编辑。和创建用户和用户组相关的控制台命令是"net user"和"net local-group"(控制台命令不区分大小写),其命令语法格式如下所示(#号后为注释)。

学习情境2　局域网资源共享的配置与管理

```
PS C:\Users\Administrator > net user /?    # 参数/? 查看命令使用语法格式
此命令的语法是：              # 要查看更详细中文提示内容,请用/help 参数
NET USER
[username [password | *] [options]] [/DOMAIN]
        username {password | *} /ADD [options] [/DOMAIN]
        username [/DELETE] [/DOMAIN]
        username [/TIMES:{times | ALL}]

PS C:\Users\Administrator > net  localgroup  /?
此命令的语法是：
NET LOCALGROUP
[groupname [/COMMENT:"text"]] [/DOMAIN]
         groupname {/ADD [/COMMENT:"text"] | /DELETE}  [/DOMAIN]
         groupname name [...] {/ADD | /DELETE} [/DOMAIN]
```

（1）用控制台命令创建单个用户和用户组

用控制台命令创建单个用户和用户组，如下所示：

```
# 创建 GrpWeb 用户组,并加上描述(注释)
PS C:\Users\Administrator > net localgroup GrpWeb /add /comment:"网页美工组"
命令成功完成。
# 创建 Bill 用户,并设置登录口令及描述
PS C:\Users\Administrator > net user Bill 123@a123 /add /comment:"GrpWeb 用户"
命令成功完成。
# 将 Bill 用户加入到 GrpWeb 用户组中
PS C:\Users\Administrator > net localgroup GrpWeb Bill /add
命令成功完成。
# 将 Bill 用户从 Users 用户组中删除
PS C:\Users\Administrator > net localgroup Users Bill /delete
命令成功完成。
```

（2）使用控制台批处理命令创建多个用户和用户组

对于需要创建的用户和用户组数量比较少的，可以使用逐个执行控制台命令实现，但当数量比较多时并且所需创建的用户属性比较有规律时，建议使用批处理的流程控制命令进行处理。下面按照创建需求中的 4 个用户组，以及台代码组 GrpCode 中所有用户为例，操作步骤如下：

①创建用户与用户组文本文件。在 C:\ 下创建 codeUsers.txt 与 userGroups.txt 两个文本文件。其中 codeUsers.txt 中每行为 GrpCode 组需求中的 1 个用户名，userGroups.txt 中每行为 1 个需求中的用户组名。具体内容如图2-7 所示。

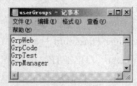

图2-7　创建用户与用户组文本文件

②创建批处理文件。单击"开始"菜单，选择"所有程序"→"附件"→"记事本"命令，打开记事本窗口，输入以下内容：

```
echo　批量创建用户组
for /f %%i in (C:\userGroups.txt) do net localgroup %%i /add
echo　批量创建用户
for /f %%i in (C:\codeUsers.txt) do net user %%i 123@a123 /add
echo　将用户从默认用户组 Users 中删除
for /f %%i in (C:\codeUsers.txt) do net localgroup users %%i /delete
echo　将用户加入到 GrpCode 用户组中
for /f %%i in (C:\codeUsers.txt) do net localgroup GrpCode %%i /add
echo　创建用户的主目录，MD 为创建目录的控制台命令
for /f %%i in (C:\codeUsers.txt) do md C:\职员资料\%%i
```

选择菜单栏中的"文件→另存为"命令，打开"另存为"对话框窗口，如图2-8所示。将文件保存路径设为"C:\"，文件名为 createUser.bat，文件保存类型为"所有文件"，最后点击"保存"按钮，完成该批处理文件的创建。

在 createUser.bat 批处理文件中，"echo"命令的作用是在控制台窗口显示字符串信息，可以作为给用户显示提示内容；流程控制命令"for /f %%i in (FILE) do COMMAND"中，%%i 为循环迭代变量，FILE 代表一个或多个文件，COMMAND 是要执行的命令。执行此批处理文件的过程，相当于循环读取出 userGroups.txt 和 users.txt 文本文件中的每行记录中的用户名或用户组名，替代循环变量%%i，完成全部命令的执行。

③执行批处理文件。批处理文件的作用是将预先要执行的一系列命令整合到一个批处理文件中。通过执行一个批处理文件就可以按顺序执行其所包含的所有命令。在 Win2K8 中，执行批处理文件最简单的方法就是双击批处理文件。当然也可以在"命令提示符"窗口或"Windows PowerShell"窗口中，把批

处理文件名当成命令执行。注意,如果当前提示符目录不在批处理文件所在目录下时,需要加上批处理文件所在目录路径。

图2-8 另存为批处理文件

④检查用户和用户组是否创建成功。批处理文件执行完成后,需要刷新服务器管理员中的用户组及用户窗口,并检查用户隶属的组是否正确。

依照以上操作步骤完成其他剩余用户的创建。

4. 文件夹共享操作与共享权限的设置

(1)切换为"高级共享模式"

针对于早期版本,Win2K8在文件资源共享方面进行了很大的改进,很多操作界面和操作方式都有较大的不同,同时提供了两种共享权限设置模式,一种为"简单共享模式"适用于用户数较少的情况,使用共享向导直接针对用户进行权限设置;另一种为"高级共享模式"适用于用户数较多时,可以针对用户组进行权限设置。默认为"简单模式",切换为"高级共享模式"的操作如下:

①单击"资源管理器"窗口中"组织"菜单,选择"文件夹和搜索选项"命令,打开"文件夹选项"对话框,单击"查看"选项卡,如图2-9所示;

②取消勾选"使用共享向导"选项,单击"确定"按钮,完成"高级共享模式"的切换操作。

(2)文件夹共享

考虑到在实际使用中,被共享的文件或文件夹很少会出现存放位置变动的情况,以及共享权限与NTFS权限在叠加时系统会取最严格的权限设置,和共享权限存在着不可以针对文件设置、权限不够细化等因素,采用NTFS权限设置更有利于权限的细化管理。

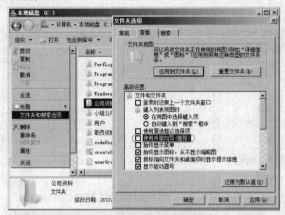

图 2-9　文件共享向导窗口

为了操作方便与实现思路清晰,首先设置 NTFS 权限,而后在共享过程中,将共享权限设置为 EveryOne 完全控制。这样做的目的在于不使用共享权限,只依靠 NTFS 权限完成权限的控制。

将公司资料、小组公用资料、职员资料 3 个文件夹发布为共享文件夹。以下操作以公司资料为例。

①首先右击"公司资料"文件夹,在弹出的快捷菜单中选择"共享(H)"→"高级"命令,打开"公司资料文件夹属性"对话框,并显示"共享"选项卡,如图 2-10 所示;

②单击"高级共享"按钮,打开"高级共享"对话框,如图 2-11 所示;

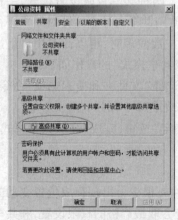

图 2-10　文件夹属性对话框

图 2-11　"高级共享"对话框

③单击"权限"按钮,打开"公司资料的权限"对话框,如图 2-12 所示;

④将"Everyone"的权限设置为"允许完全控制"后,单击"确定"按钮,关闭所有对话框。到此,"公司资料"文件夹的共享与共享权限设置操作结束。

参照以上操作,对小组公用文件夹"网页美工组",员工资料文件夹 Tony 做共享与共享权限设置操作。

图 2-12　文件夹权限对话框

5. NTFS 权限的设置

参照表 2-9 权限表的要求,设置 NTFS 权限。

(1) 公司内部资料 NTFS 权限设置

①在资源管理器中,找到"本地磁盘(C:)",右击"公司资料"文件夹,在弹出的快捷菜单中选择"属性"命令,打开"公司资料 属性"对话框,选择"安全"选项卡,如图 2-13 所示。

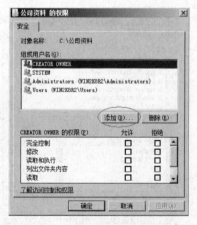

图 2-13　"公司资料 属性"对话框　　图 2-14　"公司资料 的权限"对话框

②单击"编辑"按钮,打开"公司资料 的权限"对话框,如图 2-14 所示。

③单击"添加"按钮,打开"选择用户或组"对话框,将"对象类型"设为"组",如图 2-15 所示;单击"高级"按钮,在新打开的对话框中单击"立即查找"按钮,将新建的 GrpWeb,GrpCode,GrpTest,GrpManager 4 个组选中,单击"确定"按钮后,添加至 NTFS 权限设置对话框中。

④由于新加入的对象默认拥有只读权限,所以 GrpWeb,GrpCode,GrpTest 这

3个用户组的权限无须做设置,而 GrpManager 用户组还需要有写的权限。单击选中 GrpManager 用户组,在下方的权限处,勾选中"允许→写入",赋予 GrpManager 写入权限,如图 2-16 所示。

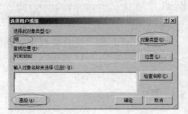
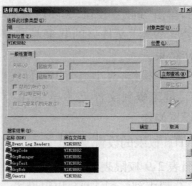

图 2-15 "选择用户或组"对话框

⑤单击"确定"按钮后,在如图 2-13 所示的"安全"选项卡中,点击"高级"按钮,查看操作结果,如图 2-17 所示。至此,公司内部资料 NTFS 权限设置结束。

图 2-16 修改 GrpManager 的写入权限　　图 2-17 查看高级权限设置情况

(2)网页美工组 NTFS 文件权限设置

网页美工组 NTFS 文件权限设置和上述过程大体相同,只是要将 GrpWeb 用户组的权限允许写入到"C:\小组公用资料\网页美工组"文件夹中,权限设置后结果应如图 2-18 所示。

(3)Tony 职员文件夹 NTFS 文件权限设置

①在资源管理器中,找到"本地磁盘(C:)"→职员资料→Tony 文件夹,右

击 Tony 文件夹,在弹出的快捷菜单中选择"属性"命令,打开"Tony 属性"对话框,选择"安全"选项卡,单击"编辑"按钮,打开"Tony 的权限"对话框,单击"添加"按钮,在"选择用户或组"对话框中,将"对象类型"设为"组与用户",点击"高级→立即查找",而后,将新建的 GrpWeb,GrpCode,GrpTest,GrpManager 这 4 个组及用户 Tony 选中,添加至 NTFS 权限设置对话框中,如图 2-19 所示;

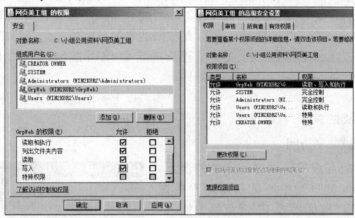

图 2-18 网页美工组 NTFS 文件权限设置情况

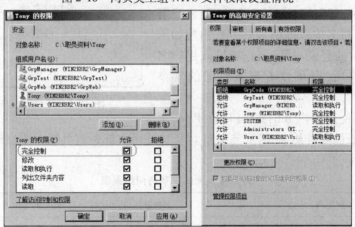

图 2-19 Tony 职员文件夹 NTFS 文件权限设置情况

②由于系统需求中要求用户 Tony 具有完全控制权限,GrpWeb 无权限,GrpCode 拒绝访问,GrpTest 拒绝访问,GrpManager 只读。单击选中 Tony 用户,在下方的权限处,选中允许"完全控制",赋予 Tony 对自己主目录的完全控制权限;由于新加入的对象默认拥有只读权限,所以 GrpManager 无须修改;GrpWeb 无权

限,所以取消所有的"允许已勾选项";GrpCode,GrpTest 这 2 个用户组为拒绝访问,所以将"拒绝→完全控制勾选中"。点击"确定"按钮后,在"安全"选项卡中,点击"高级",查看操作结果。具体结果如图 2-19 所示。至此,Tony 职员文件夹 NTFS 权限设置结束。

图 2-20 使用拒绝权限时的警告对话框

注意:在使用拒绝权限时,会有如图 2-20 的提示,这是为了警告系统管理员,拒绝权限的累加具有覆盖允许的特点,若管理员确定要使用拒绝,单击"是"按钮即可。

参考以上操作,实现其他用户组及其用户文件夹的 NTFS 权限设置。

6. 测试共享访问

在本机与虚拟机网络连通的情况下,在 Windows 客户端中测试只需要直接在"我的电脑"地址栏或 IE 浏览器中输入:"\\服务器 IP 地址或计算机名"(如:\\192.168.200.18,或\\Win2K8R2,注意若使用计算机名应该能够被解析),出现如图 2-21 所示的登录对话框,正确输入用户名及其密码后,即可以看到服务器的共享情况。

图 2-21 登录到共享

分别使用用户 Bill,Jack,Tony,Paul,测试 Tony 职员资料共享、网页美工组共享与公司内部资料共享。测试结果如表 2-10 所示。

表 2-10 测试共享访问结果表

用 户		测试结果
Bill	只读	Tony 职员资料共享
	读/写	网页美工组共享(可以删除自己创建的文件)
	读/写	公司内部资料共享(可以删除自己创建的文件)
Jack	无法访问	Tony 职员资料共享
	读/写	网页美工组共享(可以删除自己创建的文件)
	只读	公司内部资料共享

学习情境2 局域网资源共享的配置与管理

续表

用 户		测试结果
Tony	读/写	Tony 职员资料共享（可以删除自己创建的文件）
	读/写	网页美工组共享（可以删除自己创建的文件）
	只读	公司内部资料共享
Paul	无法访问	Tony 职员资料共享
	无法访问	网页美工组共享
	只读	公司内部资料共享

注意：如果在访问共享文件夹过程中，出现无法访问的情况，而设置共享操作没有问题，需要检查"本地连接 属性"中的"Microsoft 网络的文件和打印机共享"协议是否安装并启用，如图 2-22 所示。

7. 在服务器中安装打印机并共享

为了提高工作效率和降低办公费用，以及方便设备的管理和维护，实现网络打印对于工作组和部门级的打印机来说是一个必备功能。实现网络打印一般有两种方法，一是打印机共享，打印机连接在网络中的一台计算机上，将该计算机配置成打印机共享服务器；二是直接使用专门的网络打印机，该网络打印机自带打印服务器软件和网络接口，只需插入网线并分配好 IP 地址，再将网络中的其他计算机安

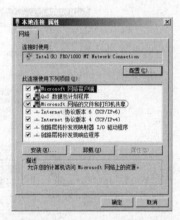

图 2-22 查看是否启用共享协议

装好驱动程序并连接到该网络打印机后，就可以直接访问使用该打印机。

对于早期的多数打印机和家用打印机来说，一般不具备网络接口，配置打印机共享在实际工作中仍然是经常碰到的问题。

（1）安装打印机驱动程序，并设置打印机共享

由于 Win2K8R2 版本是 64 位操作系统，如果早期部分打印机随机未配套相应的 64 位驱动程序，建议到打印机厂商的官网上下载新的驱动程序。目前多数打印机驱动程序为了简化用户的安装过程，把驱动程序打包成一个可执行的应用程序，通过安装向导完成安装。此处以三星 ML-1860 系列激光打印机为例，介绍如何通过手动方式安装打印机驱动程序。

①下载打印机驱动程序。到三星官网"http://www.samsung.com"下载三星 ML-1860 系列激光打印机通用 64 位驱动程序"ML-1860_Series.exe",双击执行该程序,将其解压到指定目录下,如图 2-23 所示。

图 2-23　提取打印机驱动程序

②单击"开始"菜单,选择"设备和打印机"命令,打开"设备和打印机"窗口,右击"打印机和传真"组空白处,在弹出的快捷菜单中选择"添加打印机"命令,如图 2-24 所示。

图 2-24　添加打印机

③在打开的"添加打印机"对话框中,单击"添加本地打印机",如图 2-25 所示。

④下一步选择打印机端口,此处选择现有的 LPT1 端口,如图 2-26 所示。如果打印机是通过 USB 方式连接到计算机的,插入 USB 打印机并开机后,系统会自动安装其对应的端口。

⑤单击"下一步"按钮,打开"选择打印机驱动程序"对话框,如图 2-27 所示。

学习情境2　局域网资源共享的配置与管理

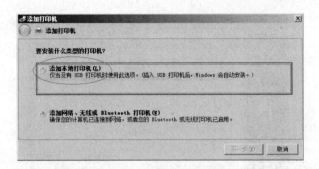

图 2-25　添加本地打印机

图 2-26　选择打印机端口

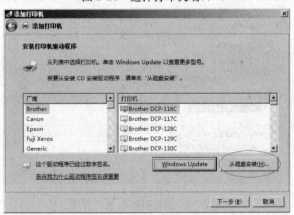

图 2-27　选择打印机驱动程序对话框

⑥单击"从磁盘安装"按钮，在打开的对话框中单击"浏览"按钮，找到驱动程序所在目录"C:\Users\Administrator\Documents\ML-1860_Series\PRINTER\SPL"中的"ssb6m.inf"文件，如图 2-28 所示。

⑦单击"打开"按钮，返回前面一个对话框，如图 2-29 所示。

图 2-28　查找打印机驱动程序安装配置文件

图 2-29　浏览打印机驱动程序存放位置

⑧单击"确定"按钮，返回"选择打印机驱动程序"对话框，如图 2-30 所示。

图 2-30　指定打印机驱动程序

⑨单击"下一步"按钮，输入一个打印机的名称，此处保持默认值不变，如图 2-31 所示。

⑩单击"下一步"按钮后，系统将进行打印机驱动程序的安装，完成后显示如图 2-32 所示的"打印机名称和共享设置"对话框。在此可以输入共享名称及其他描述信息。

图 2-31　指定打印机的名称

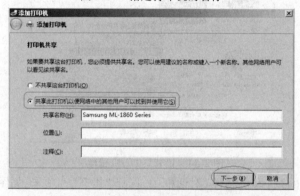

图 2-32　打印机名称和共享设置

⑪单击"下一步"按钮后,系统完成"添加打印机"的操作,如图 2-33 所示。在此可以通过"打印测试页"的方式测试打印机是否工作正常。

图 2-33　完成"添加打印机"对话框

(2)配置网络打印机共享

打印机成功添加后,在"设备和打印机"窗口中可以看到新添加打印机的图标,系统自动将其设置为默认打印机。同时,默认的打印机共享操作,将允许网络中的"Everyone"用户使用该打印机,为了设置打印机的使用权限及方便安装32 位操作系统的客户端配置网络共享打印机的驱动程序,还需要进行下面的操作。

①在"设备和打印机"窗口中,右击"ML-1860"打印机图标,在弹出的快捷菜单中选择"打印机属性"命令,如图2-34所示。

图2-34 设置"打印机属性"

②在打开的"打印机属性"对话框中,选择"共享"选项卡,如图2-35所示。

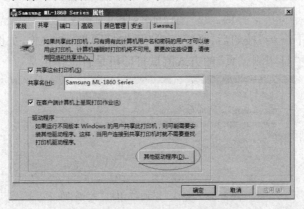

图2-35 设置"打印机的共享属性"

③单击"其他驱动程序"按钮,打开如图2-36所示的对话框,系统显示默认安装的是x64驱动程序。勾选"x86"(表示32位操作系统)选项,单击"确定"按钮。

④浏览驱动程序所在文件夹,如图3-37所示。该文件夹下包含有一个"i386"的子文件夹,存放的是32位打印机驱动程序,单击"确定"按钮完成安装。

学习情境2 局域网资源共享的配置与管理

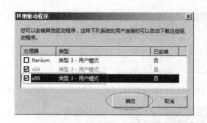
图 2-36 添加 32 位打印机驱动程序

图 2-37 浏览驱动程序位置

⑤在"打印机属性"对话框中,选择"安全"选项卡,如图 2-38 所示;在此窗口中可以添加/删除用户及设置其他和打印机使用相关的权限,如:删除 Everyone 用户等,操作方式和文件夹共享相同,不再赘述。

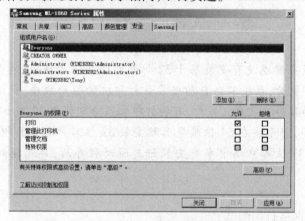

图 2-38 设置打印机使用权限

8. 在 Windows XP 客户端中安装网络共享打印机

(1)连接网络共享打印机并安装驱动程序

在 Windows 客户端中连接网络共享打印机的方法有很多种。其中最简单的方式就是在"我的电脑"地址栏或 IE 浏览器中输入:"\\服务器 IP 地址或计算机名",打开共享资源列表后,如果该网络用户有权使用共享的网络打印机,在共享资源列表中会显示网络打印机的图标,双击该打印机图标,系统会提示是否安装此打印机的驱动程序,如图 2-39 所示。

单击"是"按钮,完成网络打印机安装并自动打开"打印机任务管理"窗口,如图 2-40 所示。同时在"打印机和传真"窗口中,可以看到已经安装的网络打印机的图标。

图 2-39　在客户端中安装网络共享打印机

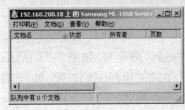

图 2-40　完成客户端的网络打印机安装

【小链接】

如果在服务器端没有安装基于 32 位的打印机驱动程序,则当客户端连接网络共享打印机时,系统不会自动安装该打印机的驱动程序,提示用户插入该打印机的驱动程序安装盘。另外,有些打印机只分别提供 32 或 64 位打包好的安装应用程序,则无法在 64 位服务器端安装 32 位客户端的打印机驱动程序,这时,需要在 32 位客户端中事先安装好其驱动程序后,再连接到网络共享打印机。

(2) 进行网络打印测试

测试网络打印机连接和功能是否正常,可以先在 Windows 客户端中用"记事本"创建一个文档,然后进行打印测试,如果在客户端和服务器端的"打印机任务管理"窗口中,能看到当前打印的任务,则表明网络打印机连接和功能正常,如图 2-41 所示。

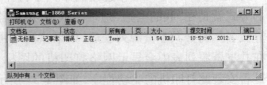

图 2-41　测试网络打印功能

任务2　CentOS 6 资源共享服务器 Samba 配置与管理

知识准备

1. 什么是 Samba

Samba 是在 Linux 和 UNIX 系统上实现 SMB(Server Message Block,服务消息块)协议的一个免费软件,由服务器及客户端程序构成。于 1991 年由 Andrew Tridgwell 开发而成,其名称和拉丁舞蹈的名称(桑巴)相同。SMB 主要作为 Microsoft 的网络通信协议,后来 Samba 将 SMB 通信协议应用到了 Linux 系统上,就形成了现在的 Samba 软件;再后来微软又把 SMB 改名为 CIFS(Common Internet File System,通用 Internet 文件系统),并且加入了许多新的功能,使得 Samba 具有了更强大的功能。

2. NetBIOS 协议

NetBIOS(网络基本输入/输出系统)协议是由 IBM 公司开发,主要用于小型局域网,是一种在局域网上的程序可以使用的应用程序编程接口(API),为程序提供了请求低级服务统一的命令集,作用是为了给局域网提供网络以及其他特殊功能,几乎所有的局域网都是在 NetBIOS 协议的基础上工作的。NetBEUI 是该接口的一个扩展版本(1985 年由 IBM 开发成功)。

在 Windows 操作系统中,默认情况下在安装 TCP/IP 协议后会自动安装 NetBIOS,NetBIOS 名即计算机名称,用来标识独立的用户或计算机。独立的 NetBIOS 名是工作组的成员,它们属于一个默认的工作组或由用户自定义可以加入一个自选的工作组;域名也是一种 NetBIOS 组名,它是通过域控制器来标识、证实其成员的。

3. Samba 协议

SMB 是局域网上共享文件夹/打印机的一种协议,该协议可以用在 TCP/IP 之上,也可以用在其他网络协议之上。客户端程序借助 SMB 协议可以在各种网络环境下读写服务器上的文件,对服务器程序提出请求,还可以访问远程服务器端的文件或打印机资源等。SMB 可以用于包括 Linux 的多种平台,其主要功能有:

①在 Windows 网络中解析 NetBIOS 名字。网络上各主机都要定期向网络广播各自的身份信息,一方面是为了利用网上资源,另一方面也是为了让别人使用自己的资源。负责收集这些信息并提供检索的服务器称为浏览服务器,而 Samba 就可以充当这一角色,并且在跨网关时还可以充当 WINS 服务器。

②提供了 Windows 风格的文件和打印机共享。

③提供了一个命令行工具,从而可以有限制地支持 Windows 的某些管理功能。

④Samba 提供的 smbclient 程序可以让用户在 Linux 上以类似 FTP 的方式访问 Windows 的一些共享资源。

Samba 服务让 SMB 和 NetBIOS 协议运行在 TCP/IP 协议上,利用 NetBEUI 使 Windows 用户可以在"网上邻居"中看到 Linux 系统中的资源,同时也让 Linux 客户端可以访问 Samba 服务器上的资源。

4. Linux 用户的类型

在 Linux 系统中,不同类型的用户所具有的权限和所完成的任务也不同,其用户包括 3 种类型:超级用户、系统用户和普通用户。用户的类型通过用户标识符 UID 进行区分,系统中所有的用户 UID 具有唯一性。

①超级用户:又称 root 用户,拥有对系统的最高访问权限,通过它可以登录到系统,可以操作系统中任何文件和命令,其 UID 为 0;

②系统用户:也称为虚拟用户,与真实用户不同,此类用户是系统用来执行特定任务的,不具有登录系统的能力。如:bin,deamon,adm,ftp,mail,nobody 等。这类用户是系统自身拥有的,一般不要改变其默认设置,其 UID 为 1~499;

③普通用户:系统安装后由 root 用户创建,此类用户权限有限,只能操作其拥有权限的文件和目录,只能管理自己启动的进程,其 UID 为 500 以上。

5. Linux Shell

Linux 的内核并不能直接接受来自终端的用户命令,也就不能直接与用户进行交互操作。Shell 是 Linux 系统的用户界面,提供了用户与内核进行交互操作的一种接口。它接收用户输入的命令并把它送入内核去执行。实际上 Shell 是一个命令解释器,它负责将用户的命令解释为内核可以接受的低级语音,并将操作系统响应的信息以用户能够理解的方式显示出来。

用户登录到 Linux 系统后,系统会自动进入 Shell,每个 Linux 系统的用户可以拥有他自己的用户界面或 Shell,用以满足自己专门的 Shell 需要。同 Linux 本身一样,Shell 也有多种不同的版本。BASH 是 GNU 的 Bourne Again Shell,是 GNU 操作系统上默认的 Shell。Shell 不仅是一种交互式解释程序,而且还是一种程序设计语言,它和 Windows 中的批处理命令类似,但功能比它强大。

6. Linux 文件系统目录结构

和 Windows 系统一样,Linux 文件系统目录结构也是一个多级分层的树状结构,如图 2-42 所示。最上层是"/",即根目录,其他的所有目录都是从根目录出发而生成的。

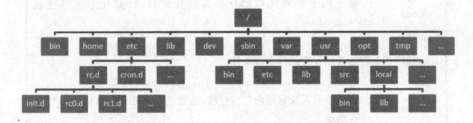

图 2-42　部分 Linux 文件系统目录结构图

由于开源的 Linux 开发人员众多,如果每个程序员都使用自己的目录配置方法,那么将可能带来很多管理问题,于是,在 Linux 面世不久的 1994 年 Linux 开发团队推出了名为 FSSTND(File System Standard)的 Linux 文件系统层次结构标准。之后,FSSTND 标准吸引了 UNIX 社团的开发人员,他们把 FSSTND 扩大到 UNIX 系统,FSSTND 就变为文件系统层次标准 FHS(Filesystem Hierarchy Standard)。

FHS 实际上仅是规范在根目录"/"下面各个主要目录应该放什么样的文件。FHS 定义了两层规范,第一层是"/"下面的各个目录应该要放什么文件数据,例如"/etc"应该要放置设置文件,"/bin"与"/sbin"则应该要放置可执行文件等;第二层则是针对"/usr"及"/var"这两个目录的子目录来定义。例如"/var/log"放置系统登录文件、"/usr/share"放置共享数据等。

Linux 下的目录命名也非常简洁,多用缩写。如:"/bin"是二进制 binary 的英文缩写、"/dev"是设备 device 的英文缩写、"/etc"是 etcetera 的缩写等。Linux 文件系统主要目录和功能参见表 2-11 所示。

表 2-11 Linux 文件系统主要目录和功能

目录名称	功能描述
/bin	存放常用的系统命令执行文件,比如 ls,cp,mkdir 等命令;这个目录中的文件都是可执行的、普通用户都可以使用的命令
/dev	存放与硬件设备驱动程序有关的特殊文件和字符文件,比如声卡、光驱、磁盘等
/etc	有许多系统的配置文件,如一些服务器的配置文件、如用户账号及密码配置文件等
/mnt	一般是用于存放挂载储存设备的挂载目录,如光驱可以挂载到/mnt/cdrom
/lib	存放常用程序的库函数文件
/sbin	大多是涉及系统管理命令的存放,是超级权限用户 root 的可执行命令存放地
/boot	包含了系统引导内核及相关的工具,如引导管理程序 GRUB 和 LILO 及初始化启动映像文件 vmlinuzinitrd.img 等
/root	超级用户的主目录
/home	存放普通用户的主目录。在默认情况下,系统为每个注册用户建立一个主目录,放在/home 目录下
/tmp	存放 vi 或其他命令程序执行时建立的临时文件
/usr	这个是系统存放程序的目录,比如命令、帮助文件等
/opt	表示的是可选择的意思,有些软件包也会被安装在这里,也就是自定义软件包
/lost+found	当系统意外崩溃或机器意外关机,而产生的一些文件碎片放在这里
/var	这个目录的内容是经常变动的,看名字就知道,var 可理解为 vary 的缩写,/var 下有/var/log 这是用来存放系统日志的目录
/etc/init.d	这个目录是用来存放系统或服务器以 System V 模式启动的脚本
/etc/X11	这是 X-Window 相关的配置文件存放地

7. Linux 软件包管理程序 RPM 和 YUM

RPM 的全称为 RedHat Package Manager,此 Linux 软件包管理的程序是由 Red Hat 发展而来,由于其使用方便,是目前 Linux 下最热门的软件管理程序。RPM 是以一种数据库记录的方式来将所需要的软件安装到 Linux 系统的一套管理程序。其最大的特点就是将要安装的软件先编译过(如果需要的话)并且打包好,通过包装好的软件里预设的数据库记录,记录这个软件要安装时必须要依赖的其他软件。当软件安装在 Linux 系统时,RPM 会先根据软件里记录的数据查询 Linux 系统中依赖的其他软件是否满足,如果满足则安装,如不满足则不安装。由于 RPM 程序是已经打包好的数据,即里面的数据已经都编译完成,因此安装目标主机环境(所安装的组件及其版本)必须和当初建立这个软件的环境相同,但这也导致经常需要用户手工解决安装软件包的依赖关系,给初学者带来很大的麻烦。

YUM(Yellow dog Updater,Modified)是由 Duke University 所发起的计划,目的就是为了解决 RPM 软件包之间的依赖关系问题,方便使用者进行软件的安装、升级等工作。在此需特别说明的是,YUM 只是为了解决 RPM 的依赖关系问题,而不是一种其他的软件安装模式。可以实现这个功能的除了 YUM 外,还有 APT(Advanced Package Tool),它是由 debian 所发展的一个软件管理工具,在 Linux 的桌面操作系统上用得比较广。

8. Linux 文件类型与文件权限

在 Windows 系统中,根据文件的扩展名就能大概判断文件是什么类型,比如扩展名为 EXE 的是可执行文件。而在 Linux 系统中,一个文件是否能被执行,和扩展名没有太大的关系,主要看文件的属性。

在 Linux 命令提示符下,输入"ls -l"命令(ls 命令是 list 的缩写,注意小写字母 l 和数字 1 在印刷体中很容易混淆),可以显示当前目录下每个文件的属性信息,其显示格式如图 2-43 所示。

图 2-43 中第一列最左边一位为文件的类型标识。Linux 文件类型常见的有:普通文件、目录文件和链接文件等。在 Linux 字符界面中,执行"ls"命令时,不同文件类型的文件名会用不同的颜色进行标识,如:蓝色表示目录、白色表示普通文件(图形界面中用黑色表示)、浅蓝色表示链接文件、绿色表示可执行文件、红色表示压缩文件或者包文件等。要更详细地查看文件类型,可以用"file"命令来识别。

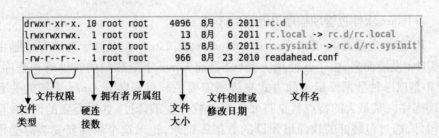

图 2-43　Linux 文件的属性信息

（1）普通文件

普通文件分为二进制文件和文本文件，一般是用一些相关的应用程序创建，比如图像工具、文档工具、归档工具等。二进制文件直接以文本的二进制形式存储（如：图像文件、可执行文件等），文本文件则以文本的 ASCII 码形式存储（如配置文件和脚本文件等）。图 2-43 中类型标识为"-"为普通文件。

（2）目录文件

目录在 Linux 是一个比较特殊的文件，用于组织各种文件或子目录。图 2-43 中类型标识为"d"为目录文件。

（3）链接文件

链接文件是对一个文件或目录的引用，可分为硬链接（hard link）文件和符号链接（symbolic link）文件两种类型。

硬链接文件保留所链接文件的索引结点（即磁盘的具体物理位置）信息，即使目标链接文件被改名或移动，硬链接文件仍有效。需要注意的是，硬链接文件与目标链接文件必须属于同一磁盘的同一分区中，而且只能用于文件，不能用于目录。硬链接文件的类型标识也为"-"。

符号链接文件和 Windows 操作系统中的快捷方式有些相似，其本身并不保存文件内容，而是记录所链接文件的路径信息。它可以用于文件，也可以用于目录，但目标链接文件被改名或移动后，符号链接文件也将失效。符号链接文件的类型标识为"l"，文件名后以"->"指向所链接的文件。

（4）设备文件

Linux 系统采用设备文件统一管理硬件设备，从而将硬件设备的特性及管理细节对用户隐藏起来，实现用户程序与设备无关性，设备间的差别由设备驱动程序来负责完成。Linux 的设备文件主要位于"/dev"目录中。

设备文件可分为字符设备文件和块设备文件。字符设备是以字符为单位进行 I/O 的设备，如：终端（/dev/ttyX，X 为终端号的数字）、打印机（/dev/lp0）

等,其类型标识为"c"。块设备是以块为单位进行 I/O 的设备,如:磁盘(/dev/hda)、光盘(/dev/cdrom)等,其类型标识为"b"。

(5)文件权限

Linux 系统中,文件的访问权限取决于文件的所有者、文件所属组以及文件拥有者、同组用户和其他用户各自的访问权限,如表 2-12 所示。

表 2-12　Linux 文件访问权限

文件类型标识	所有者的权限			所有者所在组的权限			其他人的权限		
-	r	w	x	r	w	x	r	w	x
二进制编码	1	1	1	1	1	1	1	1	1
十进制编码	4	2	1	4	2	1	4	2	1

①访问权限。分为可读、可写、可执行 3 种,分别以 r,w,x 表示。如果用户无某个权限,则在相应的位置用"-"表示。

②与访问权限相关的用户分类。分为文件拥有者(owner)、同组用户(group)和其他用户(other)。owner 是指建立文件或目录的用户;group 是指 owner 所属组中的其余用户。另外,超级用户(root)负责整个系统的管理和维护,拥有系统中所有文件的全部访问权限。

③访问权限的表示方法。一是用字符表示,一般形式为"[u g o a] [= + −] [r w x]",其中 u 表示文件拥有者,g 表示同组用户,o 表示其他用户,a 表示所有用户,= 表示指定权限,+ 表示增加权限,− 表示减少权限;另外是用数字表示,就是用一个三位数字表示 3 类用户的权限。

任务实施

1. 用图形界面管理用户组和用户

按工作任务的要求,现以图形界面方式创建网页美工组(GrpWeb)及其 3 个用户:项目经理(Bill)、员工 1(Tony)和员工 2(Maria)。完成步骤如下:

①单击屏幕顶端面板主菜单中的"系统"→"管理"→"用户和组群"命令,打开"用户管理者"窗口,如图 2-44 所示。

②单击工具栏上的"添加组群"按钮,在弹出的对话框中的"组群名"文本

编辑框中输入"GrpWeb",单击"确定"按钮。这样就创建了一个名为"GrpWeb"的用户组,如图 2-45 所示。

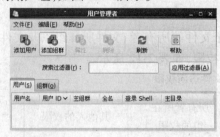 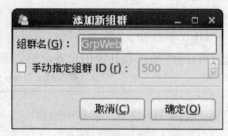

图 2-44　Linux 用户管理窗口　　　　图 2-45　添加用户组对话框

③单击工具栏上的"添加用户"按钮,在如图 2-46 所示的对话框中输入用户名、密码和确认密码,注意用户的密码要有一定的强度(长度超过 6 个字符、不能基于字典或重复的字符太多等),如:"pwd@123",否则系统会给出如图 2-47 所示的警告提示。然后取消勾选"为该用户创建私人组群"选项,其余保持默认设置即可,单击"确定"按钮,完成一个新用户账号"Bill"的创建。

图 2-46　添加新用户对话框　　　　图 2-47　提示密码强度不够

④将用户账号"Bill"加入到用户组"GrpWeb"中,上面使用图形方式创建的用户账号"Bill"默认的主组群为"users"。在"用户管理者"窗口中,选中用户账号"Bill",单击工具栏上的"属性"按钮,在打开的"用户属性"对话框中,选择"组群"选项卡,如图 2-48 所示。在列表中取消勾选"users"组群,勾选"Grp-Web"组群,单击"确定"按钮完成用户 Bill 组群的属性修改。

学习情境2 局域网资源共享的配置与管理

图 2-48 修改用户所属组群

⑤按照同样的方法,完成用户组"GrpCode"和"GrpTest"及组成员的创建,完成后"用户管理者"窗口的界面如图 2-49 所示。

图 2-49 已完成修改用户所属组群

⑥由于每位项目经理具有在公司内部共享目录中发布文件的权限和其他普通员工不同,需要另外建立一个项目经理组"GrpManager",并加入相应的成员如图 2-50 所示,用来发布共享文件。

2. 用字符界面管理用户组和用户

虽然利用 Linux 图形界面的"用户管理者"窗口进行用户管理比较直观,但利用字符界面的命令行方式进行用户组和用户的管理则更加高效。如果在图形界面中已经创建了相应的用户和用户组,

图 2-50 设置项目经理的额外组

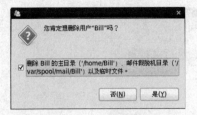

图 2-51 确认删除用户相关的文件

请先删除。方法是先选中需要删除的用户,单击工具栏上的"删除"按钮,系统会提示如图 2-51 所示的信息,是否删除该用户的相关文件,单击"是"按钮完成用户的删除。

①用 groupadd 命令创建用户组。单击屏幕顶端面板主菜单中的"应用程序"→"系统工具"→"终端",打开命令行窗口,或在字符界面用 root 登录系统,在命令提示符"[root@ Linux6 ~]#"之后输入以下命令即可:

```
[root@ Linux6 ~ ]# groupadd    GrpWeb
[root@ Linux6 ~ ]# groupadd    GrpCode
[root@ Linux6 ~ ]# groupadd    GrpTest
[root@ Linux6 ~ ]# groupadd    GrpManager
```

②用 useradd 或 adduser 命令创建用户并加入到对应的用户组中,注意使用此命令创建用户账号后,还必须使用 passwd 命令为用户设置一个初始密码,否则用户账号将被禁止登录。以下命令实现创建用户:

```
[root@ Linux6 ~ ]# useradd   -g   GrpWeb    Bill
[root@ Linux6 ~ ]# useradd   -g   GrpWeb    Tony
[root@ Linux6 ~ ]# useradd   -g   GrpWeb    Maria
[root@ Linux6 ~ ]# useradd   -g   GrpCode   Jack
[root@ Linux6 ~ ]# useradd   -g   GrpCode   James
[root@ Linux6 ~ ]# useradd   -g   GrpCode   Jimmy
[root@ Linux6 ~ ]# useradd   -g   GrpCode   Paul
[root@ Linux6 ~ ]# useradd   -g   GrpTest   Monica
[root@ Linux6 ~ ]# useradd   -g   GrpTest   Ruby
```

以下命令实现更改用户密码,假设初始密码为"pwd@ 123",注意输入密码时屏幕上没有回显:

```
[root@ Linux6 ~ ]# passwd   Bill
更改用户 Bill 的密码。                        #提示修改用户密码
新的密码:                                     #输入新密码
重新输入新的密码:                             #确认密码
passwd:所有的身份验证令牌已经成功更新。        #提示密码修改成功
```

③用 usermod 命令将各个项目经理加入到 GrpManager 用户组中:

[root@ Linux6 ~]# usermod -aG GrpManager Bill
[root@ Linux6 ~]# usermod -aG GrpManager Jack
[root@ Linux6 ~]# usermod -aG GrpManager Monica

usermod 命令是用来修改用户账号的各项设定参数值,参数"-aG"表示将用户加入到用户组中。

3. 用图形方式安装和配置 Samba 服务

(1) 更改默认 YUM 更新源服务器配置文件

在图形方式的软件包管理程序中,集成了一些类似于 YUM 的功能,在安装 Samba 软件包时需要下载服务器端记录的依赖性关系文件并进行分析,然后取得所有相关的软件,一次全部下载下来进行安装。由于 CentOS 默认的 YUM 更新源服务器在国内访问速度较慢,建议事先将 YUM 更新源服务器配置成国内镜像服务器的地址。如果需要使用本地 CentOS 安装光盘进行安装,则事先要把本地光盘里的包配置成 YUM 源(在后续的拓展任务中完成)。

教育网内速度比较快的有中国科技大学(http://centos.ustc.edu.cn/centos/)、清华大学(http://mirror.lib.tsinghua.edu.cn/centos)、上海交通大学(http://ftp.sjtu.edu.cn/centos/);如果使用电信网络,建议访问网易的 YUM 源(http://mirrors.163.com/centos/),网易的 YUM 源如图 2-52 所示。更改默认 YUM 源的方法如下。

图 2-52 网易的 YUM 源

①利用文件浏览器找到"/etc/yum.repos.d"文件夹位置,将 Samba 服务器的主配置文件"CentOS-Base.repo"复制备份为"CentOS-Base.repo.back"文件。

②按以下内容修改并保存"CentOS-Base.repo"文件,注意不同的 CentOS 版本有所不同(主要是 gpgkey 值不同),此处以 CentOS 6 为例:

```
[base]
name = CentOS- $ releasever - Base
baseurl = http://mirrors.163.com/centos/ $ releasever/os/ $ basearch/
gpgcheck = 1
gpgkey = file:///etc/pki/rpm-gpg/RPM-GPG-KEY-CentOS-6

[updates]
name = CentOS- $ releasever - Updates
baseurl = http://mirrors.163.com/centos/ $ releasever/updates/ $ basearch/
gpgcheck = 1
gpgkey = file:///etc/pki/rpm-gpg/RPM-GPG-KEY-CentOS-6

[extras]
name = CentOS- $ releasever - Extras
baseurl = http://mirrors.163.com/centos/ $ releasever/extras/ $ basearch/
gpgcheck = 1
gpgkey = file:///etc/pki/rpm-gpg/RPM-GPG-KEY-CentOS-6
```

③使用以下命令清除 yum 缓存后,就可以使用新的 YUM 源了。

```
[root@ Linux6 ~]# yum clean all
```

(2)安装 Samba 服务组件

图 2-53 确认进行软件包管理

在进行 CentOS 6 安装时,默认 Samba 不会自动安装到计算机中,需要手动安装此组件。步骤如下:

①首先确保 CentOS 虚拟机已经能够连入 Internet。

②单击屏幕顶端面板主菜单中的"系统"→"管理"→"添加/删除软件",系统会给出如图 2-53 所示的警告,单击"确认继续"按钮。

③系统打开如图2-54所示的"添加/删除软件"窗口,在窗口左边的软件包分类列表中找到"Servers"→"CIFS 文件服务器",勾选窗口右边对应的 Samba 组件包。

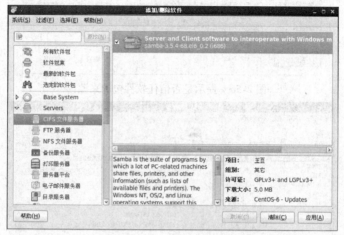

图2-54　选中需安装的 Samba 组件包

④单击"应用"按钮后,系统会自动进行软件包依赖关系检查,并提示需要下载附加软件包,如图2-55所示。

⑤单击"安装"按钮后,系统自动进行下载相关组件,在进行安装时可能会提示用户是否信任软件包的来源,如图2-56所示,单击"是"按钮,直至安装完成,然后关闭"添加/删除软件"窗口。

(3) 配置 Samba 服务器

①配置 Linux 防火墙,放行 Samba 程序相关端口。单击主菜单中的"系统"→"管理"→"防火墙",打开"防火墙配置"对话框,如图2-57所示,单击窗口左边"可信的服务"项目,勾选窗口右边 Samba 服务,再单击工具栏上的"应用"按钮,系统提示是否覆盖现有的防火墙配置,单击"是"按钮即可。

图2-55　提示下载附加软件包

②配置 Samba 服务为开机自动运行。单击主菜单中的"系统"→"管理"→"服务",打开"服务配置"对话框,如图2-58所示,在窗口左边列表中单击"smb"服务,再单击工具栏上的"启用"按钮即可。

图 2-56 提示是否信任软件包的来源

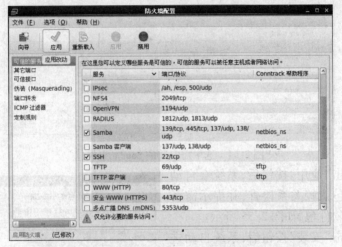

图 2-57 "防火墙配置"对话框

图 2-58 "服务配置"对话框

4. 配置 Samba 服务器共享文件夹及用户访问权限

(1) 在图形界面中创建共享文件夹

学习情境2 局域网资源共享的配置与管理

此操作方式和 Windows 系统类似，建议使用"文件浏览器"进行操作。右击桌面上"计算机"图标，在弹出的快捷菜单中选择"浏览文件夹"命令，打开"文件浏览器"窗口，找到"文件系统"→"home"文件夹位置进行创建共享文件夹即可，如图 2-59 所示。

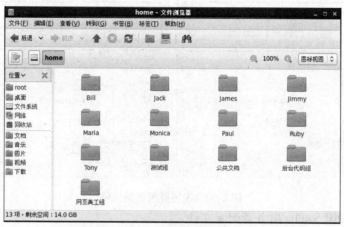

图 2-59 "文件浏览器"窗口

（2）更改各共享文件夹的用户访问权限

①为使项目经理能够访问本小组其他成员的私人文件夹，需要将其私人文件夹的权限设置为本群组可以访问。右击需要设置的文件夹，在弹出的快捷菜单中选择"属性"命令，打开文件夹属性对话框，单击"权限"选项卡，如 Tony 用户的文件夹，需要让 GrpWeb 群组可以访问文件，则需要按如图 2-60 所示进行设置。其他小组的共享文件夹访问权限也按此方法设置。

②同样，为了让项目经理能够上传文件到公共共享文件夹，也需要将"公共文档"的权限设置为 GrpManager 群组可以"创建和删除文件"，但为了实现只能删除自己上传的文件，还需要执行 chmod 命令，改变"公共文档"目录的访问权限，如下所示：

[root@Linux6 ~]# chmod o+t /home/公共文档

上述执行的 chmod 命令中，参数"o+t"表示为其他用户在目录"/home/公共文档"上设置"sticky 位"，该位可以理解为防删除位，任何用户都可以在此目录下创建文件，目的是限制用户只可以对自己的文件进行删除操作。

③每个小组存放资料的公用目录也需要按上述方式进行设置。

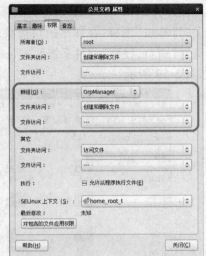

图 2-60　设置群组访问权限

(3) 编辑 Samba 服务器配置文件

①利用文件浏览器找到"文件系统"→"etc"→"samba"文件夹位置，将 Samba 服务器的主配置文件"smb.conf"复制备份为"smb.conf.back"文件，如图 2-61 所示。

图 2-61　利用文件浏览器备份 smb.conf 配置文件

②双击"smb.conf"文件，默认系统会用 gedit 文本编辑器打开该文件，删除原文件内容，按以下内容保存"smb.conf"文件（其中#打头的为注释，可以不用录入），然后关闭 gedit 文本编辑器。

```
[global]
    # 工作组名称
    workgroup = SMB_GROUP
    # 用户级共享,需要登录账号
    security = user
##########################################################
[CDROM]
    comment = CDROM
    # /media/cdrom 为挂载物理光驱的目录,要确保该目录存在
    path = /media/cdrom
    # 设置为只读的文件系统
    read only = yes
    # 先以 root 的身份挂载 CDROM
    rootpreexec = /bin/mount /dec/cdrom /media/cdrom
    # 退出后以 root 的身份解除 CDROM 的挂载
    rootpostexec = /bin/umount /dec/cdrom
    # 有效用户为 GrpWeb 组群
    valid users = @GrpWeb
##########################################################
[公共文档]
    comment = 公司共享文档
    path = /home/公共文档
    # 对所有用户开放,表示匿名用户可以访问
    public = yes
    # 用效用户和用户组,用户和用户组之间以,号隔开,用户组前面要加@符号
    valid users = @GrpWeb,@GrpCode,@GrpTest
    # 有写权限的用户
    write list = @GrpManager
##########################################################
[Bill]
    path = /home/Bill
```

```
        write list = Bill
[Tony]
        path = /home/Tony
        valid users = Bill, Tony
        write list = Tony
[Maria]
        path = /home/Maria
        valid users = Bill, Maria
        write list = Maria
#######################################################
[Jack]
        path = /home/Jack
        write list = Jack
[James]
        path = /home/James
        valid users = James, James
        write list = James
[Jimmy]
        path = /home/Jimmy
        valid users = James, Jimmy
        write list = Jimmy
[Paul]
        path = /home/Paul
        valid users = James, Paul
        write list = Paul
#######################################################
[Monica]
        path = /home/Monica
        write list = Monica
[Ruby]
        path = /home/Ruby
        valid users = Monica, Ruby
        write list = Ruby
#######################################################
[网页美工组]
```

path = /home/网页美工组
　　valid users = @GrpWeb
　　write list = @GrpWeb
[后台代码组]
　　path = /home/后台代码组
　　valid users = @GrpCode
　　write list = @GrpCode
[测试组]
　　path = /home/测试组
　　valid users = @GrpTest
　　write list = @GrpTest

(4)测试Samba配置文件的正确性

在终端命令窗口中输入"testparm"命令,如果出现类似如下信息,则表示smb.conf配置文件正确,否则应按提示的错误信息进行修改。

[root@Linux6 ~]# testparm
Load smbconfig files from /etc/samba/smb.conf
rlimit_max:increasing rlimit_max(1024)to minimum Windows limit(16384)
Processing section "[公共文档]"
Processing section "[Bill]"
Processing section "[Tony]"
Processing section "[Maria]"
Processing section "[Jack]"
Processing section "[James]"
Processing section "[Jimmy]"
Processing section "[Paul]"
Processing section "[Monica]"
Processing section "[Ruby]"
Processing section "[网页美工组]"
Processing section "[后台代码组]"
Processing section "[测试组]"
Loaded services file OK.
WARNING:You have some share names that are longer than 12 characters.
These may not be accessible to some older clients.

(Eg. Windows9x, WindowsMe, and smbclient prior to Samba 3.0.)
Server role: ROLE_STANDALONE
Press enter to see a dump of your service definitions.

以上提示信息中有部分警告信息,提示共享名的字符数超过 12 个,可能会导致早期的 Windows 用户访问共享时有麻烦。

(5) 设置登录用户为 Samba 用户

要将系统用户设置为 Samba 用户,需要使用 smbpasswd 命令来添加并创建密码,同时 smbpasswd 命令也是用来修改 Samba 密码的命令(修改系统用户密码的命令是 passwd)。这种方式创建的用户,用的是系统账号,Samba 的用户也是系统用户,但密码和系统用户是分开的,具体操作如下所示。

[root@ Linux6 ~]# smbpasswd -a Jack
New SMB password:
Retype new SMB password:
Added user Jack.

(6) 关闭 SELinux

SELinux(Security-Enhanced Linux)是美国国家安全局对于强制访问控制的实现,SELinux 系统比起通常的 Linux 系统来,安全性能要高得多,它通过对用户进程权限的最小化,即使受到攻击,进程或者用户权限被夺去,也不会对整个系统造成重大影响。对初学者来说,SELinux 设置比较麻烦,默认 SELinux 禁止网络上对 Samba 服务器上的共享目录进行写操作,即使在 smb.conf 配置文件中允许了这项操作。以下命令确保关闭 SELinux:

[root@ Linux6 ~]# setenforce 0

命令 setenforce 用来更改当前的 SELinux 值,后面可以跟 enforcing, permissive 或者 1, 0 参数。相对于 setenforce,命令 getenforce 可以得到当前的 SELinux 值。

(7) 重新启动 Samba 服务

每次修改过 smb.conf 配置文件后,需要重新启动 Samba 服务才会生效,使用以下命令重启 Samba 服务:

[root@ Linux6 ~]# service smb restart

service 命令用于对系统服务进行管理，比如启动（start）、停止（stop）、重启（restart）、查看状态（status）等。

5. 在 Windows 系统中测试 Samba 服务

在 Windows 客户端中测试 Samba 服务器，只需要直接在"我的电脑"地址栏或 IE 浏览器中输入："\\Samba 服务器 IP 地址或计算机名"（如：\\192.168.200.10），出现登录对话框，输入用户名及其 Samba 密码后即可以看到 Samba 的共享情况，如图 2-62 所示。

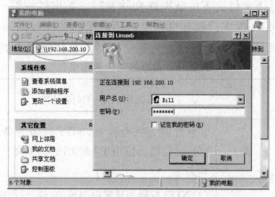

图 2-62　用 Windows 资源管理器访问 samba 服务器

拓展训练

1. 在 Win2K8 中配置多用户共享网络无纸化考试环境

（1）无纸化考试系统设置要求

某网络无纸化考试系统采用 C/S 模式，考试应用程序及相关的数据都存放在服务器上，在客户端通过共享和映射网络驱动器盘符的方式进行访问。考试环境安装要求如下：

①在服务器中创建一个名为 GrpTest 的考试用户组；

②在每个考场（机房）、每台工作站的 Windows 系统中创建不同的登录账户，如：User01、User02 ~ User50，要求无需登录密码，并且密码永不过期；

③在服务器中创建对应的用户账号 User01 ~ User50，从默认的隶属于 Users 用户组中删除，并加入到 GrpTest 用户组中；

④在服务器的 C 盘根目录中建立 kDriver 文件夹；在该文件夹中建立 User01 ~ User50 用户对应的文件夹，作为用户的主目录，文件夹名也为 User01 ~

User50；"C：\kDriver"文件夹需要设置为共享（要求删除默认的 Everyone 对象权限），并且在客户端将其映射为本地"K："盘，设为登录时重新连接；

⑤在服务器的 C 盘根目录中建立 jDriver 文件夹，"C：\jDriver"文件夹也需要设置为共享（要求删除默认的 Everyone 对象权限），并且在客户端将其映射为本地"J："盘，设为登录时重新连接；

⑥考试应用程序放在服务器的"C：\jDriver\AppTest"文件夹下，考试过程生成的数据放在"C：\jDriver\AppTest\Data"文件夹下，客户机上运行的考试应用程序，要能够对该文件夹下的数据库文件有写入数据的权限；

⑦要求对相关文件夹设置共享和考试用户组的访问权限的控制（所有目录对于管理员组 Administrators 均设置为完全控制），具体要求参见表 2-13 所示。

表 2-13 共享权限设置要求

文件夹	是否设置共享	考试用户组的权限设置	允许从父项继承权限
C：\jDriver	是	共享权限为完全控制，NTFS 权限为特殊（读、运行权），应用于"此文件夹、子文件夹和文件"	是
C：\jDriver\AppTest\Data	否	（1）NTFS 权限为从父项继承的（读、运行权） （2）添加一个特殊的写入 NTFS 权限，应用于"只有文件"	是
C：\kDriver	是	共享权限为完全控制，NTFS 权限为特殊（读、运行权），应用于"此文件夹"	否
C：\kDriver\考试用户名 *	否	NTFS 权限为完全控制，应用于"此文件夹、子文件夹和文件"	是

（2）无纸化考试系统设置方法

根据以上任务要求，对于"jDriver""kDriver"和"C：\jDriver\AppTest\Data"文件夹的创建和共享权限设置只需要操作一次，可以利用图形化界面操作方式完成。而如果对每一个考试用户采取逐个手工创建、设置的办法，工作不仅十分烦琐，而且容易出错。主要的重复工作在于新建用户账号、将新建用户加入到 GrpTest 组、删除新用户的隶属组 Users、新建用户的文件夹并设置权限。借助 Windows 控制台的批处理命令，可以高效完成此任务。

除了要用到和前面任务相同的控制台命令"net user"和"net localgroup"外，还需要使用另外一个控制台命令"cacls"，虽然 Win2K8 中提供了功能更为强大、用来替代"cacls"的"icacls"命令，但"icacls"命令参数比较复杂。"cacls"命令的语法格式如下所示：

```
PS C:\Users\Administrator > cacls   /?           # 参数/help 查看命令使用语法格式，
                                                   也可用/?
注意：不推荐使用 Cacls,请使用 Icacls
显示或者修改文件的访问控制列表（ACL）

CACLS filename [/T] [/M] [/L] [/S[:SDDL]] [/E] [/C] [/G user:perm]
       [/R user [...]] [/P user:perm [...]] [/D user [...]]
    filename       显示 ACL
    /T             更改当前目录及其所有子目录中
                   指定文件的 ACL
    /L             对照目标处理符号链接本身
    /M             更改装载到目录的卷的 ACL
    /S             显示 DACL 的 SDDL 字符串
    /S:SDDL        使用在 SDDL 字符串中指定的 ACL 替换 ACL
                   （/E、/G、/R、/P 或 /D 无效）
    /E             编辑 ACL 而不替换
    /C             在出现拒绝访问错误时继续
    /G user:perm   赋予指定用户访问权限
                   Perm 可以是：R  读取
                                W  写入
                                C  更改（写入）
                                F  完全控制
    /R user        撤销指定用户的访问权限（仅在与 /E 一起使用时合法）
    /P user:perm   替换指定用户的访问权限
                   Perm 可以是：N  无
                                R  读取
                                W  写入
                                C  更改（写入）
                                F  完全控制
    /D user        拒绝指定用户的访问
在命令中可以使用通配符指定多个文件
也可以在命令中指定多个用户
……                                              #以下从略
```

图形化界面设置"jDriver""kDriver"和"C：\jDriver\AppTest\"文件夹共享权限方法如下（以 jDriver 文件夹为例）：

①先按照任务 1 中的操作方法，设置 jDriver 文件夹的共享权限，删除 Everyone对象的权限、设置 Administrators 组和 GrpTest 组为完全控制权限。

②打开"jDriver 属性"对话框，选择"安全"选项卡，单击"高级"按钮，打开如图 2-63 所示的"高级安全设置"对话框。

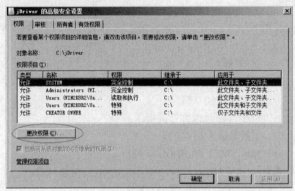

图 2-63　jDriver 高级安全设置对话框

③单击"更改权限"按钮，在打开的新对话框中取消勾选"包括可从该对象的父项继承的权限"，系统会给出警告提示，如图 2-64 所示。

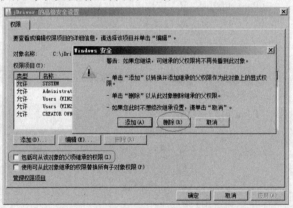

图 2-64　取消父项继承的权限

④单击"删除"按钮后，系统将删除该目录的所有 NTFS 权限，然后单击"添加"按钮，添加 Administrators 组的完全控制权限，添加 GrpTest 组的"遍历文件夹/执行文件""列出文件夹/读取数据""读取属性""读取扩展属性"和"读取权

限"权限,设置完成的结果应如图 2-65 所示,单击"确定"完成 NTFS 权限设置。

图 2-65 更改 jDriver 目录的特殊权限

⑤按同样的方法,设置"kDriver"文件夹的共享权限,删除 Everyone 对象的权限、设置 Administrators 组和 GrpTest 组为完全控制权限;设置该文件夹的 NTFS 权限为 Administrators 组完全控制和 GrpTest 组的"遍历文件夹/执行文件""列出文件夹/读取数据""读取属性""读取扩展属性"权限,并应用于"只有该文件夹",如图 2-66 所示。

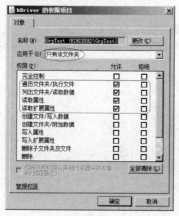
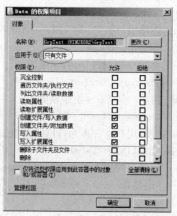

图 2-66 kDriver 的 GrpTest 权限　　图 2-67 Data 的 GrpTest 权限

⑥设置"C:\jDriver\AppTest\Data"文件夹的 GrpTest 组写入权限,需要分两步实现,一是控制不能往该文件夹中修改、创建新文件或文件夹,二是控制能修改该文件夹中的文件内容。第一步由"C:\jDriver"文件夹继承的权限进行控制,第二步为"Data"文件夹添加一个特殊的 GrpTest 组的 NTFS 写入权限,并应用于"只有文件",如图 2-67 所示。设置完成后的"Data"文件夹高级安全设置如图 2-68 所示。

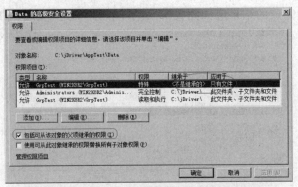

图 2-68 C:\jDriver\AppTest\Data 的高级安全设置

⑦用控制台批处理命令创建考试用户的命令内容如下：

```
rem   "rem"开头为批处理命令脚本的注释
rem   为了对齐,User1--User9,在数字前面补 0,为 User01--User09
rem   %%i 为循环变量,(1,1,9)表示从 1 到 9,每次加 1
for /l %%i in (1,1,9) do (
  rem   创建用户文件夹
  md   C:\kDriver\User0%%i
  rem   创建用户账号,无须密码、用户不能更改密码、账号永不过期
  net   user   User0%%i  /add  /passwordchg:no  /passwordreq:no  /expires:never
  rem   将用户加入到 GrpTest 组中
  net   localgroup   GrpTest   User0%%i   /add
  rem   将用户从 Users 组中删除
  net   localgroup   Users   User0%%i   /delete
  rem   设置用户文件夹为自己完全控制权限
  cacls   C:\kDriver\User0%%i   /g   User0%%i:f   /e
  rem   设置用户文件夹为 Administrators 组完全控制权限
  cacls   C:\kDriver\User0%%i   /g   Administrators:f   /e
)
rem   以下创建 User10--User50
for /l %%i in (10,1,50) do (
  md   C:\kDriver\User%%i
  net   user   User%%i   /add   /passwordchg:no   /passwordreq:no   /expires:never
  net   localgroup   GrpTest   User%%i   /add
  net   localgroup   Users   User%%i   /delete
  cacls   C:\kDriver\User%%i   /g   User%%i:f   /e
  cacls   C:\kDriver\User%%i   /g   Administrators:f   /e
)
```

学习情境2　局域网资源共享的配置与管理

2. 利用"组策略"设置允许空密码的本地账户远程登录 Win2K8

在上述考试环境中,由于本地的考试用户账户没有设置登录密码,默认 Win2K8 不允许空密码的本地账户远程登录,导致考试用户无法使用服务器的共享目录。需要按照如下步骤修改"组策略"配置:

①单击"开始"→"运行"或按"⊞+R"组合键,在弹出的系统运行对话框中输入"gpedit.msc"字符串命令,单击"确定"按钮后,打开对应系统的组策略控制台窗口。

②在如图 2-69 所示的"本地组策略编辑器"窗口左边部分,依次展开"计算机配置"→"Windows 设置"→"安全设置"→"本地策略"→"安全选项",在右边窗口双击"账户:使用空白密码的本地账号只允许进行控制台登录"选项,打开目标组策略选项的属性设置窗口,将该选项参数调整为"已禁用"(默认为"已启用"),再单击"确定"按钮保存好上述设置操作。

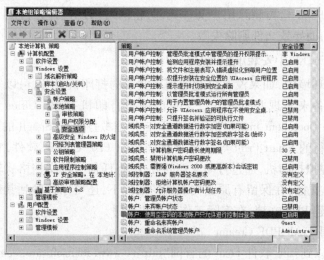

图 2-69　本地组策略编辑器

3. 在 Win2K8 中用控制台命令删除考试用户账号及相关文件夹

在上面的搭建考试环境任务中,通过控制台批处理命令实现多用户账号的快速创建及权限设置。当考试完成或需要重新初始化考试环境时,需要删除考试用户账号,由于在图形界面的用户管理窗口中,无法同时选中多个用户,也就是无法一次删除多用户账号;另外,在考试用户文件夹中,可能存在考试过程中产生的多个文件及子文件夹,这些文件或文件夹也可能被设置为隐藏或只读属性,简单通过图形界面删除时,系统会不断提示用户是否确认删除,这样操作效率很低。

要高效删除考试用户账号及相关文件夹,也只能通过控制台批处理命令实现。删除用户账号可用"net user <用户名> /delete"命令,删除用户文件夹可以"RD"命令,其语法格式如下所示:

```
C:\Users\Administrator> rd  /?
删除一个目录
RMDIR [/S] [/Q] [drive:]path
RD [/S] [/Q] [drive:]path
    /S  除目录本身外,还将删除指定目录下的所有子目录和文件。用于删除目录树
    /Q  安静模式,带 /S 删除目录树时不要求确认
```

请读者自行创建用于删除考试用户账号及相关文件夹的批处理文件,注意要先删除用户账号,再删除用户文件夹,防止网络用户打开并占用了用户文件夹中的文件,而导致文件删除失败。

4. 在 Win2K8 中安装虚拟共享打印机

在实验环境中,如果没有合适的用来共享的打印机设备,可以安装虚拟打印机软件设备来实现共享操作。常见的虚拟打印机有 MS Office 自带的 Microsoft Office Document Image Writer、CAD 自带虚拟打印机、SnagIt 的 SnagIt 打印机和比较流行的 Smart Print 等。此处推荐 Foxit PDF Creator 软件,它是一款小巧、高效的虚拟打印机,通过打印文档的方式,将任何一种文档格式转换成专业标准的 PDF 文档,在保留有原文档观感的前提下,还可以体验到其难以想象的快捷速度创建 PDF 文档,在实际工作中非常有用。

(1)下载 Foxit PDF Creator

用户可以到福昕软件 Foxit 的官网"http://www.foxitsoftware.com/PDF_Converter/"上下载 Foxit PDF Creator 的测试版,但要注意 32 位和 64 位版本的区别。

(2)安装 Foxit PDF Creator 并设置共享

安装 Foxit PDF Creator 的过程比较简单,按照安装向导提示即可。由于是做测试用,最后一步单击"Keep Evaluating"按钮,如图 2-70 所示。安装完成可以在"设备和打印机"窗口中看到新的打印机即"Foxit PDF Printer"图标。

(3)测试打印文档并转换为 PDF 文档

创建一个"记事本"文档,打印到"Foxit PDF Printer",系统提示将新建的 PDF 文件以什么文件名保存到哪个目录下,如图 2-71 所示。

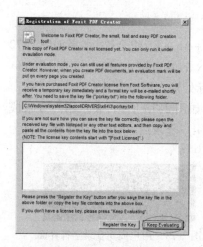

图 2-70　安装过程选择评估 Foxit PDF Creator

图 2-71　打印到 PDF 文件

5. Linux 图形界面与字符界面虚拟终端的切换

Linux 是讲究效率的一个操作系统，它的优势在于字符界面，虽然其 X-Window 图形界面能使用户更方便、直观地操作 Linux 系统，但其效率相比 Windows 的图形界面要低很多。学会在字符界面下使用各种命令操作 Linux 系统，不仅可以高效地完成所有的任务，还可以大大节省系统资源开销，因为图形模式是很耗费系统资源的。

Linux 是一个多用户的系统，即当一个用户正在执行某个程序的时候，另一个用户可以同时在同一台计算机中做其他的事情。Linux 通过"虚拟终端（或叫虚拟控制台）"的方法来支持它的多用户特性。默认启动图形界面的情况下，CentOS 6 提供了 6 个虚拟终端，在图形界面中使用"Ctrl + Alt + Fn（n = 1 ~ 6）"组合键进行切换。其中 Ctrl + Alt + F1 为默认图形界面的虚拟终端，Ctrl + Alt + Fn（n = 2 ~ 6）为字符界面的虚拟终端。注意：如果在虚拟机中无法使用此组合键进行切换，那是因为 VMware 默认使用"Ctrl + Alt"作为物理机和虚拟机之间切换的组合键，所以先要更改此 VMware 的配置选项，如将"Ctrl + Alt + Shift"配置为物理机和虚拟机之间切换的组合键即可（在"Edit"→"Preferences"菜单中进行设置）。

训练任务要求如下：用 root 用户登录到 CentOS 6 的桌面环境后，要求切换到第 5 个虚拟终端，然后用 Jack 的账号进行登录，并在字符界面中执行一些 Linux 的系统命令（如 ls、cd 等），最后切换回 root 用户登录的图形界面。

具体操作如下：

①在 root 用户登录的图形界面中，按 Ctrl + Alt + F5 组合键，结果如图 2-72 所示。图中第一行表示用户当前使用的 Linux 的发行版本；第二行表示 Linux 的内核版本；第三行为登录提示，即要求在光标处输入用户账号。

②在正确输入用户名和密码后，系统提示如图 2-73 所示，表示用户登录成功，可以执行 Linux 的各种命令了。注意普通用户登录后，系统的命令提示符为"$"，而 root 用户登录后，系统的命令提示符为"#"。

图 2-72 切换到字符界面

图 2-73 用户成功登录字符界面

③按 Ctrl + Alt + F1 组合键，即可从当前登录界面返回到 root 用户登录的图形界面，此时 Jack 账号并没有注销，还可以按 Ctrl + Alt + F5 组合键再回到其登录的字符界面，如果要注销 Jack 的登录，请在 Jack 登录的字符界面中按 Ctrl + D 组合键即可。

6. 在图形界面中显示系统中的所有用户

默认情况下，CentOS 6 会在用户管理窗口中隐藏系统用户和组，如果想查看系统中有哪些系统用户和组，需要更改其显示选项。方法是在"用户管理者"窗口中，单击菜单中的"编辑"→"首选项"命令，打开"首选项"对话框，如图 2-74 所示，取消勾选"隐藏系统用户和组"选项即可。

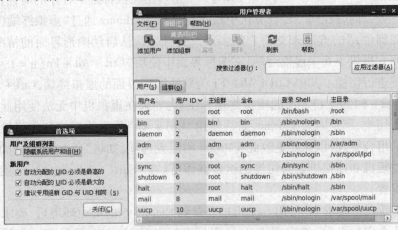
图 2-74 显示系统用户和组

7. 配置本地 CentOS 6 安装光盘为 YUM 源

当系统无法连入到 Internet 时，如果需要实现"添加/删除软件"功能，那就需要配置本地 YUM 源了(但无法实现更新系统功能)。方法如下：

①将"/etc/yum.repos.d/"目录下的文件移动到其他目录下备份，相当于清理 yum 的仓库文件；

②挂载 CentOS 6 安装光盘。如果有安装 Linux 图形环境 X-Window，并且挂载的是 CentOS-6.0-i386-bin-DVD.iso 光盘映像文件，则该安装光盘自动挂载到 "/media/CentOS_6.0_Final"目录下。如果未安装 Linux 图形环境，可采用以下命令挂载安装光盘到 Linux 系统中的"/media/CentOS_6.0_Final"目录下；

```
[root@ Linux6 ~]# cd /media/                                    #切换到/media
                                                                 目录
[root@ Linux6 media]# mkdir CentOS_6.0_Final                    #创建挂载目录
[root@ Linux6 media]# mount /dev/cdrom /media/CentOS_6.0_Final/  #挂载光盘
mount: block device /dev/sr0 is write-protected, mounting read-only  #以只读方式挂载
[root@ Linux6 media]#
```

③修改文件/etc/yum.conf，在最下面添加几行，如下所示：

```
[local_cdrom]
name = CentOS 6
baseurl = file:/// media/CentOS_6.0_Final/
gpgcheck = 0
```

其中 baseurl 就是在本地搜索的路径，gpgcheck = 0 是让它不要检查密钥；

④使用"yum list all"命令进行 yum 仓库的测试，如果能够列出软件包的信息，则说明配置没有错误。

```
[root@ Linux6 ~]# yum list all                                  #显示内容省略
```

8. 在 Linux 系统中测试 Samba 服务

①在 Linux 客户端以图形方式测试 samba 服务器。可以直接打开系统自带的 Firefox 浏览器，在地址栏中输入：smb://samba 服务器 IP 地址。如图 2-75 所示为访问 Windows XP 的共享情况。

②在 Linux 客户端以命令方式测试 samba 服务器。使用 smbclient 命令，其格式如下："smbclient //samba 服务器 IP 地址/共享节名 - U 用户名"，如

图 2-76 所示。

图 2-75 用 Firefox 访问 samba 服务器

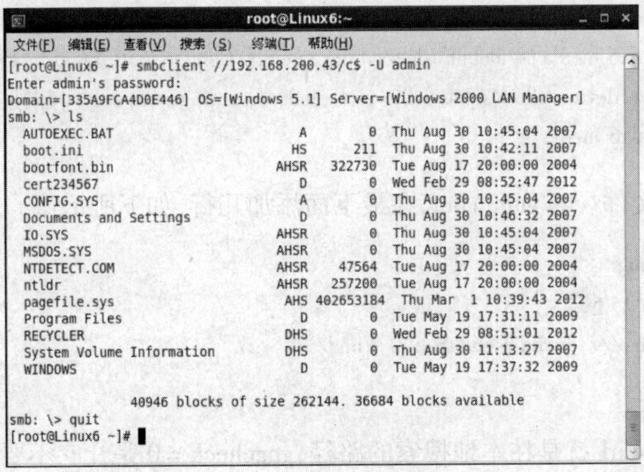

图 2-76 用 smbclient 访问 Windows XP 的默认共享

9. 在 Linux 字符界面中使用 vi 编辑器编辑文件

vi 编辑器是所有 Unix 及 Linux 系统下标准的编辑器,如果能熟练使用它,其强大的功能完全不逊色于其他文本编辑器。vi 是"visual interface"的缩写,vim 是 vi Improved(增强版的 vi,目前默认系统中使用的就是 vim)。相当于图形模式下的 gedit,由于 vi 命令繁多,不容易灵活掌握,对初学者来说,掌握它的基本用法和部分指令,就可以应付很多情况下的文件编辑或系统管理维护工作。

基本上 vi 可以分为 3 种工作模式,分别是命令模式(Command Mode)、插入模式(Insert Mode)和底行模式(Last Line Mode)。3 种模式的相互转换关系如图 2-77 所示。

学习情境2 局域网资源共享的配置与管理

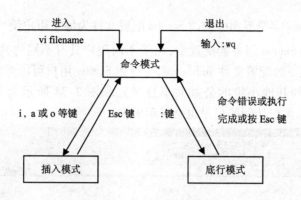

图 2-77 vi 的 3 种工作模式

(1) 命令模式

vi 启动后自动进入命令模式,在此模式下,任何从键盘输入的字符都被当作编辑命令来解释(上下左右键移动光标无效),而不会在屏幕上显示。如果输入的字符是合法的 vi 命令,则 vi 完成相应的动作,否则 vi 会响铃警告。

(2) 插入模式

在此模式下,用户输入的任何字符都被当作文件内容显示在屏幕上,从而实现文档内容的输入或编辑,按 Esc 键可回到命令模式。

(3) 底行模式

在命令模式下输入的 vi 命令通常是单个字母,所输入的命令都不回显。但有些控制命令表达比较复杂,比如要将文档内容保存到指定文件中,需要输入文件名,此时需要回显,为此 vi 提供了底行工作模式。在命令模式下,按冒号":"键切换到底行模式,此时在编辑器的底部一行会显示相应的提升符,在此行输入 vi 命令,按回车键执行,按 Esc 键回到命令模式。

(4) vi 的最基本操作

① 进入 vi。在系统提示符号输入 vi 及文件名称后,就进入 vi 全屏幕编辑画面。

② 切换至插入模式编辑文件。按一下字母"i"(在光标前插入)进入插入模式后,就可以开始输入或编辑文档内容了,此时可以使用上下左右键移动光标或 Backspace 退格键删除错误字符。

③ 保存文件并退出 vi。按 ESC 将回到命令模式后,输入":wq"回车(表示以当前文件名保存)。

④ 不保存文件并退出 vi。按 ESC 将回到命令模式后,输入":q!"回车(不存盘强制退出)。

10. 在 Linux 字符界面中修改 Samba 配置文件为每个用户使用独立的配置文件

在上述的 Samba 服务器配置中,由于不同用户具有不同的共享权限,所有用户都使用统一的配置文件 smb.conf,会导致 Samba 用户可以看到没有权限的共享文件夹(如其他小组的公共共享目录),如图 2-78 所示为 Bill 用户登录 Samba 服务器,无权访问的目录也会显示出来。

图 2-78　Samba 用户可以看到没有权限的共享文件夹

为了解决此问题,可以采用为每个用户使用独立的配置文件方式。方法如下(要求全部在终端命令提示符下完成):

①假设先为用户 Bill 建立独立的配置文件,直接复制"/etc/samba/smb.conf"这个文件并改名为"smb.conf.Bill"(此文件也必须放到/etc/samba/目录中),注意后缀名一定要包含用户名。复制文件使用"cp"命令,如下所示。

```
[root@ Linux6 ~]# cd   /etc/samba/
[root@ Linux6 samba]# cp   smb.conf   smb.conf.Bill
```

②编辑 smb.conf 文件,去除和用户相关的节内容,在"[global]"节中增加如下一行:

```
config file = /etc/samba/smb.conf.%U
```

其中%U 代表当前登录的用户,命名规范与独立配置文件匹配。

③编辑 smb.conf.Bill,保留个人配置信息部分的节内容即可。

④按照同样的方式,建立和修改其他 Samba 用户的配置文件。

⑤重启 Samba 服务后,再进行测试,注意原来 Windows 客户端已经登录到 Samba 服务器的,先要注销并重新登录 Windows 系统才能进行测试。

拓展阅读

1. Linux 常见分区格式

（1）Ext2

Ext2 是 GNU/Linux 系统中标准的文件系统。这是 Linux 中使用最多的一种文件系统，它是专门为 Linux 设计的，拥有极快的速度和极小的 CPU 占用率。Ext2 既可以用于标准的块设备（如硬盘），也被应用在软盘等移动存储设备上。

（2）Ext3

Ext3 是 Ext2 的下一代，也就是保有 Ext2 的格式之下再加上日志功能。Ext3 是一种日志式文件系统（Journal File System），其最大的特点是：它会将整个磁盘的写入动作完整地记录在磁盘的某个区域上，以便有需要时回溯追踪。当在某个过程中断时，系统可以根据这些记录直接回溯并重整被中断的部分，重整速度相当快。

（3）Ext4

Ext4 为 CentOS 6 默认的文件系统，相比于 Ext3，Ext4 的优越性主要体现在以下 3 方面：

①支持 Extent。文件的存放使用多个连续的区块，记录存放文件内容的区块就记录每段 Extent 的起始区块位置和长度，而非传统记录每个区块位置，节省不少 metadata 空间。加上读取档案内容和分配空间时可以一次处理多个区块，减少输入/输出操作次数，大大加快系统效能。Extent 的使用亦减低 external fragmentation 的机会，所以为什么很多用户在升级到 Ext4 之后，明显感觉到系统性能有显著提高。

②突破存储限制。Ext4 的文件系统存储限制大小由 Ext3 的 2 TB 增至 1 EB；单个文件大小由 2 TB 增至 16 TB，Ext2/Ext3 的目录大小最多 32 KB，Ext4 取消了这个限制。加上 B-Tree 目录索引，大大减少了在大目录搜索档案的时间。不要觉得 TB/EB 的空间概念很遥远，其实现在很多企业的数据大小都已经提升到 TB 级别了，如果是提供存储服务的企业，提升到 EB 级别是必定的。

③纳秒级高精确时间。传统 Ext2/Ext3 的文件时间资料只以秒作最小单位，随着多核和集群技术发展，Ext4 把文件时间资料的精确度提至纳秒级。

（4）Linux swap

它是 Linux 中一种专门用于交换分区的 swap 文件系统。Linux 是使用这一整个分区作为交换空间。一般这个 swap 格式的交换分区是主内存的两倍。在内存不够时,Linux 会将部分数据写到交换分区上。

(5) VFAT

VFAT 叫长文件名系统,这是一个与 Windows 系统兼容的 Linux 文件系统,支持长文件名,可以作为 Windows 与 Linux 交换文件的分区。

2. Windows 常见分区格式

(1) FAT

FAT(File Allocation Table,文件分配表)文件系统有 3 种,分别是 FAT12、FAT16、FAT32。FAT12 是早期 DOS 采用的文件系统,它适合于容量较小的存储介质(如:软盘),它采用 12 位文件分配表,并因此而得名,FAT12 可以管理的磁盘容量是 8 MB。FAT16 支持最大分区为 2 GB,多数操作系统都支持,包括 Windows 全系列和 Linux。FAT16 分区格式最大的缺点是硬盘实际利用率低。随着主流硬盘的容量越来越大,这种缺点变得越来越突出,目前已经被 FAT32 所替代了。FAT32 最大的优点是:在一个不超过 8 GB 的分区中,其分区格式的每个簇容量都固定为 4 KB,与 FAT16 相比,可以大大地减少硬盘空间的浪费,提高了硬盘利用效率。

(2) NTFS

由于 FAT32 的硬盘格式不能支持单个文件大小超过 4 GB 以上的文件,微软在 Windows NT 操作环境高级服务器网络操作系统中推出了 NTFS(New Technology File System)。其显著的优点是安全性和稳定性极其出色,在使用中不易产生文件碎片,对硬盘的空间利用及软件的运行速度都有好处。主要体现在以下几个方面:

①更安全的文件保障,提供文件加密,能够大大提高信息的安全性。

②更好的磁盘压缩功能。

③支持最大达 2 TB 的大硬盘,并且随着磁盘容量的增大,NTFS 的性能不会像 FAT 那样随之降低。

④可以赋予单个文件和文件夹权限。对同一个文件或者文件夹为不同用户可以指定不同的权限。在 NTFS 文件系统中,可以为单个用户设置权限。

⑤NTFS 文件系统中设计的恢复能力无须用户在 NTFS 卷中运行磁盘修复程序。在系统崩溃事件中,NTFS 文件系统使用日志文件和复查点信息自动恢复文件系统的一致性。

⑥NTFS 文件夹的 B-Tree 结构使得用户在访问较大文件夹中的文件时,速

度甚至比访问卷中较小文件夹中的文件还快。

⑦可以在 NTFS 卷中压缩单个文件和文件夹。NTFS 系统的压缩机制可以让用户直接读写压缩文件,而不需要使用解压软件将这些文件展开。

⑧支持活动目录和域。此特性可以帮助用户方便灵活地查看和控制网络资源。

⑨支持稀疏文件。稀疏文件是应用程序生成的一种特殊文件,文件尺寸非常大,但实际上只需要很少的磁盘空间,也就是说,NTFS 只需要为这种文件实际写入的数据分配磁盘存储空间。

⑩支持磁盘配额。磁盘配额可以管理和控制每个用户所能使用的最大磁盘空间。

学习情境3　DHCP服务器安装、配置与管理

知识目标

1. 掌握 Windows Server 2008 下 DHCP 服务的基本配置方法
2. 掌握 Linux 下 DHCP 服务的基本配置方法
3. 了解 DHCP 基本工作原理和有关概念、术语
4. 掌握跨网段测试 DHCP 服务器的基本方法

能力目标

1. 能根据企业实际情况，在 Windows 和 Linux 服务器上配置 DHCP 服务，并进行 DHCP 客户端获取 IP 地址测试
2. 能根据需要搭建多网段物理或虚拟网络环境
3. 学会规划企业 IP 地址分配

情景再现与任务分析

某高校校园网早期由于规模较小，校园网用户的计算机通过设置固定 IP 地址的方式接入每座楼的楼层再接入交换机(每座楼分配不同的网段)，再通过光纤连到核心交换机，经防火墙、路由器后接入 Internet。校园网用户访问校园网时，需要事先进行上网拨号认证，但网络中存在一些计费硬件设备(如电控、水控设备)也需要访问校园网，并且无法安装拨号软件或进行上网认证，此设备 IP 或 MAC 地址只能通过免认证方式接入校园网。随着学校的发展和无线 Wi-Fi 技术的普及，校园网中的主机越来越多，而且很多教职工携带的移动智能设备也希望能接入校园网，当移动设备从一座楼移动到另一座楼时，需要手工

更改移动设备的 IP 地址,导致网络上计算机的 IP 地址配置错误或冲突现象时有发生,加大了网络管理员的维护工作量。

为了解决此问题,在网络中部署 DHCP 服务器,通过它自动配置接入网络主机的 IP 地址、子网掩码、网关及 DNS 服务器等 TCP/IP 信息,避免了在每台计算机上手工输入数值引起的配置错误,还能防止网络上计算机配置 IP 地址的冲突,有效地降低接入网络主机的 IP 地址配置的复杂度和网络管理成本。

由于客户机在第一次获取 IP 地址时,发送的 DHCP DISCOVER 消息采用广播的方式,如果没有及时接收到 DHCP 服务器的回应,客户机会连续多次发送 DHCP DISCOVER 消息,会增大网络的负担。为了提高 DHCP 服务器的响应时间,要尽量将 DHCP 服务器连接到网络核心设备(如:校园网的核心交换机上),如图 3-1 所示。

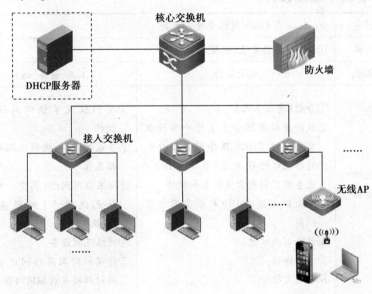

图 3-1 校园网网络拓扑

具体对 DHCP 服务器的配置要求如下。

①整个校园网都采用 C 类 IP 地址,网段为 192.168.X.0(教学楼 X 为 10,行政楼 X 为 20,食堂 X 为 30,…),网关统一为 192.168.X.254;

②不支持 DNS 动态更新,忽略客户机的更新;

③默认 IP 地址租借时间为 86 400 秒(1 天),最大地址租借时间为 604 800 秒(7 天);

④所有客户机的扩展域名为 fjcc.edu.cn;

⑤教学楼网段 192.168.10.0 的主机 DNS 服务器的地址为 210.34.48.34（福州大学教育网 DNS）和 218.85.157.99（福州电信 DNS），其余为 192.168.200.1（校内自建 DNS）和 218.85.157.99；

⑥每个网段动态分配的 IP 地址范围为 192.168.X.50~192.168.X.200，子网掩码为 255.255.255.0；

⑦保留 192.168.20.0 网段中 192.168.20.88 的 IP 地址，分配给 MAC 地址为"00:0C:29:D0:0B:00"的电控计费设备；

⑧DHCP 服务器的 IP 地址为 192.168.200.100，要求将 DHCP 服务绑定到指定的 DHCP 服务器的某个网卡上（如：第二张网卡 eth1 接口）。

学习情境教学场景设计

学习领域	Windows 与 Linux 网络管理与维护	
学习情境	DHCP 服务器安装、配置与管理	
行动环境	场景设计	工具、设备、教件
①企业现场 ②校内实训基地	①分组（每组 2 人） ②教师讲解实际企业工作中为什么需要通过 DHCP 服务器自动分配网络主机的 IP 地址；能提供 DHCP 服务的有哪些常用设备和软件 ③学生提出搭建 DHCP 服务器方案设想 ④讨论形成方案 ⑤方案评估 ⑥提交文档	①投影仪或多媒体网络广播软件 ②多媒体课件、操作过程屏幕视频录像 ③安装有双网卡（其中一块可以是无线网卡）的服务器或 PC 机 ④网络互联设备 ⑤能模拟跨网段访问的物理交换机环境或虚拟网络环境

方案制订

1. 确定使用什么设备或什么类型的操作系统提供 DHCP 功能

根据任务要求，通过资料和信息的收集和整理，完成类似表 3-1 的内容。

学习情境3 DHCP服务器安装、配置与管理

表 3-1 能提供 DHCP 服务的方案

能提供 DHCP 服务功能的设备/服务器类型	应用场合	优缺点

2. 列出每个网段需要动态分配的 IP 地址信息

根据任务分析,形成如表 3-2 所示的 IP 分配表。

表 3-2 DHCP 服务器 IP 分配表

网 段	网 关	DNS	可以分配的 IP 地址池	绑定 MAC 的主机 IP
192.168.10.0	192.168.10.254	首选 210.34.48.34 备用 218.85.157.99	192.168.10.50 ~ 192.168.10.200	无
192.168.20.0	192.168.20.254	首选 192.168.200.1 备用 218.85.157.99	192.168.20.50 ~ 192.168.20.200	00:0C:29:D0:0B:00 192.168.20.88
192.168.30.0	192.168.30.254	首选 192.168.200.1 备用 218.85.157.99	192.168.30.50 ~ 192.168.30.200	无
192.168.200.0	192.168.200.254	首选 192.168.200.1 备用 218.85.157.99	192.168.200.50 ~ 192.168.200.200	无

3. 列出可能需要上网搜索解决办法或查找参考资料才能解决的问题

①电控计费设备不是 PC 机,一般是一个带有网络接口功能的嵌入式硬件设备,要进行 IP 和 MAC 地址绑定,如何获取其 MAC 地址;

②什么类型的交换机可以充当 DHCP 服务器功能,如何进行配置。

任务1　Windows Server 2008 DHCP 服务器配置与管理

知识准备

1. 什么是 DHCP

动态主机配置协议 DHCP(Dynamic Host Configuration Protocol)是网络管理中非常重要的一项服务。配置了 DHCP 服务的服务器可以为每一个网络客户自动提供一个 IP 地址、子网掩码、缺省网关,以及 DNS 服务器的地址,避免了因手工设置 IP 地址及子网掩码所产生的错误,也避免了把一个 IP 地址分配给多台主机所造成的地址冲突,同时降低了 IP 地址管理员的设置负担,且使用 DHCP 服务器可以大大地缩短配置网络中主机所花费的时间。

2. DHCP 工作原理

DHCP 服务采用 UDP 协议,主要通过客户机传送广播数据包给网络中的 DHCP 服务器,DHCP 服务器响应客户机的 IP 参数请求并为其分配 IP 地址。DHCP 客户机获取 IP 地址的过程称为 DHCP 租借过程,其工作原理是:

①DHCP 发送:若客户机设置了使用 DHCP 获取 IP 参数,则当客户机开机或是重启网卡时,客户机会强制发送一个源地址为 0.0.0.0,而目的地址为 255.255.255.255 的 DHCP DISCOVER 广播包,此广播包会被同一网段的所有主机收到;

②DHCP 提供:一般的客户机收到 DHCP DISCOVER 广播包后会直接将其丢弃。若网段内存在 DHCP 服务器,则服务器会从自己的 IP 地址池中找出一个未分配的 IP 地址,连同子网掩码、网关地址等参数,回应给客户机一个 DHCP OFFER 广播包,如果网络中有多台 DHCP 服务器,则可能有多台 DHCP 服务器都会给出响应。若客户机找不到 DHCP 服务器或者服务器一直不响应,那么客户机会使用预留的 B 类网络 169.254.0.0,子网掩码为 255.255.0.0 来自动配置 IP 地址和子网掩码,这个称为自动专用 IP 编址(Automatic Private IP Addressing,APIPA)。如:在 Windows 系统中用 IPCONFIG 命令,如果发现客户机的 IP

地址为169.254.x.x,则说明该客户机动态获取IP地址失败;

③DHCP请求:DHCP客户机收到多台DHCP服务器的响应后,会挑选其中一个DHCP OFFER封包(通常是最先抵达的那个),并且会向网络发送一个DHCP REQUEST广播包。这是为了通知所有DHCP服务器,它将选择某台服务器提供的IP地址,以便其他的DHCP服务器及时收回自己的IP地址;

④DHCP确认:当已被选择的DHCP服务器收到DHCP客户机回答的DHCP REQUEST请求信息后,它便向该客户机发送一个DHCP PACK确认信息,该信息包含服务器所提供的IP地址、子网掩码、默认网关和DNS地址等信息。当DHCP客户机收到确认信息后,DHCP的租借过程完成,客户机的TCP/IP初始化完毕,该客户机就可以在局域网中与其他设备通信了。

以后DHCP客户机每次重新登录网络时,除非IP租约已经失效,且IP地址重新设定回0.0.0.0,否则就不需要再发送DHCP DISCOVER发现信息,而是直接发送包含前次所分配的IP地址的DHCP REQUEST请求信息,此时DHCP服务器会尽量让客户端使用原来的IP地址,如果没有特殊情况的话,服务器直接响应DHCP PACK确认信息即可;如果该IP地址失效或已经被其他机器使用了,服务器则会响应一个DHCP PACK否认信息给客户机,要求其重新发送DHCP DISCOVER发现信息来请求新的IP地址。

DHCP服务器向DHCP客户机分配的IP地址一般都有一个租借期限,期满后DHCP服务器便会收回出租的IP地址。为了能及时延长租期,DHCP服务制订了DHCP租期更新机制。

3. DHCP中继代理

DHCP中继代理(DHCP Agent 或 DHCP Proxy)是一种软件技术,是在不同子网上的客户端和服务器之间中转DHCP/BOOTP消息的小程序。

由于在大型的网络中可能存在多个子网,DHCP客户机通过网络广播消息获得DHCP服务器的响应后得到IP地址,但这仅限于客户机与服务器在同一个子网中,而不能跨越子网。因此为了实现客户机能够跨子网进行IP地址申请,就得用到DHCP中继代理。安装了DHCP中继代理的计算机称为DHCP中继代理服务器,它具有路由功能,能够接收DHCP客户机的DHCP请求信息,然后将此请求传递给真正的DHCP服务器,DHCP服务器再通过中继服务器传递回复信息给客户机,如此反复。总之,DHCP中继代理服务器承担着不同子网间DHCP客户机和服务器的通信任务。

4. DHCP Snooping 技术

DHCP服务的广泛应用(如无线路由器、VMware虚拟机)也会产生一些问题,由于 DHCP 服务允许在一个子网内存在多台 DHCP 服务器,这就意味着管理员无法保证客户端只能从管理员所设置的 DHCP 服务器中获取合法的 IP 地址,而不从一些用户自建的非法 DHCP 服务器中取得 IP 地址,导致网内的大量主机无法分配到预期的合法 IP 地址。而 DHCP Snooping 技术能够有效避免这种情况的发生。

DHCP Snooping 简称 DHCP 嗅探,是 DHCP 的一种安全特性,具有屏蔽非法 DHCP 服务器和过滤非法 DHCP 报文的功能,能解决 DHCP 客户机和 DHCP 服务器之间 DHCP 报文交互的安全问题。在交换设备上启动 DHCP Snooping 功能后,可实现对 DHCP 客户机和 DHCP 服务器之间 DHCP 交互报文的嗅探,记录合法 DHCP 用户的信息(IP、MAC、所属 VLAN、端口、租约时间等),形成 DHCP Snooping 数据库,该数据库能够过滤非信任的 DHCP 消息,从而保证网络安全的特性。DHCP Snooping 就像是非信任的主机和 DHCP 服务器之间的防火墙,通过 DHCP Snooping 来区分连接到末端客户的非信任接口和连接到 DHCP 服务器或者其他交换机的受信任接口。

任务实施

1. 添加 DHCP 服务器角色

在安装 Win2K8 时,默认不会安装 DHCP 服务器角色,可按以下步骤进行该角色的安装。

①单击"开始"→"管理工具"→"服务器管理器"命令,或单击任务栏的"服务器管理器"图标,打开"服务器管理器"窗口,在窗口左侧选择"角色",在窗口右侧单击"添加角色"链接,如图 3-2 所示。

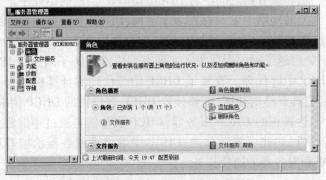

图 3-2 "服务器管理器"窗口

②系统启动"添加角色向导",系统提示在服务器上安装角色功能,需要设

学习情境3 DHCP服务器安装、配置与管理

置静态 IP 地址，如图 3-3 所示。

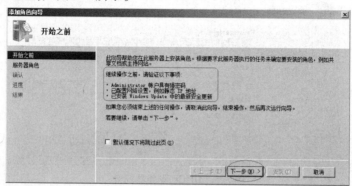

图 3-3 "添加角色向导"对话框

③单击"下一步"按钮，在如图 3-4 所示的对话框中勾选"DHCP 服务器"复选框。

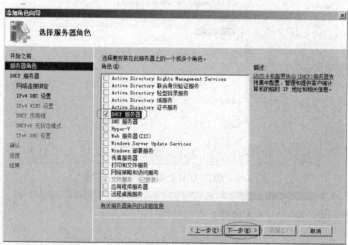

图 3-4 勾选"DHCP 服务器"复选框

④单击"下一步"按钮，在如图 3-5 所示对话框中，系统对 DHCP 服务器进行了简要介绍。

⑤单击"下一步"按钮，系统会检测当前已经具有静态 IP 地址的网络连接，每个网络连接都可以用于为单独子网上的 DHCP 客户端计算机提供 IP 自动分配服务，如图 3-6 所示，在此勾选提供 DHCP 服务的网络连接。

⑥单击"下一步"按钮，在如图 3-7 所示的对话框中设置 DNS 服务器参数。如设置父域为"fjcc.edu.cn"，首选 DNS 服务器为"192.168.200.1"。

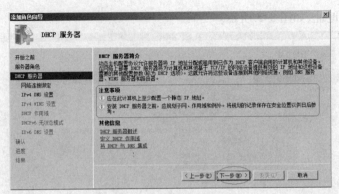

图 3-5 DHCP 服务器简介

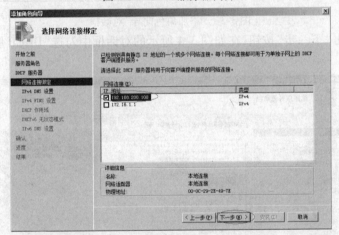

图 3-6 绑定 DHCP 服务的网络连接

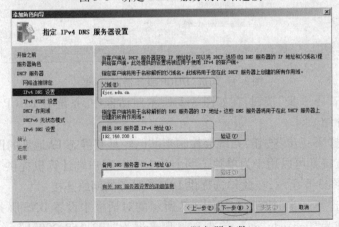

图 3-7 设置 DNS 服务器参数

⑦单击"下一步"按钮,在如图 3-8 所示的对话框中,按照默认选项,不使用 WINS。

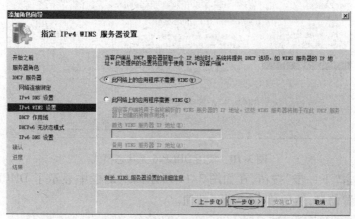

图 3-8　设置 WINS 服务器参数

⑧单击"下一步"按钮,在如图 3-9 所示的对话框中,单击"添加"按钮,打开"添加作用域"对话框,按图所示设置相关参数后,单击"确定"按钮。

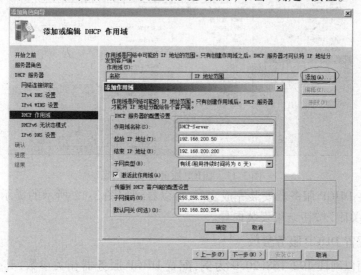

图 3-9　设置 DHCP 作用域

⑨单击"下一步"按钮,在如图 3-10 所示的对话框中,设置为"对此服务器禁用 DHCPv6 无状态模式"。

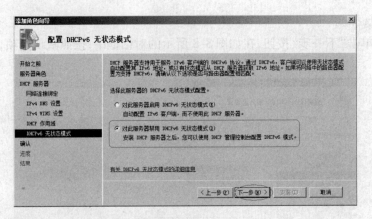

图 3-10　禁用 DHCPv6 无状态模式

⑩单击"下一步"按钮,在如图 3-11 所示的对话框中显示了 DHCP 服务器的相关配置信息,然后单击"安装"按钮。

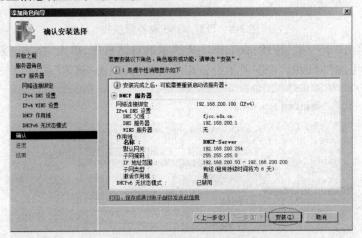

图 3-11　DHCP 服务器安装信息

⑪在 DHCP 服务器安装完成之后,可以看到如图 3-12 所示的提示信息,此时单击"关闭"按钮结束安装向导。

2. 配置 DHCP 服务参数

下面以网段 192.168.20.0 为例,配置 DHCP 服务器相关参数,其余 DHCP 配置信息由用户自行完成。

(1)新建 IP 地址作用域

①在"服务器管理器"窗口中,依次展开"角色"→"DHCP 服务器"→

"win2k8r2",右击"IPv4",在弹出的快捷菜单中选择"新建作用域"命令,如图 3-13 所示。

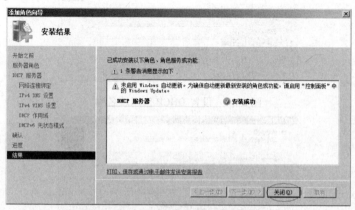

图 3-12 完成 DHCP 服务器安装

图 3-13 打开 DHCP 服务器配置快捷菜单

②在打开的"新建作用域向导"对话框中,单击"下一步"按钮,在如图 3-14 所示的对话框中输入作用域名称(如:XZL)和描述(如:行政楼)。

③单击"下一步"按钮,在如图 3-15 所示的对话框中输入 DHCP 作用域 IP 地址范围和子网掩码信息。

④单击"下一步"按钮,在如图 3-16 所示的对话框中可以设置不希望服务器分配的 IP 地址范围,此处不进行设置。

⑤单击"下一步"按钮,在如图 3-17 所示的对话框中设置 DHCP 服务器的租用期限为 1 天。

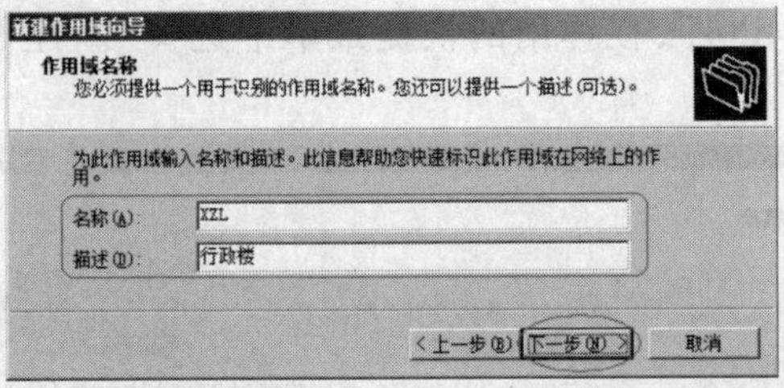

图 3-14 设置 DHCP 作用域名称

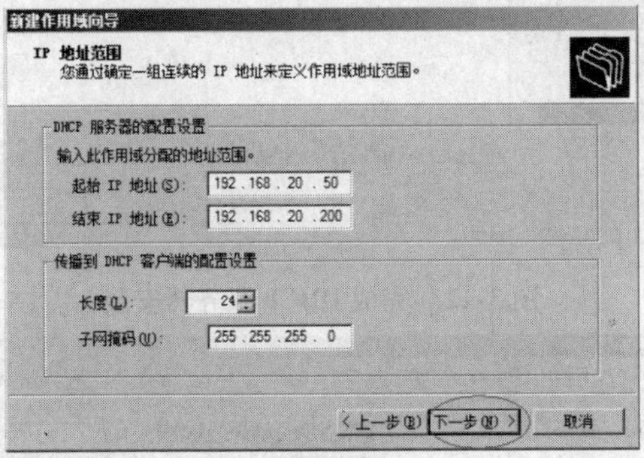

图 3-15 设置 DHCP 作用域 IP 地址范围

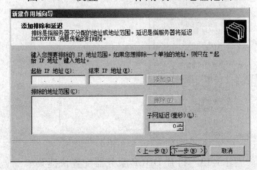

图 3-16 设置不希望 DHCP 服务器分配的 IP 地址范围

⑥单击"下一步"按钮,在如图 3-18 所示的对话框中选择"是,我想现在配置这些选项"选项,进行客户端其他 IP 参数设置(如:网关和 DNS 服务器信息等)。

⑦单击"下一步"按钮,在如图 3-19 所示的对话框中设置客户端的默认网关,如 192.168.20.254,然后单击"添加"按钮。

⑧单击"下一步"按钮,在如图 3-20 所示的对话框中设置 DNS 的父域名称、客户端首选 DNS 服务器 IP 地址和备用 DNS 服务器 IP 地址。在添加 DNS 服务

学习情境3　DHCP服务器安装、配置与管理

器 IP 地址时,系统会进行验证 DNS 服务器是否存在,如不存在会提示用户是否仍然要添加该 DNS 服务器的 IP 地址,如图 3-21 所示。

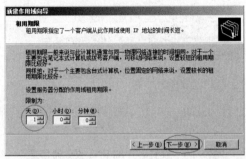

图 3-17　设置 DHCP 服务器的租用期限

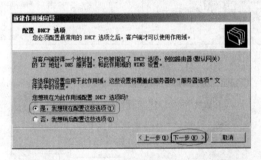

图 3-18　选择"是,我想现在配置这些选项"

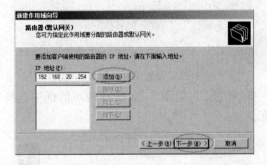

图 3-19　设置客户端的默认网关

⑨单击"下一步"按钮,在如图 3-22 所示的对话框中可以设置 WINS 服务器的名称或 IP 地址,此处不进行设置。

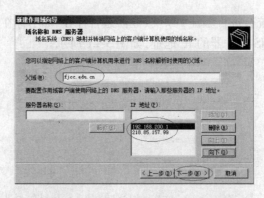

图 3-20　设置客户端 DNS 服务器信息

图 3-21　验证 DNS 服务器是否存在

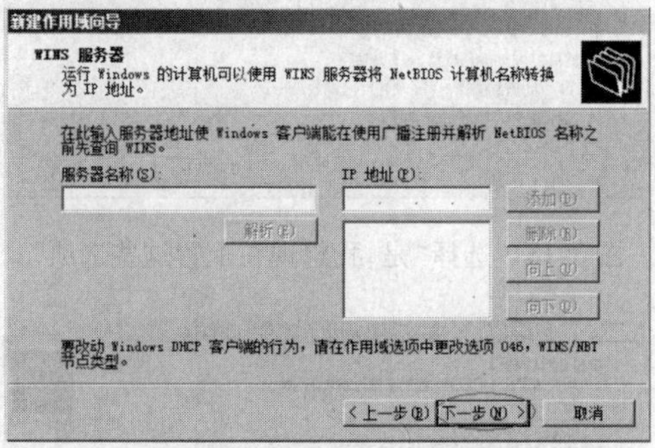

图 3-22　设置 WINS 服务器信息

⑩单击"下一步"按钮,在如图 3-23 所示的对话框中选择"是,我想现在激活此作用域"选项。

图 3-23　选择"是,我想现在激活此作用域"

学习情境3 DHCP服务器安装、配置与管理

⑪单击"下一步"按钮,完成一个 DHCP 服务器作用域的设置。

(2)建立保留 IP 地址

对于电控计费设备,需要一直使用相同的 IP 地址,就可以通过"建立保留"来为其分配固定的 IP 地址。

①在服务器管理器窗口左边目录树中,依次展开"角色"→"DHCP 服务器"→"win2k8r2"→"IPv4"→"作用域[192.168.20.0]",右击"保留",在弹出的快捷菜单中选择"新建保留"命令,打开"新建保留"对话框,如图3-24所示。

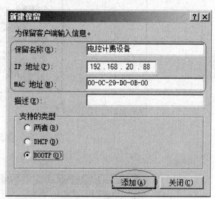

图 3-24　新建保留 IP 地址

②输入"保留名称""IP 地址"和"MAC 地址",此处假设电控计费设备的 MAC 地址为"00-0C-29-D0-0B-00",单击"添加"按钮,然后关闭"新建保留"对话框;值得注意的是,在 Win2K8 中 MAC 地址格式为"00-0C-29-D0-0B-00"或"000C29D00B00",如果输入的 MAC 地址有误,系统将无法新建保留 IP 地址项。

3. 管理 DHCP 服务器

在"服务器管理器"窗口左边目录树中,依次展开"角色"→"DHCP 服务器",在如图3-25所示的窗口右边展开"摘要"项,在此可以停止或重启 DHCP 服务,或更改 DHCP 服务器的首选项。

也可以在"服务器管理器"窗口左边目录树中,依次展开"角色"→"DHCP 服务器",右击"win2k8r2",在弹出的快捷菜单中选择"所有任务",其子菜单中可以进行 DHCP 服务器管理,如图3-26所示。

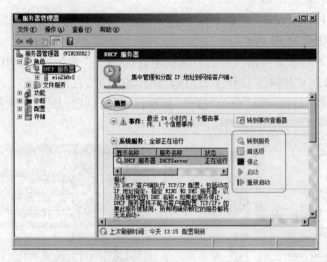

图 3-25　管理 DHCP 服务器

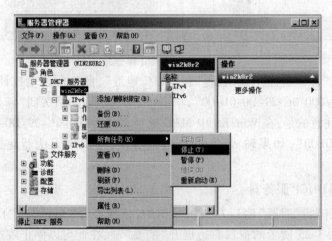

图 3-26　使用快捷菜单管理 DHCP 服务器

任务2 CentOS 6 DHCP 服务器配置与管理

任务实施

1. 检查 DHCP 服务组件是否安装

由于安装 CentOS 6 时,在"可选软件包"选择时已经勾选了"dhcp-4.1.1"选项,所以该服务组件应该已经安装到 CentOS 6 中。查询 DHCP 服务组件是否安装,可以通过在终端命令行窗口中执行"rpm -qa dhcp"命令,如下所示:

```
[root@ Linux6 ~]# rpm -qa dhcp
dhcp-4.1.1-12.P1.el6.i686
[root@ Linux6 ~]#
```

上述"rpm -qa <组件包名>"命令,用来查询所有和指定组件包名相关的组件包是否已经安装。如上所示,在查询结果中含有 dhcp 字符串,则表明系统已经安装了 DHCP 服务组件。

2. 创建 DHCP 服务组件的配置文件

CentOS 6 的 DHCP 服务器的配置文件为"/etc/dhcp/dhcpd.conf"(多数早期版本是/etc/dhcpd.conf),默认的 dhcpd.conf 文件内容为:

```
#
# DHCP Server Configuration file.
#   see /usr/share/doc/dhcp*/dhcpd.conf.sample
#   see'man 5 dhcpd.conf'
#
```

以上内容告诉用户可以借助 Linux 提供的配置文件样本,在其基础上进行修改可以快速编辑此配置文件。文件名"/usr/share/doc/dhcp*/dhcpd.conf.sample"中的*号表示版本号,在此为"4.1.1"。先用 mv 命令(将源文件重命名为目标文件,或将源文件移动至指定目录)将默认配置文件改名为 dhcpd.conf.backup,可按如下操作进行。

```
[root@ Linux6 ~]# cd  /etc/dhcp
[root@ Linux6 dhcp]# mv  dhcpd.conf  dhcpd.conf.backup
[root@ Linux6 dhcp]# cp  /usr/share/doc/dhcp-4.1.1/dhcpd.conf.sample dhcpd.conf
```

3. 编辑 DHCP 服务组件的配置文件

用 gedit 文本编辑器或 vi 编辑"/etc/dhcp/dhcpd.conf"文件,按以下内容保存(其中#打头的为注释,可以不用输入)。

```
#全局参数设置
option domain-name "fjcc.edu.cn";           # 默认域名
option domain-name-servers 192.168.200.1, 218.85.157.99;
                                            # 默认客户机的 DNS 服务器地址
option subnet-mask 255.255.255.0;           # 默认客户机的子网掩码
default-lease-time 86400;                   # IP 地址默认租借期限(单位为秒)
max-lease-time 604800;                      # 最长租借期限(单位为秒)
ddns-update-style none;                     # 不要动态更新 DNS
ignore client-updates;                      # 忽略客户机动态更新 DNS

# DHCP 服务器的网段也需要定义,否则会产生"No subnet declaration for eth1 (192.168.200.100)."
# 错误导致无法启动 DHCP 服务。
subnet 192.168.200.0 netmask 255.255.255.0 {
    option routers 192.168.200.254;         # 客户机网关
    option subnet-mask 255.255.255.0;
    option broadcast-address 192.168.200.255;  # 客户机子网的广播地址
    range dynamic-bootp 192.168.200.50 192.168.200.200;
                                            # 可分配的 IP 地址范围
}
# 定义 192.168.10.0 网段作用域
subnet 192.168.10.0 netmask 255.255.255.0 {
```

```
    option routers 192.168.10.254;
    option broadcast-address 192.168.10.255;
    option domain-name-servers 210.34.48.34,218.85.157.99;
    range dynamic-bootp 192.168.10.50 192.168.10.200;
}
# 定义 192.168.20.0 网段作用域
subnet 192.168.20.0 netmask 255.255.255.0 {
    option routers 192.168.20.254;
    option broadcast-address 192.168.20.255;
    range dynamic-bootp 192.168.20.50 192.168.20.200;
    # 定义该网段中的固定分配 IP 地址信息
    host fee-pc {
        hardware ethernet 00:0c:29:5d:bd:95;       # 网卡 MAC 地址
        fixed-address 192.168.20.88;               # 固定分配的 IP
    }
}
# 定义 192.168.30.0 网段作用域
subnet 192.168.30.0 netmask 255.255.255.0 {
    option routers 192.168.30.254;
    option broadcast-address 192.168.30.255;
    range dynamic-bootp 192.168.30.50 192.168.30.200;
}
```

4. 配置 DHCP 服务的启动参数

由于服务器配置有多个网卡,需要指定从那个网络接口启动 DHCP 服务。方法是修改配置文件"/etc/sysconfig/dhcpd",将"DHCPDARGS ="改为"DHCPDARGS = eth1"即可,表示通过第 2 块网卡 eth1 启动 DHCP 服务。

5. 启动 DHCP 服务

如果有修改 dhcpd.conf 文件,可用"service dhcpd restart"命令重启 DHCP 服务,停止 DHCP 服务的命令是"service dhcpd stop"。启动 DHCP 服务也可以使用"dhcpd start eth1"命令来指定具体网络接口启动 DHCP 服务,其操作如下:

```
[root@ Linux6 ~]# service dhcpd start
```

6. 在物理网络中跨网段测试 DHCP 服务器

在实际的物理网络中,通过在核心交换机上划分不同的 VLAN,以 TRUNK 方式连接每座楼的接入交换机,实现跨网段访问 DHCP 服务器。此时,测试 DHCP 服务器是否正常工作,需要在不同的网段中分别测试客户机是否能正确动态获取 IP 地址。

(1) 在 Windows 客户端中测试 DHCP 服务器

先在本地连接属性中,设置"Internet 协议(TCP/IP)"的属性为"自动获得 IP 地址",如图 3-27 所示,然后打开"CMD 命令提示符"窗口,用以下命令进行测试。

①ipconfig /release:释放全部(或指定)适配器的由 DHCP 分配的动态 IP 地址。

②ipconfig /renew:为全部(或指定)适配器重新分配 IP 地址。

③ipconfig /all:显示所有网络适配器(网卡、拨号连接等)的完整 TCP/IP 配置信息,包括 IP 是否动态分配、网卡的物理地址等。如需要为指定的 MAC 计算机分配 IP 地址,就事先要知道该客户端计算机的 MAC 地址,然后修改 DHCP 服务器的配置文件。在 Windows 中除了利用"ipconfig /all"可以查看计算机的 MAC 地址外,也可以使用"getmac"命令进行查看。

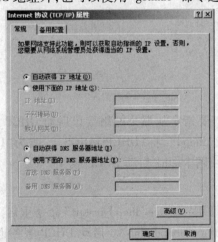

图 3-27 设置自动获得 IP 地址

(2) 在 Linux 客户端中测试 DHCP 服务器

执行"dhclient <网络接口名>"命令获取地址,如:"dhclient eth0",或

学习情境3 DHCP服务器安装、配置与管理

者修改对应网卡的配置文件(在"/etc/sysconfig/network-scripts"目录下),设置"BOOTPROTO = dhcp",然后重启 network 服务即可,也可以通过图形界面进行设置,如图 3-27 所示。

(3)在 Linux 中捕获 DHCP 数据包

利用配置文件中的参数来配置 Linux 的各种服务,难免会发生这样或那样的错误,用户可以根据错误信息或系统日志(参见文件"/var/log/messages")进行排除。首先要确保配置文件正确,接下来要测试网络连接是否正常,还有就是利用 Linux 中提供的 TcpDump 工具进行抓包分析。

TcpDump 工具可以将网络中传送的数据包的"头"完全截获下来进行分析,它支持针对网络层、协议、主机、网络或端口的过滤,并提供 and,or,not 等逻辑语句来帮助用户过滤掉无用的信息。TcpDump 工具对于网络维护和入侵者都是非常有用的工具,由于它需要将网络界面设置为混杂模式,普通用户不能正常执行,但具备 root 权限的用户可以直接执行它来获取网络上的信息。

DHCP 协议使用 UDP 的 67,68 两个端口进行通信,可以在终端命令行窗口中执行"tcpdump -ni any port 67 or port 68"命令进行抓包,如图 3-28 所示,结束抓包按"Ctrl + C"组合键。

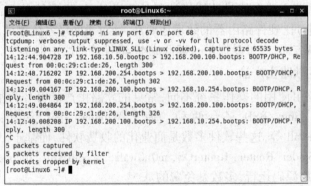

图 3-28 使用 TcpDump 工具捕获 DHCP 数据包

任务 3　配置虚拟跨网段网络环境

知识准备

1. 什么是软路由

软路由相对于普通的硬件路由器而言,就是指利用台式机或服务器配合软件形成路由解决方案,主要靠软件的设置,达成路由器的功能。如:在具有多个网卡的计算机上安装 Windows Server 2000 以上操作系统,配合其自带的路由组件,就可以将此计算机变成一台简单的路由器。

由于计算机的限制,软路由只能使用以太网卡,因此基本上局限于以太网络之间的连接。如需要在划分了多个网段的网络中进行相互访问,就可以使用软路由进行连接。软路由可应用于小型或通信效率要求不高的网络中,而硬件路由器拥有丰富的接口类型,可用于通信效率要求较高的广域网和 Internet 互联中。但软件路由器多数对计算机的硬件要求较低,配置简单灵活,有些功能(如:NAT 功能)比硬件路由器的效率还要高,针对于网络系统测试、小型网络接入和应急处理方面,它可以提供一套低成本、高性能的路由器系统。

2. 常见的软路由产品

根据软路由使用的操作系统不同,常见的软路由产品可分为基于 Windows 平台和基于 Linux/BSD 平台两种。基于 Windows 平台的如:ISA Server,WinRoute Firewall 等,这些软件多数是商业化的收费软件,而基于 Unix/Linux 平台的如:Hi-Spider Router, RouterOS, m0n0wall, SmoothWall, Ipcop, CoyoteLinux 等,受益于开放源码运行,多数是免费的。

3. MikroTik RouterOS 简介

Mikro TikRouterOS 是一种路由操作系统,并通过该软件将标准的 PC 计算机变成专业路由器,RouterOS 软件在开发和应用上不断地更新和发展,使其功能不断增强和完善。特别在无线、认证、策略路由、带宽控制和防火墙过滤等功能上有着非常突出的功能,其极高的性价比受到许多网络人士的青睐。

另外,RouterOS 有一个配套的管理软件 Winbox,它将复杂的路由器命令融合到一个类似于客户端的软件,使得用户在使用 RouterOS 软路由时感到非常直观、易用。

学习情境3 DHCP服务器安装、配置与管理

任务实施

1. 设置VMware虚拟网卡用以连接不同网段

利用VMware的虚拟网络,可以使处于同一物理主机的PC机模拟出跨网段的网络环境,这需要配置多个Host-only类型的虚拟网卡。可以在如图3-29所示的"虚拟网络编辑器"中进行设置,通过单击"Add Network"按钮增加虚拟网卡。默认Host-only类型的虚拟网卡VMware会通过自身DHCP服务器给它分配192.168.X.X类型的IP地址,由于此次构建的跨网段网络环境就是为了测试Linux的DHCP服务器,所以必须禁用VMware为虚拟网卡动态分配IP地址,还有就是为了防止VMware提供的DHCP服务影响用户建立的Linux的DHCP服务器,建议在物理主机的系统服务中,停用"VMware DHCP Service"服务。

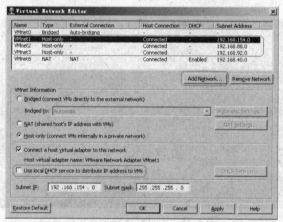

图3-29 设置VMware虚拟网络

上述DHCP服务器配置涉及4个网段,可以将DHCP服务器(192.168.200.0网段)连接到桥接的VMnet0网络,网段192.168.10.0连接到VMnet1,网段192.168.20.0连接到VMnet2,网段192.168.30.0连接到VMnet3。

2. 安装配置RouterOS

由于此测试环境只需要配置一个简单软路由,并加一个DHCP中继功能,早期低版本的RouterOS就完全可以满足(本书采用2.9.6版本)。安装RouterOS非常简单,也可以直接到网络上下载一个已经安装好RouterOS的VMware虚拟机。

(1)为RouterOS软路由虚拟机配置4个网卡

修改RouterOS的虚拟机硬件配置,为该虚拟机配置4个网卡,分别连接4

个不同的虚拟网络,如图 3-30 所示。

在 RouterOS 系统中,4 个网卡分别对应的默认名称为 ether1、ether2、ether3 和 ether4。

(2) 配置 RouterOS 软路由的网络接口 IP 地址

启动 RouterOS 后,默认用管理员账号 admin 进行登录,初始密码为空,登录后出现如图 3-31 所示界面。

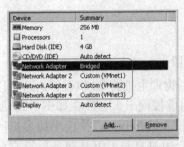

图 3-30 为 RouterOS 的虚拟机配置 4 个网卡

设置 ether1 的 IP 地址为 192.168.200.254/24,ether2 的 IP 地址为 192.168.10.254/24,ether3 的 IP 地址为 192.168.20.254,ether4 的 IP 地址为 192.168.30.254,使用以下 RouterOS 的"ip address"命令进行设置。

图 3-31 RouterOS 命令提示符

[admin@ MikroTik] > /ip address add address=192.168.200.254/24 interface=ether1
[admin@ MikroTik] > /ip address add address=192.168.10.254/24 interface=ether2
[admin@ MikroTik] > /ip address add address=192.168.20.254/24 interface=ether3
[admin@ MikroTik] > /ip address add address=192.168.30.254/24 interface=ether4

(3) 配置并启用软路由的 DHCP 中继功能

配置软路由的 DHCP 中继功能需要在 ether2、ether3 和 ether4 接口上分别设置,使用以下 RouterOS 的"ip dhcp-relay"命令进行设置。

学习情境3 DHCP服务器安装、配置与管理

```
[admin@MikroTik] > /ip    dhcp-relay add name re1 interface=ether2 dhcp-server=
192.168.200.100
[admin@MikroTik] > /ip    dhcp-relay   enable  0
[admin@MikroTik] > /ip    dhcp-relay add name re2 interface=ether3 dhcp-server=
192.168.200.100
[admin@MikroTik] > /ip    dhcp-relay   enable  1
[admin@MikroTik] > /ip    dhcp-relay add name re3 interface=ether4 dhcp-server=
192.168.200.100
[admin@MikroTik] > /ip    dhcp-relay   enable  2
```

3. 在虚拟网络中跨网段测试 DHCP 服务器

不管是用 Windows 系统还是 Linux 系统来测试 DHCP 服务器,都需要在启动 DHCP 客户端之前,先要更改虚拟机的网卡连接到哪个虚拟网络,每个虚拟网络(VMnet0,VMnet1,VMnet2 和 VMnet3)都要进行测试。在 VMware8.0 以后的版本中,可以不重启虚拟机就可以更改虚拟机的网卡配置。

拓展训练

1. 配置交换机的 DHCP 中继功能

以下以锐捷交换机为例,说明如何实现交换机的 DHCP 中继功能,网络拓扑如图 3-32 所示。

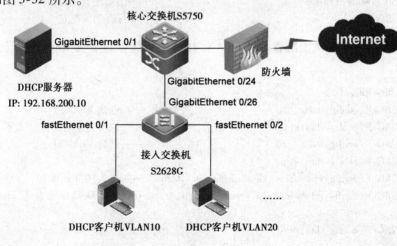

图 3-32 DHCP 中继网络拓扑

①核心交换机上配置 VLAN 和对应网关 IP 地址,并将下联接口设置为 trunk 模式,如下所示:

```
S5750 #conf   t                                    ——进入全局配置模式
S5750（config）#vlan   10                          ——创建 VLAN10
S5750（config-vlan）#exit                          ——退回到全局配置模式下
S5750（config）#vlan   20                          ——创建 VLAN20
S5750（config-vlan）#exit                          ——退回到全局配置模式下
S5750（config）#int   vlan   10                    ——进入配置 VLAN10
S5750（config-if）#ip   add   192.168.10.254   255.255.255.0
                                                   ——设置 VLAN10 的 IP 地址
S5750（config-if）#exit                            ——退回到全局配置模式下
S5750（config）#int   vlan   20                    ——进入配置 VLAN20
S5750（config-if）#ip   add   192.168.20.254   255.255.255.0
                                                   ——设置 VLAN20 的 IP 地址
S5750（config-if）#exit                            ——退回到全局配置模式下
S5750（config）#interface   GigabitEthernet   0/24  ——进入接口 gi 0/24
S5750（config-if）#switchport   mode   trunk       ——将下联接口设置为 trunk
                                                      模式
S5750（config-if）#exit
S5750（config）#interface   GigabitEthernet   0/1   ——进入接口 gi 0/1
S5750（config-if）#no   switchport                 ——启用接口的三层路由功能
S5750（config-if）#ip   address   192.168.200.254   255.255.255.0
                                                   ——配置接口 ip
S5750（config-if）#end                             ——结束配置,回到特权模式
S5750 #wr                                          ——保存当前配置
```

②在接入交换机上配置对应 VLAN,并将上联接口设置为 trunk 模式,如下所示:

```
S2628G-E#conf   t
S2628G-E（config）#vlan   10                       ——创建 VLAN10
S2628G-E（config-vlan）#exit                       ——退回到全局配置模式下
S2628G-E（config）#vlan   20                       ——创建 VLAN20
S2628G-E（config-vlan）#exit
S2628G-E（config）#interface   GigabitEthernet   0/26  ——进入接口 gi 0/26
S2628G-E（config-if）#switchport   mode   trunk    ——将上联接口设置为 trunk
                                                      模式
S2628G-E（config-vlan）#exit
S2628G-E（config）#int   fastEthernet   0/1        ——进入接口 fa 0/1
```

学习情境3　DHCP服务器安装、配置与管理

```
S2628G-E(config-if)#switchport access vlan 10      ——设置 fa 0/1 口属于
                                                       VLAN10
S2628G-E(config-if)#exit
S2628G-E(config)#int fastEthernet 0/2              ——进入接口 fa 0/2
S2628G-E(config-if)#switchport access vlan 20      ——设置 fa 0/2 口属于
                                                       VLAN20
S2628G-E(config-if)#end                            ——退回到特权模式
S2628G-E#wr                                        ——保存当前配置
```

③配置核心交换机的 DHCP 中继功能，如下所示：

```
S5750 #conf t
S5750（config）#service dhcp                       ——开启 dhcp server 功能
S5750（config）#ip help-address 192.168.200.10     ——设置 DHCP 服务器 IP 地址
S5750（config）#end
S5750 #wr
```

2. 配置交换机的 DHCP Snooping 功能

要配置交换机的 DHCP Snooping 功能，需要在核心交换机和接入交换机上进行配合设置。一般是先在核心和接入交换机上开启 DHCP Snooping 功能，然后将接入交换机的上联口设置为 DHCP Snooping 信任口即可。下面以图 3-32 所示的网络拓扑为例，配置交换机的 DHCP Snooping 功能。

①开启核心交换机的 DHCP Snooping 功能，如下所示：

```
S5750 #conf t
S5750（config）#ip dhcp snooping                   ——开启 dhcp Snooping 功能
S5750（config）#end
S5750 #wr
```

②设置接入交换机的上联口为 DHCP Snooping 信任口，如下所示：

```
S2628G-E#conf t
S2628G-E#ip dhcp snooping                          ——打开 dhcp-snooping 功能
S2628G-E(config)#interface GigabitEthernet 0/26    ——进入接口 gi 0/26
S2628G-E(config-if)#ip dhcp snooping trust         ——将上联接口设置为可信端口
S2628G-E(config-if)#end                            ——退回到特权模式
S2628G-E#wr                                        ——保存当前配置
```

3. 在 RouterOS 软路由上配置 DHCP 服务器

要实现 DHCP 服务功能,除了在网络服务器操作系统中安装配置 DHCP 服务组件外,还可以在三层核心交换机上实现,当然在软路由 RouterOS 上也可以实现此功能。由于在三层核心交换机上配置 DHCP 服务功能相对比较容易,请用户自行查看对应交换机的用户手册。下面介绍根据任务 2 的要求,不使用 Linux 服务器,而是在 RouterOS 上实现 DHCP 服务功能。

①实验环境和任务 2 相同,RouterOS 虚拟机配置 4 张网卡,网卡的 IP 地址设置也同任务 2 一样,唯一区别是不需要启用 RouterOS 的 DHCP 中继功能,下面的 RouterOS 命令实现查看和删除 DHCP 中继功能,如下所示:

```
[admin@MikroTik] > /ip    dhcp-relay    print         # 显示 DHCP 中继配置情况
Flags: X - disabled, I - invalid
 #   NAME          INTERFACE     DHCP-SERVER        LOCAL-ADDRESS
 0   relay1        ether2        192.168.200.100    0.0.0.0
 1   relay2        ether3        192.168.200.100    0.0.0.0
 2   relay3        ether4        192.168.200.100    0.0.0.0
[admin@MikroTik] > /ip    dhcp-relay    remove    0,1,2
                                                # 同时删除 3 个接口上的中继配置
```

②配置 IP Pool(IP 地址池),如下所示:

```
[admin@MikroTik] > /ip   pool   add   name = netsrv     ranges = 192.168.200.50-192.168.200.200
[admin@MikroTik] > /ip   pool   add   name = jiaoxue    ranges = 192.168.10.50-192.168.10.200
[admin@MikroTik] > /ip   pool   add   name = xingzheng  ranges = 192.168.20.50-192.168.20.200
[admin@MikroTik] > /ip   pool   add   name = shitang    ranges = 192.168.30.50-192.168.30.200
```

③配置默认 DNS 信息,如下所示:

```
[admin@MikroTik] > /ip   dns   set   primary-dns = 192.168.200.1   secondary = 218.85.157.99
```

④在 4 个接口上分别创建新的 dhcp-server,同时指向相应的 ip pool,如下所示:

学习情境3 DHCP服务器安装、配置与管理

```
[admin@ MikroTik] > /ip  dhcp-server  add  name = netsrv  interface = ether1  \
\...  lease-time = 1h  address-pool = netsrv
[admin@ MikroTik] > /ip  dhcp-server  add  name = jiaoxue  interface = ether2  \
\...  lease-time = 1h  address-pool = jiaoxue
[admin@ MikroTik] > /ip  dhcp-server  add  name = xingzheng  interface = ether3  \
\...  lease-time = 1h  address-pool = xingzheng
[admin@ MikroTik] > /ip  dhcp-server  add  name = shitang  interface = ether4  \
\...  lease-time = 1h  address-pool = shitang
[admin@ MikroTik] /ip  dhcp-server  enable  0,1,2,3    #同时启用4个接口上的地
                                                       址池
```

上述命令中,第一行最后一个字符"\"为续行,表示命令字符串太长,需要换到下一行继续输入,下一行前面会提示"\..."。

⑤为4个新的dhcp-server定义广播地址、网关、dns和域名,如下所示:

```
[admin@ MikroTik] > /ip  dhcp-server  network  add  address = 192.168.200.0/24  \
\...  gateway = 192.168.200.254    domain = fjcc.edu.cn
[admin@ MikroTik] > /ip  dhcp-server  network  add  address = 192.168.10.0/24  \
\...  gateway = 192.168.10.254    domain = fjcc.edu.cn
[admin@ MikroTik] > /ip  dhcp-server  network  add  address = 192.168.20.0/24  \
\...  gateway = 192.168.20.254    dns-server = 210.34.48.34,218.85.157.99   do-
main = fjcc.edu.cn
[admin@ MikroTik] > /ip  dhcp-server  network  add  address = 192.168.30.0/24  \
\...  gateway = 192.168.30.254    domain = fjcc.edu.cn
```

⑥对于电控计费设备,手动添加MAC地址对应的静态IP地址记录,如下所示:

```
[admin@ MikroTik] >/ip  dhcp-server  lease  add  address = 192.168.20.88  \
\...  mac-address = 00:0C:29:5D:BD:95    server = xingzheng
```

4. 在Win2K8中,备份DHCP服务器的配置信息

在CentOS 6中,存储DHCP服务器配置信息相关的主要是"/etc/dhcp/dhcpd.conf"和"/etc/sysconfig/dhcpd"配置文件,要备份该服务器的配置信息,只需要备份此2个文件即可。而在Win2K8中,需要通过图形实现DHCP服务器数据库信息的备份,按照如下操作步骤进行。

①在"服务器管理器"窗口左边目录树中,依次展开"角色"→"DHCP 服务器",右击"win2k8r2",在弹出的快捷菜单中选择"备份"命令,打开"浏览文件夹",如图 3-33 所示。

图 3-33　备份 DHCP 服务器配置信息

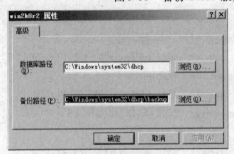

图 3-34　修改 DHCP 服务器配置信息存放路径

②默认 DHCP 服务器备份文件存放在"C:\Windows\system32\dhcp\backup"文件夹下,用户可以在此更改存放位置;也可以在如图 3-33 所示的"服务器管理器"窗口的快捷菜单中,选择"属性"命令,打开"win2k8r2 属性"对话框,如图 3-34 所示。

③在如图 3-32 所示的"浏览文件夹"对话框中,单击"确定"按钮完成 DHCP 服务器数据库信息的备份。

④如果需要还原本机的 DHCP 服务器数据库信息备份,可以在如图 3-33 所示的"服务器管理器"窗口中,在快捷菜单中选择"还原"命令,根据提示选择存储 DHCP 服务器数据库备份信息的路径,执行还原操作即可。在还原 DHCP 服务器数据库信息备份后,系统会重启 DHCP 服务。

⑤如果需要将某台 DHCP 服务器上的数据库备份信息,还原到其他 DHCP 服务器中,则不能使用上述的简单备份和还原操作,需要使用 Windows 系统本身提供的功能强大的网络配置命令行工具"NetSH",通过下面的导出、导入操作来实现。

A. 在已经配置好 DHCP 服务器的计算机上，打开"命令提示符"窗口；

B. 执行如下命令(//后为注释)：

```
C:\Users\Administrator>cd \                          //切换到根目录
C:\>netsh dhcp server export ?                       //查看在线帮助
```
将本地服务器的服务配置(v4 和 v6 配置)导出到文件中。

语法：

  export <Filename>

参数：

  FileName - 存储配置的文件。

注意：此命令仅适用于本地服务器。如果服务具有大量
  的作用域或许多客户端等，则命令执行需要很长
  时间。此外，当命令在执行时，服务停止并不对客
  户端响应。此命令会导出所有 v4 和 v6 作用域的
  配置。如果需要选择导出，则应该使用 v4 级别或
  v6 级别下的导出命令。

示例：export c:\temp\dhcpdb

  此命令将全部服务配置导出到文件 c:\temp\dhcpdb 中。

C:\>netsh dhcp server export c:\dhcp-bak.dat   //导出到 c:\dhcp-bak.dat 文件中命令成功完成。

C. 将导出备份的"c:\dhcp-bak.dat"文件拷贝到目标服务器的 C 盘根目录下，在"命令提示符"窗口中执行"netsh dhcp server import c:\dhcp-bak.dat"命令，直到出现"命令成功完成"的提示即可完成 DHCP 服务器配置信息的导入；

D. 在"服务器管理器"窗口中，刷新对应的 DHCP 服务器节点，就可以看到导入的配置信息。

拓展阅读

1. VLAN 与 DHCP 中继

VLAN(Virtual Local Area Network)的中文名为"虚拟局域网"，它是一种将局域网设备从逻辑上划分成一个个网段，从而实现虚拟工作组的数据交换技术。这一技术主要应用于交换机和路由器中，但最主要还是应用在三层交换机之中。划分 VLAN 的目的是为了减少广播风暴和提高网络的使用效率。VLAN 本质就是指一个网段，之所以叫做虚拟的局域网，是因为它是在虚拟的路由器的接口下创建

的逻辑网段。

在划分 VLAN 的网络中，仍然只需要 1 台或 2 台 DHCP 服务器，但不需要为每一个 VLAN 部署 1 台 DHCP 服务器。因为 DHCP 服务是靠广播方式获得 IP 地址及相关参数的，所以需要启用并配置三层交换机的 DHCP 中继功能，为每个 VLAN 提供 DHCP 服务。

2. DHCP 服务器 IP 地址规划

一般在校园网或企业局域网中，分配给客户端的 IP 地址都是私有 IP 地址（也称内部 IP 地址）。常用的私有 IP 地址段有下面 3 类：

①192.168.0.0~192.168.255.255/24，主要适用于小型网络；

②172.16.0.0~172.31.255.255/16，主要适用于中型网络；

③10.0.0.0~10.255.255.255/8，主要适用于大型网络。

在小型网络中，一般使用 192.168.x.x 网段的 IP 地址即可。但应注意尽量避免使用 192.168.0.0 和 192.168.0.1 网段，因为多数无线路由器或网络设备默认的管理地址就是使用这个网段，容易导致地址冲突。

在客户端计算机数量较多的网络中，可使用 172.16.0.0 或 10.0.0.0 起始的网段，但建议仍然采用 24 位子网掩码（255.255.255.0），以获取更多的 IP 网段，同时减少每个网段中计算机主机的数量。

学习情境4　DNS服务器安装、配置与管理

知识目标

1. 掌握 Windows Server 2008 下 DNS 服务的基本配置方法
2. 掌握 Linux 下 DNS 服务的基本配置方法
3. 了解 DNS 域名解析原理和相关术语
4. 掌握利用 Bind 组件实现多线路动态智能 DNS 解析的方法

能力目标

1. 能根据企业实际情况，在 Windows 和 Linux 服务器上配置 DNS 服务，并进行 DNS 解析服务测试
2. 能根据多线路单服务器的网络情况，配置智能 DNS 服务器
3. 能利用 RouterOS 模拟多线路环境，测试动态智能 DNS 解析功能是否正确

情景再现与任务分析

　　目前我国存在着较多的 ISP（Internet Service Provider，Internet 服务提供商），如北方地区的中国联通，南方地区的中国电信，以及覆盖全国大中专院校和科研机构的中国教育网 CERNET。这些 ISP 可以为用户提供个性化的接入服务。

　　某高校早期使用电信单线接入 Internet，DNS 服务器也仅是简单地将常用网络服务（如 Web、E-mail、OA 等）的域名解析为固定的 IP 地址，用户访问域名时解析到的 IP 地址始终不变。此时当用户访问学校主页时，无论他来自中国

联通还是中国教育网甚至是国外的用户,最终都要通过电信的网络,才能到达域名对应的 IP 地址。由于不同 ISP 之间或多或少都存在一些网间瓶颈问题,而且在网间通信负荷稍高时,非电信的网络用户甚至无法正常访问该网站。为了解决这类问题,且随着网络应用技术的发展和高校师生队伍的壮大,学校考虑到网络的健壮性,采用多 ISP 线路接入方式,以提高访问不同 ISP 网络的速度,即在原有网络环境中布设 2 个网络出口,一个是电信;另一个是教育网。

假设如果纯粹为了提高不同 ISP 网络用户访问学校 Web 服务器的速度,可以分别在 2 个出口部署 2 台 Web 服务器,配置 2 个 IP 地址和申请 2 个域名进行解析,不同的 ISP 网络用户访问不同的域名。但这不仅提高了学校建设和网络管理成本,也不便于用户访问学校服务器。利用智能 DNS 技术和路由器映射技术,可以实现 1 台 Web 服务器、1 个域名同时为多个 ISP 网络提供服务。

以学校网站为例,处于校园网内网的 1 台 Web 服务器,IP 地址为 192.168.200.10,通过路由器映射到外网 2 个出口的 2 个不同 IP 地址:59.77.158.10(限教育网用户)和 59.56.178.51(电信用户及其他);该 Web 服务器只申请 1 个域名:www.fjcc.edu.cn,当用户访问该域名时,智能 DNS 服务器会先检查该用户发送数据包的源 IP 地址,再根据其内部的 ISP-IP 地址池映射表判断用户是来自哪个 ISP,如果是教育网用户就解析为 59.77.158.10,而电信用户或其他 ISP 网络用户就解析为 59.56.178.51。实现不同 ISP 网络用户不需要跨 ISP 网络访问学校 Web 服务器。

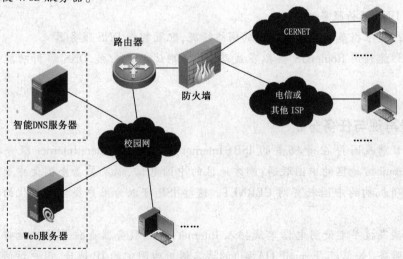

图 4-1　校园网网络拓扑

学习情境4 DNS服务器安装、配置与管理

同样地，智能DNS服务器也可以为校园网内网的用户，将www.fjcc.edu.cn解析为192.168.200.10，使得内网用户不需要经路由器出口转一圈后，再回来访问内网服务器，提高内网用户访问效率。具体的网络拓扑图如图4-1所示。

学习情境教学场景设计

学习领域	Windows与Linux网络管理与维护	
学习情境	DNS服务器安装、配置与管理	
行动环境	场景设计	工具、设备、教件
①企业现场 ②校内实训基地	①分组(每组2人) ②教师讲解实际企业工作中为什么需要架设智能DNS服务器；DNS域名解析原理；架设智能DNS需要的软件和技术 ③学生提出架设DNS服务器方案设想 ④讨论形成方案 ⑤方案评估 ⑥提交文档	①投影仪或多媒体网络广播软件 ②多媒体课件、操作过程屏幕视频录像 ③安装有双网卡(其中一块可以是无线网卡)的服务器或PC机 ④网络互联设备 ⑤能模拟跨网段访问的物理交换机环境或虚拟网络环境

方案制订

1. 服务器操作系统选型

Windows和Linux操作系统均自带DNS服务组件，因此可以分别搭建基于两种操作系统的DNS服务器。但除了主要使用图形界面和字符界面进行管理的方式不一样外，在实现功能上还有以下区别：

①Linux操作系统里提供DNS功能的是BIND组件，它不仅可以完成简单的域名解析和常规管理，还能为不同IP地址段的客户端实现智能DNS解析功能；

②Windows操作系统里自带的DNS服务虽然不能实现对来自不同网络用户进行不同域名解析处理，但是可以很好地满足局域网域名解析和常规管理的要求。基于Windows活动目录服务AD(Active Directory)域控制器，在安装时也

必须安装 DNS 服务组件,而且其"首选 DNS 服务器"必须设置为本机的 IP 地址,帮助 AD 进行域名解析。

此任务要实现为不同网络用户进行不同域名解析服务,一般建议安装一台 Linux 操作系统的服务器,安装并配置 BIND 组件实现其 DNS 功能。如果要采用 Windows 操作系统,则需要安装 BIND 组件的 Windows 版本。

2. 域名解析任务

根据任务描述,智能 DNS 服务器对来自校园内部局域网、外部电信网络和教育网等不同网络的用户需要实现不同域名解析任务,需进行解析的域名和对应的 IP 地址参见表 4-1 所示。

表 4-1 域名解析对照表

域 名	局域网 IP 地址	电信 IP 地址	教育网 IP 地址
dns.fjcc.edu.cn	192.168.200.1	无,仅在教育网注册	59.77.158.1
www.fjcc.edu.cn	192.168.200.10	59.56.178.51	59.77.158.10
mail.fjcc.edu.cn	192.168.200.12	59.56.178.50	59.77.158.12
oa.fjcc.edu.cn	192.168.200.15	无,仅供内网访问	无,仅供内网访问
ftp.fjcc.edu.cn	192.168.200.250	无,仅供内网访问	无,仅供内网访问

3. 列出可能需要上网搜索解决办法或查找相关参考资料才能解决的问题

①搜索电信、教育网或其他 ISP 最新的 IP 地址网段分布情况,以便更新 DNS 智能解析 IP 地址匹配文件;

②多线路接入路由器或网关的产品有哪些,如何配置;以及其他问题。

学习情境4　DNS服务器安装、配置与管理

任务1　CentOS 6 域名服务系统 DNS 配置与管理

知识准备

1. 什么是 DNS

DNS（Domain Name System，域名服务系统）的作用是将复杂难记的 IP 地址转换成简明易记的域名，实现名称与 IP 地址的转换，在 TCP/IP 网络中有非常重要的地位。DNS 存储域名和 IP 地址映射关系的方式是采用一个分布式数据库，其命名系统采用层次的逻辑结构，像一棵倒置的树，如图 4-2 所示。这个逻辑树结构称为域名空间，该空间中的每个节点或域都有一个唯一的名字。DNS 协议使用 UDP 的 53 号端口进行通信。

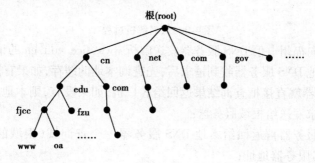

图 4-2　域名空间

2. DNS 解析原理及流程

由于 DNS 服务利用类似树状目录的方式，将主机名称的管理分配在不同层次的 DNS 服务器中，通过分层管理，每台主机记忆的信息都不会太多，且相当容易修改。每一台 DNS 主机仅管理下一层 DNS 主机的名称解析，至于下层的下层，则授权给下层的 DNS 主机来管理。下面通过实际的例子来说明 DNS 的域名解析过程。假设客户机通过福州电信的宽带接入 Internet，福州电信为其分配

161

的主 DNS 服务器地址为 218.85.157.99，当用户在浏览器的地址栏输入 www.fjcc.edu.cn 网址时，其域名解析过程如图 4-3 所示。

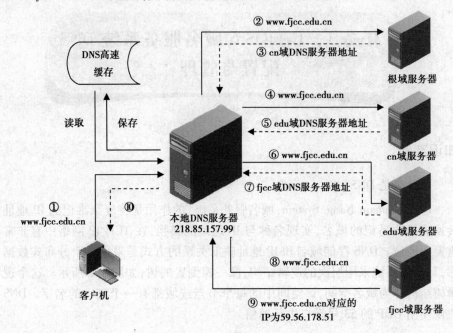

图 4-3　域名解析过程

①用户向福州电信 DNS 服务器发送解析 www.fjcc.edu.cn 的请求；

②当本地 DNS 服务器收到请求后，先查询本地的缓存，如果有记录项，则本地 DNS 服务器就直接把查询结果返回给客户机，如果没有，则本地 DNS 服务器就直接把请求发送给根域服务器；

③根域服务器再返回给本地 DNS 服务器一个查询域（根域的子域，即 cn 域）的主域名服务器地址；

④—⑧本地 DNS 服务器逐个向 edu.cn 域和 fjcc.edu.cn 域发送域名解析请求，并保存自己的缓存；

⑨域名服务器 fjcc.edu.cn 收到请求后，查询 DNS 记录中的 www 主机的信息，并将结果返回给 218.85.157.99 域名服务器；

⑩本地 DNS 服务器把返回的结果保存到缓存中，以备下一次使用，同时将结果返回给客户机。这样就完成了一次域名解析过程。

3. 正向解析与反向解析

正向解析是指从域名到 IP 地址的解析过程,反向解析是指从 IP 地址到域名的解析过程。正向解析是 Internet 中客户端访问互联网域名时使用率最高的请求。

反向解析的作用在于对服务器的身份进行验证。对于互联网上的多数服务器,都会对接收数据的源地址进行反向查询,以验证该信息是否来自注册合法的地址。如在电子邮件系统中,邮件服务器在接收邮件时,如果对邮件源地址无法进行反向解析,表明发送邮件服务器为非法站点,很可能是垃圾邮件,导致邮件被退回或屏蔽。

4. DNS 区域和 DNS 区域资源记录

为了便于根据实际情况来分散 DNS 名称管理工作的负荷,将 DNS 名称空间划分为区域(Zone)来进行管理。Zone 是 DNS 服务器的管辖范围,是由各种资源记录(Resource Records,简称 RRs)构成的。DNS 区域资源记录的种类决定了该资源记录对应的计算机功能。例如,如果建立了主机记录,就表明计算机是主机(用于提供 Web 服务、FTP 服务等),如果建立的是邮件服务器记录,就表明计算机是邮件服务器。常见的资源记录类型包括以下几种:

① 主机记录(A):将 DNS 域名映射到一个单一的 IP 地址。并非所有计算机都需要主机记录,但是在网络上共享资源的计算机需要该记录,如服务器、其他 DNS 服务器、邮件服务器等,都需要在 DNS 服务器上建立主机记录。

② 别名记录(CNAME):为主机指定别名,即允许使用多个名称指向单个主机,使得某些任务更容易执行。例如,在一台主机上同时运行 FTP 服务和 Web 服务,那么通过 ftp.fjcc.edu.cn 和 www.fjcc.edu.cn 提供服务的时候就需要为该主机建立别名资源记录。

③ 邮件交换器记录(MX):用于将 DNS 域名映射为交换或转发邮件的计算机名称,说明哪台服务器是当前区域的邮件服务器。该记录由电子邮件服务器程序使用,用来根据 MX 资源记录为电子邮件客户机定位邮件服务器。

④ 指针记录(PTR):指针记录将计算机的 IP 地址转换成反向的 DNS 域名。PTR 是主机记录(A)的逆向记录。

⑤ 服务位置记录(SRV):用来说明一个服务器能够提供什么样的服务,SRV 记录在微软的 Active Directory 中有着重要地位。从 Windows Server 2000 开始,要安装域控制器必须事先安装 DNS 服务器,因为域内的计算机需要依赖 DNS 的 SRV 记录来定位域控制器。

5. 智能 DNS 解析

智能 DNS 解析的最基本功能是用户访问网站时，能根据其不同的网络线路把网站域名解析成不同的 IP 地址。例如，DNS 服务器把同样的域名记录分别设置指向电信和教育网 IP，当电信用户访问该域名时，智能 DNS 会自动判断访问者的线路，并把域名对应的电信 IP 地址解析给用户；而当教育网用户访问时会自动解析且返回其对应的教育网 IP 地址。需要架设智能 DNS 服务器的网络环境大多是以下两种情况：

①多线路机房：服务器本身有多个 IP，如一个电信 IP、一个教育网 IP 或者其他线路；

②网站访问者大量来自电信、教育网等，对网站的访问速度要求较高。

任务实施

1. 检查 DNS 服务组件是否安装

在 Linux 系统中，提供 DNS 服务的组件是柏克莱大学发展出来的 BIND（Berkeley Internet Name Domain）软件。由于在安装 CentOS 6 时，在"可选软件包"选择界面上已经勾选了"bind-9.7.0"选项，所以该服务组件应该已经安装到 CentOS 6 中。查询 BIND 服务组件是否已经安装，可通过在终端命令行窗口中执行"rpm -qa bind"命令。如下所示表明已经安装该组件。

```
[root@ Linux6 ~]# rpm -qa bind
bind-9.7.0-5.P2.el6.i686
```

2. 修改 DNS 服务器的主机名

在创建和阅读 DNS 配置文件时，为了方便理解，建议修改 DNS 服务器的主机名称。在安装时设置的主机名称为 Linux6，临时修改主机名称可以使用"hostname <主机名>"命令（系统重启后失效）。要永久修改主机名称，需要修改"/etc/sysconfig/network"配置文件中的 HOSTNAME 字段值，然后重启系统。修改后显示主机名和配置文件内容应按如下所示：

```
[root@ dns ~]# hostname                    //查看当前主机名
dns
[root@ dns ~]# cat  /etc/sysconfig/network   //显示配置文件内容
NETWORKING = yes
HOSTNAME = dns
```

3. 修改 DNS 服务器本机域名

"/etc/hosts"配置文件是本机域名解析的数据文件,是 DNS 早期的数据存放方式。即使本机还设置了其他的 DNS 服务器地址,系统在进行域名解析时,也是先匹配该文件中的内容。为了使本机也能识别 dns.fjcc.edu.cn 域名,需要在该文件中增加一个本机名称的别名。默认的"/etc/hosts"文件内容为:

```
192.168.200.1 dns # Added by NetworkManager
127.0.0.1       localhost.localdomain    localhost
::1             dns       localhost6.localdomain6  localhost6
```

只需要通过文本编辑器,将其第一行修改为"192.168.200.1   dns.fjcc.edu.cn   dns"即可。

4. 修改 DNS 服务组件的主配置文件

配置一台 DNS 服务器需要一组配置文件,如表 4-2 所示。CentOS 6 中 DNS 服务器的默认主配置文件为"/etc/named.conf",named 系统守护进程运行时,先从该文件中获取其他配置文件的信息,然后按照各区域文件的设置提供域名解析服务。

表 4-2 域名解析配置文件对照表

文件	文件名称	作用说明
主配置文件	/etc/named.conf	设置全局参数、工作目录、指定区域类型等参数
缓冲文件	/var/named/named.ca	缓存服务器配置文件,通常不需要手工修改
正向区域数据库文件	由 named.conf 文件指定	用于区域内主机名到 IP 地址的正向解析
反向区域数据库文件	由 named.conf 文件指定	用于区域内 IP 地址到主机名的反向解析
本机正向区域文件	/var/named/named.localhost	将本机名 localhost 解析为 127.0.0.1,无须修改
本机反向区域文件	/var/named/named.loopback	将本机回送 IP 地址 127.0.0.1 解析为 localhost

建议先备份"/etc/named.conf"主配置文件，然后再按照任务要求进行修改。配置文件的内容可以参考样本文件"/usr/share/doc/bind-9.7.0/sample/etc/named.conf"。配置文件 named.conf 的语法格式类似 C 语言，注释是"//"和"/*...*/"，每行结束用分号，其内容主要由下面几部分组成。

(1) DNS 服务器的全局配置参数

```
//全局参数设置
options {
  directory    "/var/named";    //指定服务器的工作目录，即区域数据库文件存放目录
  dump-file   "/var/named/data/cache_dump.db"; //服务器的缓存数据转存文件
  statistics-file "/var/named/data/named_stats.txt"; //统计数据文件存放位置及文
                                                       件名
  recursion yes;                                //允许递归查询
  allow-query  { any; };         //允许哪些客户端查询,any 表示任何来源
//当本地 DNS 服务器无法进行域名解析时，把请求转发到指定 DNS 服务器进行处理
//此任务中，先转发到福州电信 DNS 服务器，后转发到福州大学的教育网 DNS 服
   务器
  forwarders { 218.85.157.99; 218.85.152.99; 210.34.48.34; };
};
include   "/etc/rndc.key";              //将加密用的 key 文件包含进来
//以下定义 DNS 策略访问控制需要的 IP 列表，FJCC 为校园网内网，EDU 为教育网
//不属于 FJCC 和 EDU 的 IP 用户，默认为电信用户
//因篇幅有限，在此只定义教育网的部分网段地址，读者可以自行通过网络搜索相关
  资料进行补充
//如果网段地址列表太长，可以将其放到另外一个文件中，用 include 指令包含进来
acl "EDU" { 59.76.0.0/16; 59.77.0.0/16; 59.78.0.0/16; };
acl "FJCC" { 192.168.0.0/16; };
```

(2) 配置 DNS 服务器域名解析日志

日志记录了系统每天发生的各种各样的事件，对于解决计算机系统故障和保证系统安全来说非常重要。用户可以通过日志来了解系统运行的状态，检查各种错误发生的原因，或者寻找攻击者留下的痕迹。除了系统和服务错误日志"/var/log/messages"外，多数服务组件都有自己的日志文件，DNS 服务也不例外。

虽然大多数应用程序通过使用日志来跟踪系统运行时发生的一些关键事件或者异常情况，给系统维护带来了很大的方便，但有时也会带来一些麻烦，

如:日志文件太多、太大导致占用了太多的硬盘空间,单个日志文件长度太大导致不方便打开阅读等。解决此问题的方法是采用"日志分割和轮换"。例如:设置 DNS 的查询日志文件名为"dns_logs.txt"、文件长度超过 10 MB 后进行分割、总共 20 个文件进行轮换。这样,当 dns_logs.txt 的日志文件增长到 10 MB 后,系统会创建一个新的日志文件,而把旧的日志文件改名为"dns_logs.txt.0";当新的日志文件又增长到 10 MB 后,系统又会创建一个新的日志文件,而把旧的日志文件改名为"dns_logs.txt.0"和"dns_logs.txt.1",直到创建了 20 个日志文件后不再新建,而是覆盖创建日期最早的日志文件。此 DNS 服务器的日志文件配置参数如下:

```
logging {                                    //日志文件及记录方式定义
    channel warning {                        //警告日志
        //定义日志文件名和存放位置,每个文件1024kB,10 文件进行轮换
        file "/var/named/log/dns_warnings.txt" versions 10 size 1024k;
        severity warning;                    //记录日志的程度级别为警告
        print-category yes;                  //输出目录
        print-severity yes;                  //输出日志程度级别
        print-time yes;                      //输出日志时间
    };
    category default { warning; };           //按默认分类
    channel query_log {                      //查询日志
//定义日志文件名和存放位置,每个文件 10 MB,20 文件进行轮换
        file "/var/named/log/dns_logs.txt" versions 20 size 10m;
        severity info;                       //记录日志的程度级别为信息
        print-category yes;
        print-severity yes;
        print-time yes;
    };
    category queries { query_log; };         //按查询分类
};
```

(3)针对来自不同网络的访问用户,进行相应的域名解析处理

```
//匹配教育网网址 view
view "view_edu" {
    match-clients { EDU; };
```

```
    include  "local.root";         //包含公共域名解析处理配置文件/var/named/local.root
      zone "fjcc.edu.cn" IN {      //定义对域名"fjcc.edu.cn"的正向解析
        type master;
        file "fjcc.edu.cn.edu";    //指定该区域的数据库文件为fjcc.edu.cn.edu
        allow-update { none; };
      };
      zone "158.77.59.in-addr.arpa" IN {  //定义对IP地址段59.77.158.0的反向解析
        type master;
        file "named.59.77.158";    //指定该区域的数据库文件为named.59.77.158
        allow-update { none; };
      };
    };
//----------------------------------------------------------------------
//匹配校园网内网网址 view              //匹配电信或其他网络网址 view
view "view_fjcc" {                    view "view_any" {
  match-clients { FJCC; };              match-clients { any; };
  include "local.root";                 include "local.root";
    zone "fjcc.edu.cn" IN {               zone "fjcc.edu.cn" IN {
      type master;                          type master;
      file "fjcc.edu.cn.fjcc";              file "fjcc.edu.cn.any";
      allow-update { none; };               allow-update { none; };
    };                                    };
    zone "200.168.192.in-addr.arpa" IN {  zone "178.59.56.in-addr.arpa" IN {
      type master;                          type master;
      file "named.192.168.200";             file "named.59.56.178";
      allow-update { none; };               allow-update { none; };
    };                                    };
};                                    };
```

5. 创建针对所有区域公共域名解析处理配置文件/var/named/local.root

由于本 DNS 服务器要根据不同区域进行不同解析处理，使用了 view 语句进行控制，系统要求所有的 zone 语句都必须放到 view 语句体中，否则会出现 "when using 'view' statements, all zones must be in views" 错误提示。为了减少配置文件的长度和增强其可读性，建议将公共域名解析处理设置部分（主要是处理根区域和本机解析），单独形成一个配置文件，然后利用 include 语句将其包含到各个 view 语句中。

```
//公共配置文件/var/named/local.root
zone "." IN {                        //定义"."根区域
    type hint;                       //定义区域类型为提示类型
    file "named.ca";                 //指定该区域的数据库文件为 named.ca
};
zone "localhost" IN {                //定义一个名为 localhost 的正向区域
    type master;                     //定义区域类型为主要类型
    file "named.localhost";          //指定该区域的数据库文件为 named.localhost
    allow-update { none; };          //不允许更新
};
zone "0.0.127.in-addr.arpa" IN {     //定义 IP 地址为 127.0.0.X 的本机反向区域
    type master;
    file "named.loopback";
    allow-update { none; };
};
```

6. 创建不同区域的正向和反向解析数据库文件

（1）教育网正向解析文件：/var/named/fjcc.edu.cn.edu（分号后为注释）

```
$ TTL 1D         ;最小生存时间为 1 天
;下面一行为 SOA(Start of Authority,授权记录开始),@ 表示 named.conf 中 zone 语句
定义的域名
;SOA 的格式为:域名 IN SOA DNS 主机名 管理员邮件地址
;注意参数之间的空格和域名是以"."结束,最右边的"(",不能放到下一行
@ IN SOA dns.fjcc.edu.cn. root.dns.fjcc.edu.cn. (
    2012030201   ;序列号,一般用修改日期来标识
    4H           ;更新时间间隔 4 小时,指定向主 DNS 服务器更新区域数据库文件的
                  时间间隔
    1H           ;重试时间间隔 1 小时,表示更新失败后,多长时间进行重试更新
    1W           ;过期时间间隔为 1 星期,当无法更新时,多长时间后失效
    1H           ;最小默认 TTL,指定资源记录信息存放在缓存的时间
)
@ IN NS     dns.fjcc.edu.cn.      ;NS 记录用于标识区域的 DNS 服务器
@ IN MX 10  mail.fjcc.edu.cn.     ;MX 为邮件交换器记录,标识邮件服务器
```

```
dns   IN  A   59.77.158.1    ;DNS 服务器在教育网的 IP 地址,此地址应事先在教育
                              网注册过
www   IN  A   59.77.158.10   ;Web 服务器在教育网的 IP 地址
mail  IN  A   59.77.158.12   ;邮件服务器在教育网的 IP 地址
```

(2) 教育网反向解析文件:/var/named/named.59.77.158

```
$ TTL 1D
@ IN SOA dns.fjcc.edu.cn. root.dns.fjcc.edu.cn. (
2012030201      ;serial
  4H            ;refresh
  1H            ;retry
  1W            ;expiry
  1H            ;minimum
)
@    IN NS   dns.fjcc.edu.cn.
1    IN PTR  dns.fjcc.edu.cn.    ;PTR 记录为反向解析记录,1 表示 IP 地址为
                                  59.77.158.1 的主机
10 IN PTR www.fjcc.edu.cn.
12 IN PTR mail.fjcc.edu.cn.
```

(3) 校园网内网正向解析文件:/var/named/fjcc.edu.cn.fjcc

```
$ TTL 1D
@ IN SOA dns.fjcc.edu.cn. root.dns.fjcc.edu.cn. (
2012030201      ;serial
  4H            ;refresh
  1H            ;retry
  1W            ;expiry
  1H            ;minimum
)
@    IN NS   dns.fjcc.edu.cn.
@    IN MX 10 mail.fjcc.edu.cn.
dns   IN  A   192.168.200.1     ;内部网络,都解析为局域网私网地址
www   IN  A   192.168.200.10
mail  IN  A   192.168.200.12
oa    IN  A   192.168.200.15
ftp   IN  A   192.168.200.250
```

(4) 校园网内网反向解析文件:/var/named/named.192.168.200

```
$ TTL 1D
@ IN SOA dns.fjcc.edu.cn.  root.dns.fjcc.edu.cn. (
2012030201          ;serial
  4H                ;refresh
  1H                ;retry
  1W                ;expiry
  1H                ;minimum
)
@    IN NS   dns.fjcc.edu.cn.
1    IN PTR  dns.fjcc.edu.cn.
10   IN PTR  www.fjcc.edu.cn.
12   IN PTR  mail.fjcc.edu.cn.
15   IN PTR  oa.fjcc.edu.cn.
250  IN PTR  ftp.fjcc.edu.cn.
```

(5) 电信及其他网络正向解析文件:/var/named/fjcc.edu.cn.any

```
$ TTL 1D
@ IN SOA dns.fjcc.edu.cn.  root.dns.fjcc.edu.cn. (
2012030201          ;serial
  4H                ;refresh
  1H                ;retry
  1W                ;expiry
  1H                ;minimum
)
@    IN NS    dns.fjcc.edu.cn.
@    IN MX 10 mail.fjcc.edu.cn.
dns   IN  A   59.77.158.1      ;此DNS主机记录必须要有,否则会出错。DNS服务
                                器只在教育网注册
www   IN  A   59.56.178.51     ;电信网络,解析为电信公网地址
mail  IN  A   59.56.178.50
```

(6) 电信及其他网络反向解析文件:/var/named/named.59.56.178

```
$ TTL 1D
@   IN SOA  dns.fjcc.edu.cn.  root.dns.fjcc.edu.cn.  (
2012030201          ;serial
    4H              ;refresh
    1H              ;retry
    1W              ;expiry
    1H              ;minimum
)
@   IN NS   dns.fjcc.edu.cn.
51  IN PTR  www.fjcc.edu.cn.    ;只反向解析对外可以访问的服务器 IP 地址
50  IN PTR  mail.fjcc.edu.cn.
```

7. 创建日志文件及管理 DNS 服务

由于在 DNS 配置文件中，指定了 DNS 查询和警告日志文件存放位置为 /var/named/log 目录，建议先创建好此目录及空的日志文件，并将此目录和文件的所有者设置为 named 用户。命令 touch 是用来创建一个空文件，"chown -R" 命令将 /var/named/log 目录下所有文件及子目录的所有者属性改为 named 用户。如下所示：

```
[root@dns ~]# mkdir   /var/named/log
[root@dns ~]# touch   /var/named/log/dns_logs.txt
[root@dns ~]# touch   /var/named/log/dns_warnings.txt
[root@dns ~]# chown -R named  /var/named/log
```

另外，编辑完 DNS 的配置文件和区域文件后，必须重启 named 服务才能生效。DNS 服务的启动、停止、状态查看、重启的功能命令是 service named {start|stop|status|restart}，也可用 /etc/init.d/named {start|stop|status|restart} 替代。如果在启动 named 服务出错，需要根据错误提示，认真检查各个配置文件的格式及语法。

注意：每行语句开始之前，建议不要插入空格或制表符（语句体中的缩进格式除外），以免配置文件出现语法错误。

8. 本机 DNS 服务的测试

测试 DNS 服务的程序有很多，如 host、nslookup、ping 和 dig 等。在本机 DNS 服务器上测试 DNS 服务之前，需要在"网络连接"中为相应的网卡设置 DNS 服务器 IP 地"192.168.200.1",也可以通过编辑相应的网卡配置文件,增加记录"DNS1 = 192.168.200.1"。

(1) 用 host 命令进行测试

host 命令可以用来作简单的主机名的信息查询,常用参数有"host 域名""host IP 地址""host -l 域名"和"host -a 域名"等。

```
[root@ dns ~]# host -l fjcc.edu.cn     //列出该域名下所有主机的域名和 IP 地址
fjcc.edu.cn name server dns.fjcc.edu.cn.
dns.fjcc.edu.cn has address 192.168.200.1
ftp.fjcc.edu.cn has address 192.168.200.250
mail.fjcc.edu.cn has address 192.168.200.12
oa.fjcc.edu.cn has address 192.168.200.15
www.fjcc.edu.cn has address 192.168.200.10
[root@ dns ~]# host www.fjcc.edu.cn     //查询测试正向解析
www.fjcc.edu.cn has address 192.168.200.10
[root@ dns ~]# host 192.168.200.12     //查询测试反向解析
12.200.168.192.in-addr.arpa domain name pointer mail.fjcc.edu.cn.
[root@ dns ~]# host -a mail.fjcc.edu.cn     //显示详细的查询信息
Trying "mail.fjcc.edu.cn"
;; ->>HEADER<<- opcode: QUERY, status: NOERROR, id: 22259
;; flags: qr aa rd ra; QUERY: 1, ANSWER: 1, AUTHORITY: 1, ADDITIONAL: 1
;; QUESTION SECTION:                //查询部分
;mail.fjcc.edu.cn.          IN ANY
;; ANSWER SECTION:                 //应答部分
mail.fjcc.edu.cn.  86400 IN A   192.168.200.12
;; AUTHORITY SECTION:              //授权部分
fjcc.edu.cn.       86400 IN NS dns.fjcc.edu.cn.
;; ADDITIONAL SECTION:             //附加部分
dns.fjcc.edu.cn.   86400 IN A   192.168.200.1
Received 84 bytes from 192.168.200.1#53 in 0 ms
```

(2) 用 nslookup 命令测试

nslookup 命令可以直接进行正向、反向解析查询指定的域名或 IP 地址,还可以用交互方式查询任何资源记录类型,并对域名解析过程进行跟踪。

```
[root@ dns ~]# nslookup            //使用交互方式查询
> server                            //查看当前使用哪个 DNS 服务器进行解析
Default server: 192.168.200.1
Address: 192.168.200.1#53
> ftp.fjcc.edu.cn                   //查询测试正向解析
Server:    192.168.200.1
Address:   192.168.200.1#53

Name:   ftp.fjcc.edu.cn
Address: 192.168.200.250
> 192.168.200.15                    //查询测试反向解析
Server:    192.168.200.1
Address:   192.168.200.1#53
15.200.168.192.in-addr.arpa   name = oa.fjcc.edu.cn.
> set type = mx                     //设置要查询的资源记录类型
> fjcc.edu.cn
Server:    192.168.200.1
Address:   192.168.200.1#53

fjcc.edu.cn   mail exchanger = 10 mail.fjcc.edu.cn.
> exit              //退出 nslookup,也可直接按"Ctrl + C"组合键终止查询
```

(3) 用 dig 命令测试

dig 命令的用法和 host 命令相似,但默认情况下 dig 执行正向查询,如需要反向查询要加上"-x"参数。

```
[root@ dns ~]# dig   mail.fjcc.edu.cn           //正向查询,结果从略
[root@ dns ~]# dig  -x  192.168.200.10          //反向查询,结果从略
```

(4) 用 ping 命令测试

ping 命令用来测试网络连通性,同时也可查看域名对应的主机 IP 地址。

```
[root@ dns ~]# ping  ftp.fjcc.edu.cn     //ping 主机域名,可以进行正向查询
PING ftp.fjcc.edu.cn (192.168.200.250) 56(84) bytes of data.
^C                       //主机不存在,按"Ctrl + C"组合键终止测试
--- ftp.fjcc.edu.cn ping statistics ---
3 packets transmitted, 0 received, 100% packet loss, time 2556ms
```

在 Windows 系统中，ping 命令也可以进行 IP 地址的域名反向解析，需要加上参数"-a"，如下所示：

```
C:\Documents and Settings\Administrator>ping  -a  210.34.48.34
Pinging func.fzu.edu.cn[210.34.48.34] with 32 bytes of data：
Reply from 210.34.48.34：bytes=32 time<1ms TTL=250
```

9. 利用 RouterOS 在虚拟跨网段环境中测试 DNS

在前面的任务中，已经介绍了 RouterOS 的安装和相关参数的设置，在进行 DNS 服务测试前，需要调整虚拟网络 Custom VMnet1，VMnet2，VMnet3，将其对应接口的 IP 地址分别修改为 192.168.200.254/16（局域网），59.77.158.254/16（教育网）和 59.56.178.254/16（电信及其他），如图 4-4 所示是配置完的虚拟网络接口及 IP 地址信息。测试步骤如下：

```
[admin@MikroTik] > ip address print
Flags: X - disabled, I - invalid, D - dynamic
 #   ADDRESS              NETWORK         BROADCAST         INTERFACE
 0   192.168.200.254/16   192.168.0.0     192.168.255.255   ether1
 1   59.77.158.254/16     59.77.0.0       59.77.255.255     ether2
 2   59.56.178.254/16     59.56.0.0       59.56.255.255     ether3
```

图 4-4　RouterOS 接口 IP 信息

①将 DNS 服务器的虚拟网络连接指定为 VMnet1，网关设置为 RouterOS 上对应接口的 IP 地址，即 192.168.200.254。

②DNS 客户端的虚拟网络连接可以逐一指定为 VMnet1，VMnet2，VMnet3。在不同的网段中任意选取一个未使用的 IP 地址进行测试，如测试教育网客户访问 DNS 服务器，可将 IP 地址设置为 59.77.88.12，子网掩码为 255.255.0.0，网关为网段对应的接口 IP 地址 59.77.158.254。首选 DNS 服务器均要设置为 192.168.200.1。

③在测试过程中，如果有修改客户机 DNS 服务器 IP 地址，需要手动清空本地的 DNS 缓存，具体的实现方法是：在 Windows 客户端的"CMD 命令提示符"窗口中，执行"ipconfig/flushdns"；在 Linux 客户端的"终端"窗口中，执行"rndc flush"。设置完毕后，可以使用前面介绍的 DNS 服务的测试方法，查询不同网段 DNS 解析结果。

任务2 Windows Server 2008 DNS 服务器配置与管理

知识准备

1. 什么是 AD 域控制器

活动目录(Active Directory)是面向 Windows Standard Server、Windows Enterprise Server 以及 Windows Datacenter Server 的目录服务。AD 使用一种结构化的数据存储方式存储了有关网络对象的信息，并以此作为基础对目录信息进行合乎逻辑的分层组织，帮助管理员和用户能够轻松地查找和使用这些信息。

域(Domain)既是 Windows 网络操作系统的逻辑组织单元，也是 Internet 的逻辑组织单元。它实际上就是一组服务器和工作站的集合，是一组计算机共享共用的安全数据库。不过在"域"模式下，至少有一台服务器负责进行每一台联入网络的电脑和用户的验证工作，相当于一个单位的门卫，称为"域控制器(Domain Controller，简写为 DC)"。

AD 域控制器(Active Directory Domain Controller)是活动目录域中的一个基本元素，包含了由这个域的账户、密码、属于这个域的计算机等信息构成的数据库。当电脑联入网络时，域控制器首先要鉴别这台电脑是否属于这个域、用户使用的登录账号是否存在、密码是否正确。如果以上信息有一样不正确，那么域控制器就会拒绝这个用户从这台电脑登录。如果不能登录，用户就不能访问服务器上有权限保护的资源，他只能以对等网用户的方式访问 Windows 共享出来的资源，这样就在一定程度上保护了网络上的资源不被非法访问。

2. 什么情况下需要使用 AD 域

Microsoft 管理网络中的计算机可以使用域和工作组两个模型，默认情况下计算机安装完操作系统后是隶属于工作组的。工作组属于分散管理，适合小型网络，不能满足大型网络的高效管理要求。一般如果网络中需要集中管理的 PC 数目低于 10 台，建议采用对等网的工作模式，否则建议采用域的管理模式。

因为域可以提供一种集中式的管理,这相比于对等网的分散管理有非常多的好处。使用 AD 域的网络环境大多是以下情况:

①要求管理方便,能够集中管理权限。管理人员可以较好地管理计算机资源,方便对用户操作进行权限设置,可以分发、指派软件等,实现网络内的软件统一安装;

②安全性要求高,需要统一管理资料共享。有利于企业的一些保密资料的管理,不易丢失或者不易被窃。比如一个文件只能让某一个人看,或者指定人员可以看,但不可以删除、修改和移动等;

③需要进行网络监控,合理分配网络速度;

④需要统一部署杀毒软件和扫毒任务,避免服务器操作系统的崩溃,既节省开支,又不影响工作。

3. AD 域控制器和 DNS 服务器的关系

①存储的数据和管理的对象不同。DNS 存储它的区域和资源记录,而 AD 存储域和域中的对象。

②提供的服务功能不同。DNS 是一种名字解析服务,它接受 DNS 客户端的查询请求后通过本地 DNS 数据库解析名字,或查询 Internet 上别的 DNS 数据库;而 AD 是一种目录服务,它通过 LDAP(Lightweight Directory Access Protocol,轻量目录访问协议)协议向活动目录服务器发送请求,为了定位活动目录数据库,需要借助于 DNS,也就是说,AD 把 DNS 作为定位服务,把 AD 服务器解析为 IP 地址。

③DNS 不需要 AD 就可以起作用,而建立 AD 域时必须配套建立 DNS 服务器。

任务实施

1. 添加 DNS 服务器角色

①依照前面任务的方法,在"服务器管理器"窗口中,通过如图 4-5 所示的"添加角色向导"进行 DNS 服务器角色的安装。

②单击"下一步"按钮,显示如图 4-6 所示的"DNS 服务器简介"。

③单击"下一步"后,再单击"安装"按钮,开始安装 DNS 服务器直至安装完成。

2. 配置 DNS 服务参数

以局域网内搭建 DNS 服务器为例,实现网内的 DNS 解析功能。假设配置该 DNS 服务器的 IP 地址为 192.168.200.1，所有的配置在"DNS 管理器"窗口进行，如图 4-7 所示。打开该窗口的方法是以管理员的身份登录后，单击"开始"→"管理工具"→"DNS"命令。

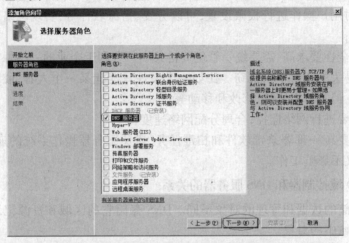

图 4-5　安装 DNS 服务器角色

图 4-6　DNS 服务器简介

（1）正向查找区域中"新建区域"

①右击"正向查找区域"，在弹出的快捷菜单中选择"新建区域"命令，打开"新建区域向导"对话框，单击"下一步"按钮，在如图 4-8 所示的"区域类型"中选择"主要区域"。

②单击"下一步"按钮，在如图 4-9 所示的对话框中设置区域名称为"fjcc.edu.cn"。

学习情境4 DNS服务器安装、配置与管理

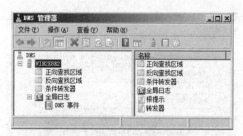

图 4-7　"DNS 管理器"窗口

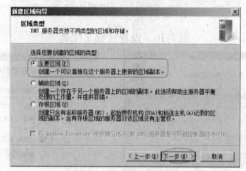

图 4-8　选择区域类型

图 4-9　设置区域名称

③单击"下一步"按钮,在如图 4-10 所示的对话框中,系统默认以区域名称作为文件名,并将文件存放在 C:\Windows\System32\dns 的文件夹中,在此保留默认设置。

④单击"下一步"按钮,在如图 4-11 所示的"动态更新"对话框中,选择"不允许动态更新";单击"下一步"按钮,在图 4-12 所示的对话框中显示之前的配置信息,确认无误后,单击"完成"按钮,即可完成正向查找区域的新建。

(2)反向查找区域中"新建区域"

①新建反向查找区域和新建正向查找区域类似,右击"反向查找区域",在弹出的快捷菜单中选择"新建区域"命令,单击"下一步"按钮,选择区域类型为"主要区域"。

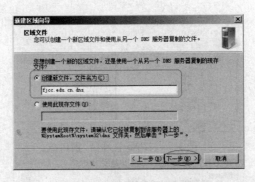

图 4-10　设置区域文件名

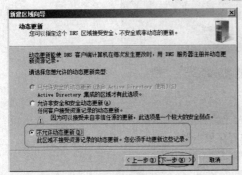

图 4-11　设置动态更新

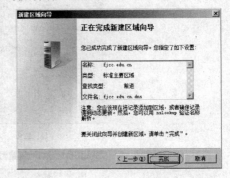

图 4-12　完成正向查找区域的新建

②单击"下一步"按钮后,在如图 4-13 所示的"反向查找区域名称"对话框中,先选择为"IPv4 反向查找区域"创建反向查找区域。

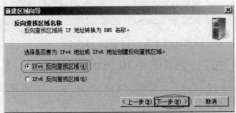

图 4-13　选择"IPv4 反向查找区域"

③单击"下一步"按钮后,在如图 4-14 所示的对话框中,设置网络 ID 为"192.168.200"。

④单击"下一步"按钮后,在如图 4-15 所示的对话框中,保留默认系统生成的反向解析文件名。

⑤单击"下一步"按钮后,同样设置 DNS 区域"不允许动态更新",再单击"下一步"按钮完成反向查找区域的新建。

学习情境4　DNS服务器安装、配置与管理

图4-14　设置反向查找区域"网络ID"　　　图4-15　设置反向查找区域文件名

（3）创建主机记录（A记录）

以上步骤成功创建了"fjcc.edu.cn"的正向和反向查找区域，还需要在该区域下创建对应的主机记录，才能为局域网用户提供域名解析服务。下面以"www.fjcc.edu.cn"的主机记录为例，创建过程如下：

①打开"DNS管理器"窗口，在其左边目录树中依次展开"WIN2K8R2"→"正向查找区域"，右击"fjcc.edu.cn"，从弹出的快捷菜单中选择"新建主机（A或AAAA）"命令，而后在打开的"新建主机"对话框中，输入名称"www"和IP地址"192.168.200.10"，同时勾选"创建相关的指针（PTR）记录"，这样DNS反向查找区域中会自动生成PTR指针记录。最后单击"添加主机"按钮，系统会弹出"成功创建主机记录"的提示，如图4-16所示；

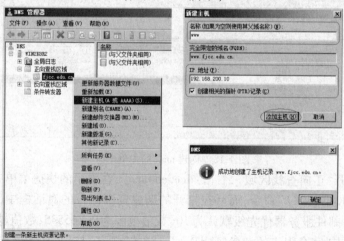

图4-16　新建主机记录

②在"DNS 管理器"窗口的左边目录树中展开"反向查找区域",单击反向查找区域名"200.168.192.in-addr.arpa",DNS 管理器窗口的右侧会显示该域名下的文件信息。在此可以发现新增了一条刚刚自动生成的指针记录"192.168.200.10",双击可以查看具体属性信息,如图 4-17 所示。

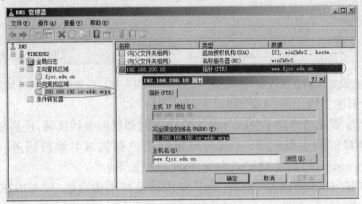

图 4-17　反向指针记录

(4) 创建邮件交换器(MX)

①针对邮件服务器主机名创建一个主机记录,名称为 mail,IP 地址为 192.168.200.12,创建方法同上,如图 4-18 所示。

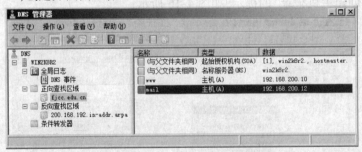

图 4-18　创建 mail 的主机记录

②展开"正向查找区域",右击"fjcc.edu.cn",在弹出的快捷菜单中选择"新建邮件交换器(MX)"命令,而后在打开的新建资源记录的对话框中,输入主机名"mail",邮件服务器优先级默认为 10(数值范围为 0～65535,数值越小优先级越高),单击"完全限定的域名(FQDN)"一栏的"浏览"按钮,找到之前创建的主机记录 mail,最后单击"确定"按钮,直至记录创建成功,如图 4-19 所示。

学习情境4　DNS服务器安装、配置与管理

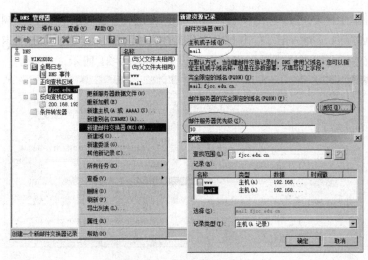

图4-19　创建邮件交换器

(5) 设置DNS服务器老化参数

DNS服务器服务支持老化和清理功能,用于清理和删除随时间推移而积累于区域数据中的过时资源记录。它为存储在DNS区域中的、只要其假定不再有效的资源记录提供了一种自动删除机制。

①对所有区域进行老化设置。在"DNS管理器"窗口的左边目录树中,右击"WIN2K8R2",在弹出的快捷菜单中选择"为所有区域设置老化/清理"命令,在打开的"服务器老化/清理属性"对话框中设置"无刷新间隔"和"刷新间隔"参数,单击"确定"按钮后,勾选"将这些设置应用到现有的、与Active Directory集成的区域",单击"确定"按钮完成对所有区域进行老化设置,如图4-20所示。

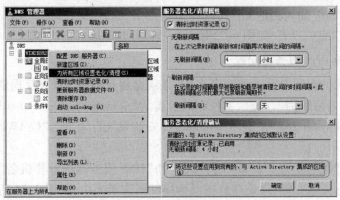

图4-20　设置所有区域的老化参数

②对单个区域进行老化设置。在"DNS 管理器"窗口的左边目录树中选择某区域,如"fjcc.edu.cn",右击打开其"属性"对话框,在"常规"选项卡中单击"老化"按钮,进行对该区域的老化参数设置,如图 4-21 所示。

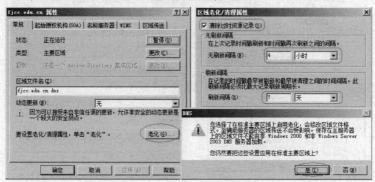

图 4-21　设置指定区域的老化参数

(6) DNS 转发器设置

局域网络中的 DNS 服务器只能解析那些在本地域中添加的主机,而无法解析那些未知的域名。因此,如果要对 Internet 中所有域名进行解析,就必须将本地无法解析的域名转发给其他域名服务器。被转发的域名服务器通常应当是当地 ISP 的域名服务器。

转发器也是网络上的一个 DNS 服务器,它将对外部 DNS 名称的 DNS 查询转发到网络外部的 DNS 服务器。还可以使用条件转发器按照特定域名进行转发查询。设置转发器方法:在 DNS 管理器的控制台中,右击 DNS 服务器,选择"属性"选项,在打开的"DNS 服务器的属性"对话框中选择"转发器"选项卡,单击"编辑"按钮,输入当地 ISP 的 DNS 服务器 IP 地址(如:218.85.157.99),单击"确定"按钮完成设置,如图 4-22 所示。

3. 备份 DNS 服务器配置

在前面的配置 DNS 服务器任务中,系统会提示创建正向和反向解析的区域文件,文件名后缀为".dns",文件存放位置为"%systemroot%\system32\dns"文件夹中,"%systemroot%"表示 Windows 的安装系统目录,如:"C:\Windows",如图 4-23 所示。

但有些配置信息,如"DNS 转发器"和"DNS 服务器的计算机名"等信息却不以文件的方式存储,而是存放在 Windows 的注册表中,如图 4-24 所示。因此要备份或恢复 DNS 服务器的配置,需要同时处理文件和注册表的相关内容。

学习情境4　DNS服务器安装、配置与管理

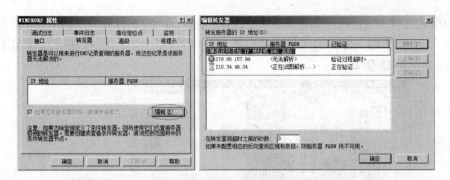

图4-22　设置 DNS 转发器

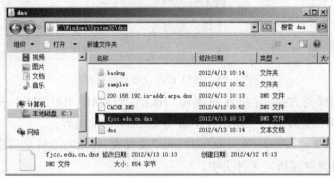

图4-23　DNS 配置文件存放位置

图4-24　有关 DNS 配置信息的注册表内容

(1) DNS 服务器配置信息的备份步骤

①停止 DNS 服务；

②单击"开始"→"运行"，输入"regedit"命令，打开"注册表编辑器"，找到键"HKEY_LOCAL_MACHINE \ System \ CurrentControlSet \ services \ DNS"，右击

"DNS"文件夹,在弹出的快捷菜单中选择"导出"命令,在打开的"导出注册表文件"对话框中输入保存的文件名及设置存放位置,单击"保存"按钮完成导出工作,如图 4-25 所示。

图 4-25　导出 DNS 注册表的内容

③按同样的方法,导出注册表键"HKEY_LOCAL_MACHINE\SOFTWARE\Microsoft\Windows NT\CurrentVersion\DNS Server"的内容;

④打开"%systemroot%\system32\dns"文件夹,将所有文件名后缀为".dns"的文件备份复制到指定文件夹中;

⑤完成 DNS 服务器配置信息的备份后,重新启动 DNS 服务。

(2) DNS 服务器配置信息的恢复步骤

①在目标服务器中配置 DNS 角色;

②停止 DNS 服务;

③把原先备份出来的文件名后缀为".dns"的文件,复制到目标服务器的"%systemroot%\system32\dns"文件夹中;

④如果目标服务器的计算机名称和原先 DNS 服务器的机器名不同,找到那两个后缀为".reg"的注册表备份文件,用记事本修改其文件中的机器名,然后分别双击导入到目标服务器中;

⑤完成 DNS 服务器配置信息的恢复后,重新启动 DNS 服务。

拓展训练

1. 配置主机 HOSTS 文件实现指定主机名和 IP 地址映射

HOSTS 文件是 DNS 早期的数据存放方式,它采用集中式管理,将域名与其

学习情境4 DNS服务器安装、配置与管理

对应的 IP 地址关联的信息存放在一台权威的名称服务器上，由客户机进行下载。在目前流行的操作系统中，仍还在使用 HOSTS 文件，帮助用户将名称解析为 IP 地址。当用户在浏览器中输入一个需要访问的网址时，系统会首先从 HOSTS 文件中寻找对应的 IP 地址，一旦找到，系统会立即打开对应网页，如果没有找到，则系统再会将网址提交给 DNS 域名解析服务器进行 IP 地址的解析。

在局域网中，有些应用系统必须通过主机名进行访问网络上共享资源，如果用 IP 地址直接访问会产生一些额外的问题（如：在 Windows XP Sp2 以上系统中，在用 IP 地址映射的共享目录中，运行可执行文件时，会有警告提示，而用计算机名称进行映射则不会出现）。这时可以将指定主机名和 IP 地址映射关系写入到系统的 HOSTS 文件中；另外，网络上有很多的钓鱼或被挂马的网站，可以利用 HOSTS 文件来主动屏蔽这些恶意网站（将恶意网站的域名映射为 0.0.0.0 或 127.0.0.1）。

①在 Windows 系统中，HOSTS 文件为"%systemroot%\system32\drivers\etc\hosts"；

②在 Linux 系统中，HOSTS 文件为"/etc/hosts"。

2. 在 Win2K8 中安装 Bind9 实现 DNS 智能解析功能

由于 Win2K8 中自带的 DNS 服务器组件目前无法实现对来自不同网络用户进行不同解析处理，如果要在 Win2K8 中实现 DNS 智能解析功能，可以在 Win2K8 中安装 Bind 软件的 Windows 版。下载最新版本 Bind 软件的网址为"http://ftp.isc.org/isc/"。

不管是 Linux 还是 Windows 版，除了安装软件的方法不一样外，Bind 软件配置文件都是相同的，只是要注意两者文件存放位置的表示方式有所区别。下面以在 Win2K8R2 中安装 BIND9.9.0 为例，简要说明其安装配置步骤。

①下载 BIND 软件。其 URL 为："http://ftp.isc.org/isc/bind9/9.9.0/BIND9.9.0.zip"。

②安装 BIND 软件。将下载的 BIND9.9.0.zip 解压到一个临时目录，然后运行该目录中的 BINDInstall.exe 安装程序，按照提示输入用来启动 DNS 服务的 named 用户账号密码（密码要符合 Win2K8R2 复杂性要求，否则无法创建 named 用户账号），其余选项按默认设置无须更改，然后单击"Install"按钮进行安装，安装完毕后单击"Exit"按钮退出安装程序。Bind9 默认安装到"C:\windows\system32\dns"目录下，如图 4-26 所示。

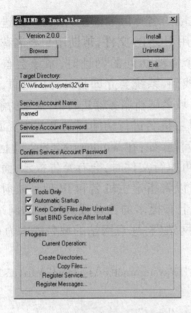

图 4-26　安装 Bind9

③打开"CMD"控制台窗口,用"CD"命令切换到"C:\Windows\System32\dns\bin"目录下,运行"rndc-confgen -a"命令,在 etc 目录下生成 rndc.key 文件,如图 4-27 所示。

④在"C:\Windows\system32\dns\etc"目录下,创建 named.conf 和其他所需的所有配置文件,配置文件格式、配置过程和 Linux 相同,注意 include 包含文件的目录位置和相关子文件的存放位置表示方式和 Linux 不一样。

⑤Bind9 服务管理可以通过"服务器管理器"工具,找到"配置"→"服务"中的"ISC BIND",进行该服务的启动、停止或重启。

图 4-27　生成 rndc.key 密钥文件

1. 主 DNS 服务器与辅助 DNS 服务器

主 DNS 服务器是特定域中所有信息的授权来源,它是实现域间通信所必需的。为了防止主 DNS 服务器由于各种软、硬件故障导致 DNS 服务停止,在对系统服务要求较高的网络环境中,通常会部署 2 台或更多的 DNS 服务器,其中 1

台为主 DNS 服务器,其余为辅助 DNS 服务器。辅助 DNS 服务器的主要作用:一是作为主 DNS 服务器的备份;二是分担主 DNS 服务器的负载。当主 DNS 服务器运行正常时,辅助 DNS 服务器只起到备份作用;当主 DNS 服务器发生故障时,辅助 DNS 服务器立即启动承担 DNS 解析服务。

辅助 DNS 服务器的配置相对比较简单,因为它的区域数据库文件是定期从主 DNS 服务器复制而来,无须手工创建。

2. DNS 欺骗

DNS 欺骗就是攻击者冒充域名服务器的一种欺骗行为,把用户所要查询的 IP 地址改为攻击者的目标 IP 地址。由于 DNS 协议在设计上存在缺陷,在 DNS 报文中只使用一个序列号来进行有效性鉴别,并未提供其他的认证和保护手段,这使得攻击者可以很容易地监听到查询请求,并伪造 DNS 应答包给 DNS 客户端,从而进行 DNS 欺骗攻击。目前所有 DNS 客户端处理 DNS 应答包的方法都是简单地信任首先到达的数据包,丢弃所有后到达的,而不会对数据包的合法性作任何的分析。这样,只要能保证欺骗包先于合法包到达就可以达到欺骗的目的,而通常这是非常容易实现的。DNS 欺骗攻击可能存在于客户端和 DNS 服务器之间,也可能存在于各 DNS 服务器之间,但其工作原理是一致的,如图 4-28 所示。

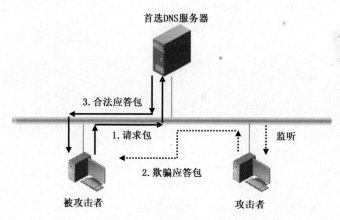

图 4-28 DNS 欺骗攻击

DNS 欺骗的主要形式有以下 3 种:

(1) HOSTS 文件篡改

在 Windows 系统中,如果在浏览网页过程中,安装了各种各样的插件,或中了病毒、木马程序,HOSTS 文件就很有可能被篡改。

（2）本机 DNS 劫持

DNS 劫持又称域名劫持，是指在劫持的网络范围内拦截域名解析的请求，分析请求的域名，把审查范围以外的请求放行，否则返回假的 IP 地址或者什么都不做使请求失去响应，其效果就是对特定的网络不能反应或访问的是假网址。DNS 劫持是以侦听为基础的 DNS 欺骗。

由于域名劫持往往只能在特定的被劫持的网络范围内进行，所以在此范围外的 DNS 服务器能够返回正常的 IP 地址，高级用户可以在网络设置中，把 DNS 指向这些正常的域名服务器以实现对网址的正常访问。

（3）DNS 缓存中毒（DNS Cache Poisoning）

为了节约服务器资源和提高客户机 DNS 解析的速度，DNS 服务器和客户机都有 DNS 缓存记录，通过设定的时间间隔进行更新。如果 DNS 的缓存在过期之前被恶意篡改，客户机就将得到错误的 IP 地址。

学习情境5 FTP服务器安装、配置与管理

知识目标

1. 掌握 Windows Server 2008 下 FTP 服务的基本配置方法
2. 掌握 Linux 下 FTP 服务的基本配置方法
3. 了解 FTP 基本工作原理和相关概念及术语
4. 掌握在命令提示符界面下,用 FTP 命令测试 FTP 服务器的基本方法
5. 掌握在 Linux 字符界面下,用编译源代码的方式安装软件的基本方法

能力目标

1. 能根据企业实际情况,在 Windows 和 Linux 服务器上配置 FTP 服务,并进行 FTP 客户端上传和下载功能的测试
2. 能根据需要在多网段网络环境中,控制 FTP 服务器的访问权限
3. 学会在 Linux 字符界面下,编译安装以源代码发行的软件

情景再现与任务分析

某软件公司为了方便内部员工资源共享以及客户软件的更新或补丁的下载,需要建立一台 FTP 服务器(IP 地址为 192.168.200.8),以实现下列功能。

①用户登录到 FTP 服务器时,能看到一条欢迎或类似公告的信息,如"Welcome to fjcc FTP service.";

②匿名用户登录到 FTP 服务器后,显示的主目录为服务器上的 download 目录,允许匿名用户下载该目录下(除了 incoming 目录)的所有文件,包括其子目录下的文件;

③服务器上的 download/incoming 目录是用来存放匿名用户上传的文件或目录,用来作为内部员工分享优秀资源和客户上传公司所开发软件的使用反馈意见等。因为管理员 admin 要先对上传的资源进行审核后,再能将其移到 download 的目录下进行共享。所以 incoming 目录对于匿名用户来说,只有写的权限,没有读和更改的权限,也就是要实现该目录对普通用户无法进行下载操作;

④管理员 admin 用户登录到 FTP 服务器后,能显示服务器上的 download 目录,能上传、读写和删除此目录下的所有文件及目录,包括 incoming 目录;

⑤匿名用户的最大传输速率为 50 kB/s;

⑥同时连接 FTP 服务器的并发用户数为 500;

⑦为了限制多线程下载,每个用户同一时段并发下载的文件的最大线程为 2;

⑧设置采用 ASCII 方式传送数据;

⑨除了 192.168.1.1 的主机外,禁止 192.168.1.0/24 网段的主机访问 FTP 服务器。

以上要求对构建一台 FTP 服务器并不困难,利用 Windows 和 Linux 自带或第三方的 FTP 服务器软件就可以实现。但要考虑传输效率、稳定性和是否易管理问题,如果企业用户数较少,建议采用 Windows 平台;如果对性能和稳定性要求较高,建议采用 Linux 平台。

学习情境教学场景设计

学习领域	Windows 与 Linux 网络管理与维护	
学习情境	FTP 服务器安装、配置与管理	
行动环境	场景设计	工具、设备、教件
①企业现场 ②校内实训基地	①分组(每组2人) ②教师讲解实际企业工作中为什么需要 FTP 服务器,FTP 共享数据的方式和其他共享有什么不同;在 Windows 与 Linux 中有哪些常用的 FTP 服务器软件 ③学生提出构建 FTP 服务器的方案设想 ④讨论形成方案 ⑤方案评估 ⑥提交文档	①投影仪或多媒体网络广播软件 ②多媒体课件、操作过程屏幕视频录像 ③安装有双网卡(其中一块可以是无线网卡)的服务器或 PC 机 ④网络互联设备 ⑤能模拟跨网段访问的物理交换机环境或虚拟网络环境

方案制订

1. 不同服务器操作系统中 FTP 软件选型

Windows 和 Linux 操作系统均自带 FTP 服务组件,因此可以分别搭建基于此两种操作系统的 FTP 服务器。但除了主要使用图形界面和字符界面进行管理的方式不一样外,其应用场合的侧重点不一样。

①Windows 中的 FTP 服务组件,主要用来管理其 IIS 的 Web 站点。因为进行 Web 网站的更新,比较安全和方便的方式应当属于 FTP 方式,即将 Web 网站的主目录同时设置为 FTP 站点的主目录,并为该目录设置访问权限,管理员在远程计算机上就可以向 Web 站点上传修改后的 Web 页面,也可以对 Web 目录结构作必要的调整。特别是当一台服务器上需要设置若干虚拟 Web 站点或虚拟目录,并且这些虚拟站点或目录由不同的管理员进行维护时,通过建立虚拟 FTP 服务器,分别对应各个 Web 站点,并进行相应的授权,即可实现各个网站管理员对自己 Web 站点的管理和维护。

但是,目前 Windows 中的 FTP 服务组件功能较弱,如:无法实现对用户的最大传输速率进行限制,也无法限制相同 IP 用户的多线程下载等。要弥补此缺陷,需要借助 Windows 下第三方的企业级 FTP 服务器软件。

②Linux 中的 FTP 服务组件,其使用历史较长,比较适合做专业 FTP 服务器,但其配置和管理相对比较复杂。

2. 分析 FTP 方式、Web 方式及 P2P 方式下载的不同(表 5-1)

表 5-1 FTP 方式、Web 方式及 P2P 方式下载的不同

下载方式	使用端口号	下载速度	下载文档的信息量	存储方式
FTP				
Web				
P2P				

任务1 Win2K8 自带 FTP 服务器组件的配置与管理

知识准备

1. 什么是 FTP

FTP(File Transfer Protocol,文件传输协议)服务担当了文件传输、存储的重要角色,是最常用的信息化服务之一。FTP 协议能够使用户不需要了解远程主机操作系统的操作方法,而直接完成主机之间可靠的文件传输,同时也允许用户在远程主机上访问文件时,使用一组标准的命令集。这样,不同操作系统的客户端与文件服务器通信时,降低了用户工作的复杂度,保证了操作的通用性。

2. FTP 工作原理

FTP 协议在工作时采用 C/S 结构,Client 和 Server 之间必须建立两个 TCP 连接,一个是命令连接;另一个是数据连接,如图 5-1 所示。

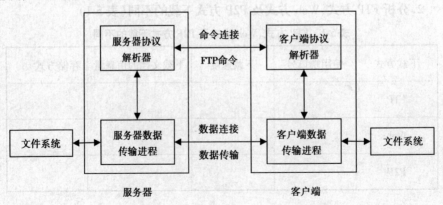

图 5-1 FTP 工作原理

(1) 命令连接

命令连接是客户端与 FTP 服务器进行沟通的连接,客户端连接 FTP、主机之间发送 FTP 指令都是通过它来完成。命令连接总是由客户端发起,服务器通过 21 端口等待客户端的请求。

(2)数据连接

数据连接是与 FTP 服务器进行文件传输或显示文件列表的连接,FTP 服务器数据连接端口号由命令连接进行选择。

3. FTP 协议的主动和被动工作模式

根据数据连接发起方式的不同,FTP 的工作模式可分为主动和被动两种工作模式。

(1)主动模式(Active Mode)

此模式是 FTP 协议最初使用的工作模式,其工作过程如图 5-2 所示。

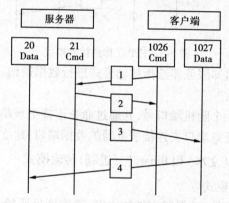

图 5-2　FTP 工作的主动模式

①客户机首先连接到服务器的 21 端口,建立命令连接,并完成 FTP 的登录过程,然后客户端选择一个大于 1024 的任意端口号(如 1027)作为数据连接端口,通知 FTP 服务器并等待服务器的数据连接。

②服务器使用 20 端口去"主动"连接客户端的数据端口,建立数据连接。

③客户端接收到服务器确认后,会通过 TCP 的 3 次握手,完成与服务器的数据连接。虽然主动模式在大多数情况下可以顺利地完成数据传输工作,但当客户端处于网络内部,通过代理服务器接入互联网,或网络出口配置防火墙时,会导致主动模式无法正常工作。因为处于网络内部的客户端通过其他设备的转发方式访问 FTP 服务器时,主动模式无法建立数据连接。

(2)被动模式(Passive Mode)

被动模式的 FTP 通常用在处于防火墙之后的 FTP 客户端访问外界 FTP 服

务器的情况。因为在这种情况下,防火墙通常配置为不允许外界访问防火墙之后的主机,而只允许由防火墙之后的主机发起的连接请求通过。其工作过程如图 5-3 所示。

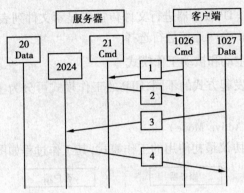

图 5-3　FTP 工作的被动模式

①客户端首先通知服务器选择被动模式进行数据通信,连接到服务器的 21 端口,建立命令连接;

②服务器开启一个随机端口号,并通过命令连接把该端口号告诉客户端;

③客户端使用任意端口去连接服务器的数据端口,建立数据连接。

4. FTP 的 ASCII(文本)和 Binary(二进制)传输模式

(1) Binary 传输模式

此模式下传输文件时,保留文件的位序,逐位拷贝原始文件,不对数据进行任何处理。大多数情况下选择此方式,可以保证传输的内容不会被改变。

(2) ASCII 传输模式

此模式下传输文件时,会将文件中的回车换行转换为本机回车字符。例如,回车符号在 Unix/Linux 下是\n(0A),Windows 下是\r\n(0D0A),苹果机操作系统 Mac 下是\r(0D)。当在 Windows 操作系统上用 ASCII 方式从 Unix 服务器上下载文件时,无论是文本文件还是二进制文件,都会进行检测和转换:每检测到一个 0A,则认为是回车符号,并自动插入 0D 形成 Windows 下的回车符,这种转换对下载文本文件比较有用。如果用 Binary 传输方式下载文本文件,会导致在 Windows 下看到的是中间夹杂着小黑方块的不换行的一堆文字。同样,如果从 Windows 系统用 Binary 传输方式传输文本文件到 UNIX 系统时可能会出现 ^M 字样(多了一个 0D)。

5. FTP 与局域网共享的区别

FTP 的目的就是完成两台计算机之间的文件拷贝,从远程计算机拷贝文件至本地的计算机上,则称之为"下载(download)"文件,若将文件从本地计算机中拷贝至远程计算机上,则称之为"上载(upload)"。从"资源共享、交换"的角度看,FTP 与局域网共享的目标是一致的。FTP 与局域网共享的不同之处有下面几点:

①所用协议不一样。局域网共享用 UNC(Universal Naming Convention,通用命名约定)路径访问,FTP 则是用 FTP 协议。

②FTP 可以应用于广域网。

③FTP 支持多用户和断点续传。

6. FTP 方式下载和 Web 方式下载的区别

虽然 Web 服务也可以提供文档的下载,即通过 HTTP 协议进行下载。但 FTP 使用两个端口进行传输,一个用于发送文件;一个用于接收文件。所以,对于文件传输而言,FTP 要比 HTTP 的效率高;另外,FTP 下载之前可以设置先进行身份验证(默认是匿名登录),而 HTTP 不行。

虽然用户访问 FTP 服务器资源时,可以浏览 FTP 站点的目录结构,但提供下载的文档除了文件名信息外,无法再提供文档的索引和说明页。如果用户对文档不熟悉时,将很难分辨某个文档的内容和具体作用。所以,很多软件下载站点会结合一个 Web 站点进行软件介绍,然后提供一个链接到 FTP 服务器上目标文档的下载链接地址,以供用户下载。

7. 常用 FTP 客户端下载工具

同大多数 Internet 服务一样,FTP 也是一个 C/S 系统,用户通过一个客户机程序连接至在远程计算机上运行的服务器程序。依照 FTP 协议提供服务,进行文件传送的计算机就是 FTP 服务器;而连接 FTP 服务器,遵循 FTP 协议与服务器传送文件的计算机就是 FTP 客户端。用户要连上 FTP 服务器,就要用到 FTP 的客户端软件。如:Windows 中自带"ftp"命令,就是一个命令行的 FTP 客户端程序,同时 Windows 中"我的电脑"是和 IE 浏览器进行了集成,也可以看成是一个 FTP 客户端程序。

另外,还有很多常用的第三方 FTP 客户端工具,如 Windows 下的 CuteFTP、Ws_FTP、Flashfxp、LeapFTP 等,Linux 下的 IglooFTP、gFTP 等。

任务实施

1. 添加 FTP 服务器角色

在 Win2K8R2 中,FTP 服务作为一个组件已经集成到了 IIS7.5 中,主要的用途是为了维护 Web 网站。

① 在"服务器管理器"窗口中,运行"添加角色向导",在"选择服务器角色"对话框中,选中"Web 服务器(IIS)"复选框。如果当前服务器已经安装 Web 服务,则可在 Web 服务器角色窗口中,单击"添加角色服务"来添加 FTP 服务。

② 连续单击"下一步"按钮,在"选择角色服务"对话框中,勾选"IIS 管理控制台"和"FTP 服务器",如图 5-4 所示。

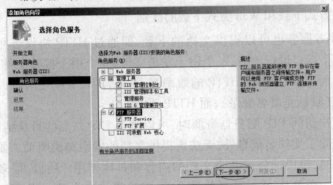

图 5-4 "选择 FTP 角色服务"对话框

③ 单击"下一步"按钮后,在"确认安装选择"对话框中,单击"安装"按钮,直至安装完成。

2. 创建 FTP 站点

当 FTP 服务器安装完成后,系统默认不会创建 FTP 站点,需要用户手动添加 FTP 站点并启动其服务。

① 单击"开始"→"管理工具"→"Internet 信息服务(IIS)管理器",打开 IIS 管理器窗口。在默认情况下,只有一个没有配置 IP 地址和主目录的 Web 站点,如图 5-5 所示。

② 单击右侧"操作"栏中的"添加 FTP 站点"链接,启动"添加 FTP 站点"向导。在打开的"站点信息"对话框中输入 FTP 站点的名称和存放文件的路径,注意站点的物理路径(如"C:\download")必须是已经存在的文件夹,如图 5-6 所示。

学习情境5 FTP服务器安装、配置与管理

图 5-5　Internet 信息服务(IIS)管理器窗口

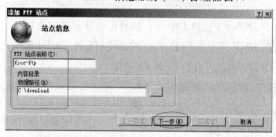

图 5-6　设置 FTP 站点信息

③单击"下一步"按钮，在如图 5-7 所示的对话框中，设置 FTP 站点 IP 地址和端口号。由于任务中没有要求使用 SSL，在此选择"无"单选按钮，不使用 SSL。

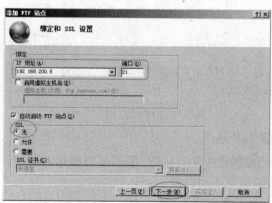

图 5-7　设置 FTP 站点 IP 和 SSL 信息

④单击"下一步"按钮，在如图 5-8 所示的对话框中勾选"匿名"和"基本"身份验证复选框，并在"授权"选项区域中选择允许访问的用户类型为"所有用户"，权限为同时拥有"读取"和"写入"。

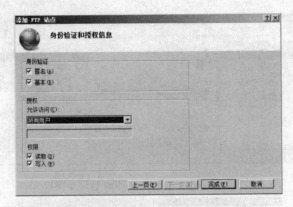

图 5-8 设置 FTP 站点的身份验证和授权信息

⑤单击"完成"按钮,完成 FTP 站点的添加任务,如图 5-9 所示。在该"FTP 主页"窗口中,可以对当前站点进行各种设置。

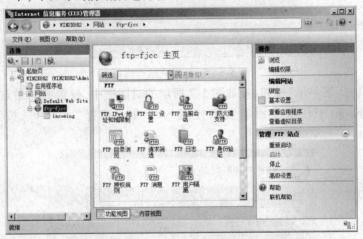

图 5-9 FTP 站点添加完成

3. 管理和配置 FTP 站点

按上述步骤完成创建的 FTP 站点,很多选项都是系统默认配置,不能满足任务的要求,还需要进行下列设置。

(1) 设置 FTP 服务器欢迎消息

当用户访问 FTP 服务器时,显示欢迎和说明信息,目的是使 FTP 网站更加人性化,同时也对企业网站起到宣传的作用。

①在"FTP 主页"窗口中双击"FTP 消息"图标,打开如图 5-10 所示的窗口;在"消息行为"选项中,勾选"取消显示默认横幅";在"消息文本"选项中,"横

学习情境5 FTP服务器安装、配置与管理

幅"文本是用户连接到 FTP 服务器时所显示的消息;"欢迎使用"文本是用户登录到 FTP 服务器后所显示的消息;"退出"文本是用户从 FTP 服务器注销时显示的消息;"最大连接数"是用户试图连接到 FTP 服务器,但该 FTP 服务已达到允许的最大客户端连接数而导致连接失败时显示的消息。

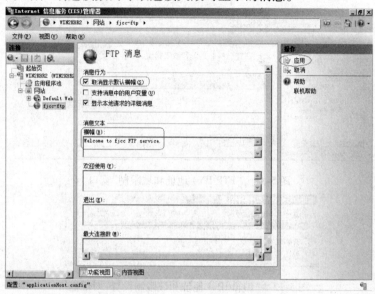

图 5-10　FTP 消息设置

②完成 FTP 消息设置后,单击"操作"栏中的"应用"链接保存设置。

(2) 设置允许和拒绝访问的 IP 范围

任务要求除了 192.168.1.1 的主机外,禁止 192.168.1.0/24 网段的主机访问 FTP 服务器,这相当于拒绝某一部分 IP 地址访问 FTP 服务器,而允许其他所有 IP 地址访问。设置步骤如下:

①在 FTP 站点的"主页"窗口中双击"FTP IPv4 地址和域限制"图标,打开如图 5-11 所示的窗口。

②单击"操作"栏中的"编辑功能设置"链接,显示如图 5-12 所示的"编辑 IPv4 地址和域限制设置"对话框。在"未指定的客户端的访问权"下拉列表中选择"允许"选项。

③单击"确定"按钮保存设置,表示除了指定的 IP 地址外,默认其他 IP 地址都允许访问 FTP 服务器。

④单击"操作"栏中的"添加拒绝条目"链接,打开如图 5-13 所示的"添加拒绝限制规则"对话框,设置拒绝 IP 地址范围为 192.168.1.0/24 整个网段,单击

"确定"按钮保存设置。

⑤单击"操作"栏中的"添加允许条目"链接,打开如图5-14所示的"添加允许限制规则"对话框,输入允许访问的IP地址192.168.1.1,单击"确定"按钮保存设置。

图5-11 "FTP IPv4 地址和域限制"窗口

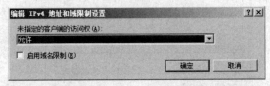

图5-12 "编辑IPv4 地址和域限制设置"对话框

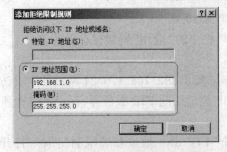 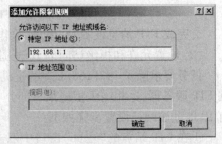

图5-13 "添加拒绝限制规则"对话框　　图5-14 "添加允许限制规则"对话框

⑥单击"操作"栏中的"查看经过排序的列表"链接,打开如图5-15所示的窗口,默认按配置的顺序显示列表。由于192.168.1.1的IP地址属于192.168.1.0/24网段中,需要将允许192.168.1.1IP地址访问的规则往上移。选中该规则后,单击"操作"栏中的"上移"链接,系统给出确认更改的提示对话框,单击"是"按钮,完成设置。

(3)设置连接FTP服务器的并发用户数限制

在"FTP主页"窗口右边"操作"栏中,单击"高级设置"链接,或在窗口左边

学习情境5　FTP服务器安装、配置与管理

右击"ftp-fjcc",在弹出的快捷菜单中选择"管理 FTP 站点"→"高级设置"命令,打开如图 5-16 所示的"高级设置"对话框,展开"连接"选项,将"达到最大连接数时重置"选项设为 True,"最大连接数"设为 500,单击"确定"按钮保存设置。

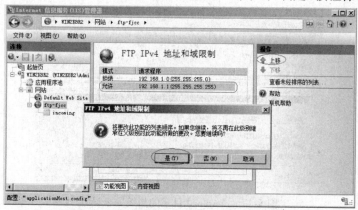

图 5-15　修改 IPv4 地址和域限制设置规则

图 5-16　修改 IPv4 地址和域限制设置规则

（4）设置管理员用户 admin 和匿名 FTP 用户的权限

FTP 权限设置类似于局域网共享权限设置,也存在双重性,即 FTP 目录权限与 NTFS 安全权限叠加取其小者。

①在 Win2K8R2 中新建一个名为 admin 的用户,并使其仅隶属于 IIS_IUSRS 用户组,使得 admin 用户不能从本地登录,只能作为管理 FTP 服务器的用户。

②设置 FTP 服务器主目录"C:\download"的 NTFS 权限,只允许 Administrators 用户组和 admin 用户有"完全控制"的权限,而设置 FTP 匿名账号对应的用户 IUSR 为"读取和执行"的权限,如图 5-17 所示。

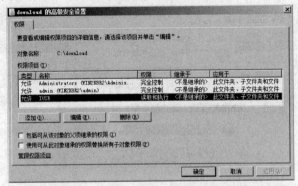

图 5-17　download 目录的高级安全设置

③要实现匿名用户对 incoming 目录只能写(上传),不能下载,除了设置其 NTFS 权限允许 Administrators 用户组和 admin 用户有"完全控制"的权限外,还需要 IUSR 用户进行特殊设置,并应用于"此文件夹和子文件夹"。incoming 目录的高级安全设置,如图 5-18 所示。

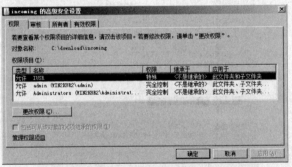

图 5-18　incoming 目录的高级安全设置

④IUSR 用户对 download 目录和 incoming 目录的特殊权限设置,如图 5-19 和图 5-20 所示。

IUSR 用户对 download 目录要赋予"读取权限"的原因是:匿名用户登录 FTP 服务器后要列出 FTP 的目录列表,就必须要有读取该文件夹的权限。另外,incoming 目录对 IUSR 用户来说,一是要允许目录浏览;二是要允许上传文件或文件夹,但不允许下载(也就是对文件没有读的权限),所以其特殊权限只

学习情境5 FTP服务器安装、配置与管理

应用于"此文件夹和子文件夹",而不针对文件,就能实现只允许上传而不允许下载。

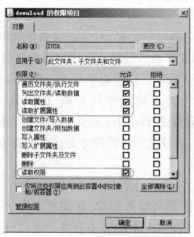 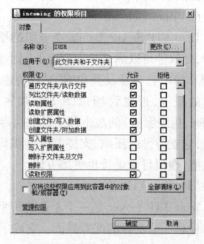

图 5-19 download 目录的特殊权限设置　　图 5-20 incoming 目录的特殊权限设置

任务2　Win2K8 常用第三方 FTP 服务器软件的安装与管理

知识准备

1. Win2K8R2 中自带 FTP 服务的特点

微软自带的 IIS 下的 FTP 服务器组件虽然安装简单,但管理功能不强,只有简单的账户管理、目录权限设置、消息设置、连接用户管理等。无法实现针对用户进行传输速率的限制和多线程下载的限制。其主要的用途是作为 Web 服务器的一个组件,实现对 Web 站点的维护,不太适合用于专门的 FTP 服务器。

2. 常见 Windows 环境下主流企业级 FTP 服务器软件

(1) Serv-U FTP Server

Serv-U FTP Server 是 Windows 下一个比较知名的 FTP 服务器软件,它设置

简单,功能强大,性能稳定。它并不是简单地提供文件的下载,还为用户的系统安全提供了相当全面的保护,包括设定密码、使用者权限、使用者 IP 登录等。

(2) Titan FTP Server

Titan FTP Server 是一款企业级的服务器软件产品,凭借其优秀的性能和适应性,此软件可以满足从大型企业到小型工作组的需求。其用户界面类似 Serv-U,操作简单且容易设置和维护;在功能上与 Serv-U 比起来毫不逊色,支持多网域名的服务、带宽管理、TLS/SSL 加密、上传下载比率的管理、DoS(Denial of Service,拒绝服务)的攻击预防及防病毒软件的 Plug-in(插件)等功能。更主要的是,它支持发送压缩、支持 UTF-8 编码、在目录文件管理方面比后者拥有更多的功能,虚拟目录设置也更加方便。

(3) Wing FTP Server

Wing FTP Server 是一个专业的跨平台 FTP 服务器端,它拥有不错的速度、可靠性和一个友好的配置界面。它除了能提供 FTP 的基本服务功能以外,还能提供管理员终端、任务计划、基于 Web 的客户端和 Lua 脚本(一个小巧的嵌入式脚本语言)扩展等,它还支持虚拟文件夹、上传下载比率分配、磁盘容量分配、ODBC/MySQL 存储账户等特性,支持 Windows,Linux,MacOS 和 Solaris 操作系统。

(4) Xlight FTP Server

Xlight FTP Server 是一款非常易用的 FTP 服务器,功能不逊于 Serv-U,且易于上手。Xlight FTP Server 为了保证其高性能,程序全部采用用 C 语言开发,服务器运行时占用很少的系统资源;它具有高效网络算法,在有大量用户的情况下,也能充分利用 FTP 服务器带宽,轻松处理数千用户的同时下载。

任务实施

1. **安装配置** Titan FTP Server

(1) 下载与安装 Titan FTP Server

用户可以到 Titan FTP Server 官网"http://www.southrivertech.com/"下载最新版本的软件进行试用,本书采用的是 v8.10 版本。由于 Win2K8R2 是 64 位操作系统,注意应下载对应的 64 版本"titanftp64.exe"安装程序。下载完成后执行该应用程序,根据安装向导提示进行安装并重启操作系统。成功安装后,桌面及右下角任务栏会多一个 Titan FTP Server 的图标,右击任务栏的图标,在弹出的快捷菜单中可以进行 FTP 服务器的管理,如图 5-21 所示。

学习情境5　FTP服务器安装、配置与管理

图 5-21　Titan FTP Server 任务栏快捷菜单

（2）创建 FTP 站点

①双击桌面的 Titan FTP Server 图标，打开如图 5-22 所示的对话框。

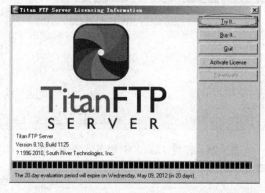

图 5-22　Titan FTP 服务器试用对话框

②单击"Try It"按钮，然后在欢迎对话框中单击"下一步"按钮，打开如图 5-23 所示的对话框，设置本地域名"Local Domain Name"为"ftp.fjcc.com"，其余根据用户需要进行设置，此处保留默认值。

③单击"下一步"按钮，打开如图 5-24 所示的对话框，设置该 FTP 服务器的管理员账号和密码。

④单击"下一步"按钮，打开如图 5-25 所示的对话框，设置服务器是否允许远程管理功能，此处按默认值不进行设置。

⑤单击"下一步"按钮，打开如图 5-26 所示的对话框，表示 FTP 服务器域名设置完成，提示用户是否启动向导进行配置一台新的 FTP 服务器。

⑥单击"完成"按钮，打开如图 5-27 所示的登录窗口，表示用户可以登录 FTP 服务器进行管理了。

⑦输入管理员账号和密码后，单击"Ok"按钮登录到 FTP 服务器窗口，打开

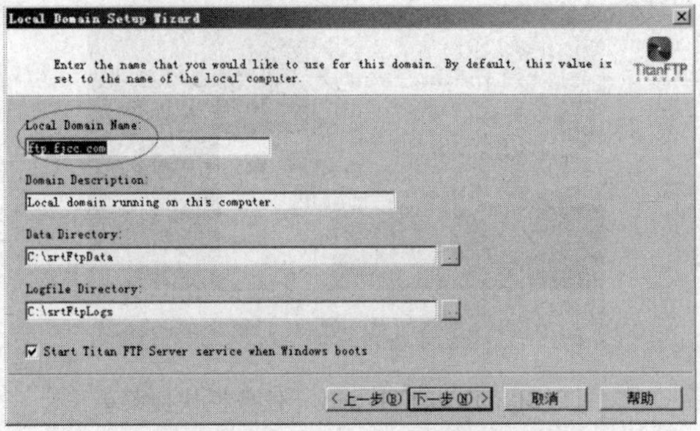

图 5-23　设置 Titan FTP 服务器域名

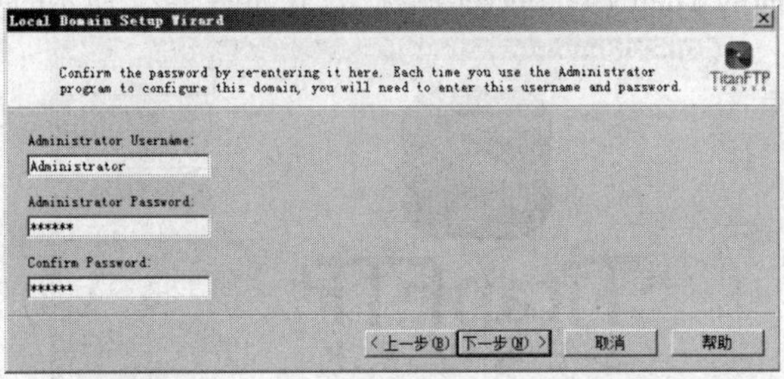

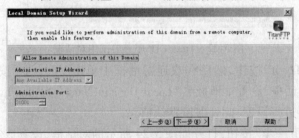

图 5-24　设置 Titan FTP 服务器管理员账号

图 5-25　设置 Titan FTP 服务器是否允许远程管理

图 5-26　设置 Titan FTP 服务器域名完成

如图 5-28 所示的新 FTP 服务器向导对话框,输入服务器名称"Server Name"为"fjcc-ftp",设置 FTP 服务器所用的 IP 地址,并设置下载目录"Data Directory"为"C:\download"。

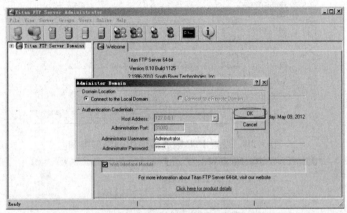

图 5-27 登录 Titan FTP 服务器

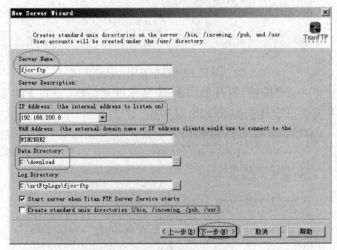

图 5-28 新 FTP 服务器向导

⑧单击"下一步"按钮,打开如图 5-29 所示的对话框,按默认只启用 FTP 服务。

⑨单击"下一步"按钮,打开如图 5-30 所示的对话框,在此设置 FTP 服务器用户认证方式,Titan FTP 服务器支持自己的身份认证和与 Windows 集成的身份认证方式。此处选择 Titan FTP 服务器自己的身份认证方式。

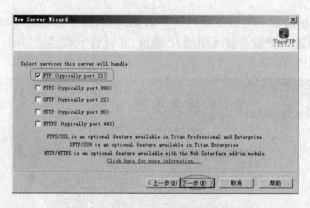

图 5-29 设置 FTP 服务器使用的服务类型

图 5-30 设置 FTP 服务器用户认证方式

⑩单击"下一步"按钮,打开如图 5-31 所示的对话框,设置 FTP 服务器使用的端口号,并允许匿名用户登录 FTP 服务器。

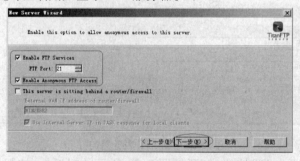

图 5-31 设置 FTP 服务器端口号及允许匿名登录

⑪单击"下一步"按钮,打开如图 5-32 所示的对话框,设置是否让 FTP 服务器通过发送邮件服务器给用户发送邮件通知,此处不进行设置。

⑫单击"下一步"按钮,打开如图 5-33 所示的对话框,单击"完成"按钮完成 FTP 服务器的新建。

学习情境5　FTP服务器安装、配置与管理

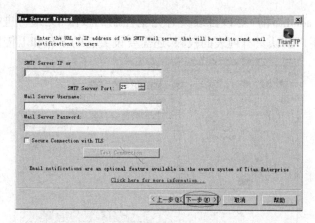

图5-32　设置FTP服务器发送邮件的服务器地址

图5-33　完成FTP服务器的新建

2. 管理Titan FTP Server用户账号及权限设置

上述完成FTP服务器的新建后，系统会自动创建一个匿名用户账号"anonymous"，并且该账户只有浏览FTP目录的权限，但不能下载文件。

（1）新建admin管理员用户

①在如图5-34所示的管理主窗口左侧操作栏中，单击"Users"节点，而后在右侧窗口中单击"New User"按钮。

②系统打开如图5-35所示的对话框中，在此输入管理员用户admin的用户名和密码。

③单击"下一步"按钮，打开如图5-36所示的对话框，在此用户可以设置新FTP用户的所属组。

④单击"下一步"按钮，打开如图5-37所示的对话框，在此设置admin用户的主目录为"C:\download"，单击"完成"按钮完成新用户的添加。

（2）设置匿名用户anonymous的权限

对于上面新建的admin用户来说，由于将"C:\download"设置为它的主目

录,所以默认 admin 用户对该目录具有完全控制的权限,无须再进行权限设置了。而匿名用户默认只有列表的权限,还需要设置它的下载和上传目录权限。

图 5-34 管理 FTP 服务器的用户

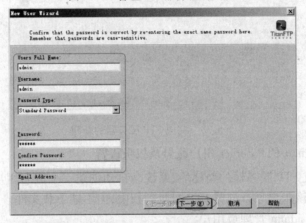

图 5-35 添加 FTP 服务器的管理员用户

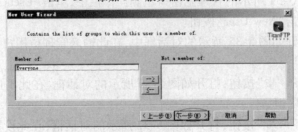

图 5-36 设置 FTP 用户的所属组

学习情境5 FTP服务器安装、配置与管理

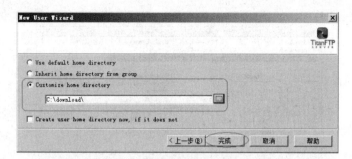

图 5-37 设置 FTP 用户的所属组

①按如图 5-38 所示,展开管理主窗口左边的目录树,单击"Files/Directories",在窗口右边单击"Directory Access"选项卡,然后单击列表窗口中的"C:\download"(非默认组权限);设置匿名用户对该目录的文件访问权限为"Read/Download Files",子目录权限为"Can View Directory Listing",取消勾选"Apply rights to Subdirectories"禁止将权限应用到子目录(因为 incoming 目录是 download 的子目录)。

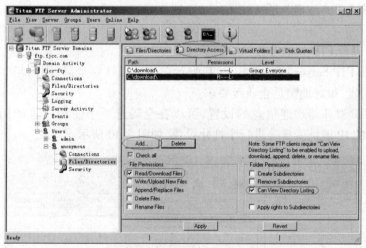

图 5-38 设置匿名用户的 C:\download 目录权限

②单击"Add"按钮,添加对"C:\download\incoming"目录的权限设置,设置匿名用户对该目录的文件访问权限为"Write/Upload New Files",子目录权限为"Create Subdirectories""Can View Directory Listing",勾选"Apply rights to Subdirectories",如图 5-39 所示。

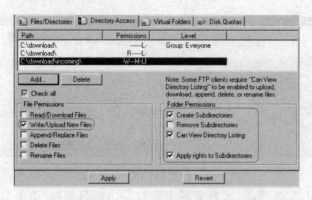

图 5-39　设置匿名用户的 C:\download\incoming 目录权限

【小链接】

如果 incoming 目录不作为 download 的子目录,可以利用 Titan FTP Server 的虚拟目录"Virtual Folders"功能,分别进行权限的设置,也可以实现任务中要求的指定匿名用户访问权限功能。

(3) 设置 FTP 其他参数

Titan FTP Server 的功能强大,其配置选项可以针对全局、用户组和用户分别进行设置,很好地满足企业级要求。

① FTP 服务器欢迎信息的设置,可以在全局选项中使用内置的用户名变量,登录的 IP 地址变量等进行个性化设置,如图 5-40 所示。

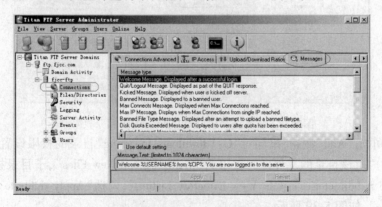

图 5-40　设置登录 FTP 服务器的欢迎信息

②限制部分 IP 网段的主机访问 FTP 服务器,可以在如图 5-40 所示的"IP Access"选项卡中进行设置。

③限制同时连接 FTP 服务器的并发用户数,以及限制相同 IP 用户的多线程连接数,可以在如图 5-41 所示的"Connections General"选项卡中进行设置。

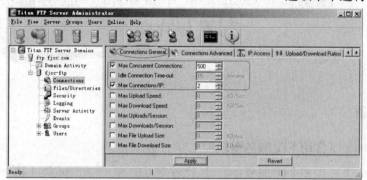

图 5-41　设置登录 FTP 服务器的连接数

④设置匿名用户的最大传输速率,可以在如图 5-42 所示的匿名用户"Connections General"选项卡中进行设置。

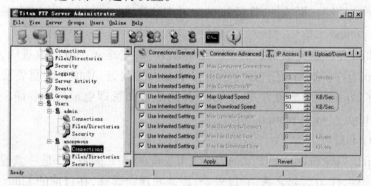

图 5-42　设置匿名用户的上传和下载速率

任务3　CentOS 6 中 VSFTPD 服务器配置与管理

知识准备

1. Linux 下常用 FTP 服务器软件

Linux 下有很多 FTP 服务器软件，比较常见的有 wu-ftp、proftpd 和 vsftpd 等。

（1）wu-ftp

wu-ftp（Washington University FTP）是一个性能优秀的 FTP 服务器软件，由于它具有众多强大功能和超大的吞吐量，在早期的绝大多数 Linux 发行版本中，都自带了此软件。据统计，曾经 Internet 上的 FTP 服务器 60% 以上都采用了它。

（2）proftpd

proftpd 是一款开放源码的 FTP 服务器软件，它是 wu-ftp 的改进版，它修正了 wu-ftp 的许多缺陷，在许多方面进行了重大的改进，其中一个重要变化就是它学习了 Apache 的配置方式，使 proftpd 的配置和管理更加简单易懂。其官方网站为：http://www.proftpd.org/。

（3）vsftpd

vsftpd（Very Secure FTP Daemon，非常安全的 FTP 服务器）是一款遵循 GPL 的自由软件，作为后起之秀，它以安全、高速和稳定著称，在目前的 Linux 发行版本中，都自带了此软件，而抛弃了 wu-ftp。其官方网站为：http://vsftpd.beasts.org/。vsftpd 的主要特点有：

①安全性。vsftpd 设计的出发点就是安全性，严格的进程权限控制和对 chroot 的支持，使 vsftpd 享有"世界上最安全的 FTP 服务器"的称号。

②高速。使用 ASCII 模式下载数据时，vsftpd 的速度要比其他软件快得多，在千兆以太网上的下载速度可达 86 Mbit/s。

③稳定性。vsftpd 可以在单机（非集群）上支持 4 000 个以上的并发用户同时连接，据 ftp.redhat.com 统计，vsftpd 可以支持 15 000 个并发用户。

④匿名 FTP 服务配置十分方便，不需要特殊的目录结构、系统程序或其他系统文件。

⑤支持基于 IP 的虚拟 FTP 服务器。

⑥支持虚拟用户，每个用户可以有独立的配置。

⑦支持 pam 等认证方式。

⑧不执行任何外部程序，从而减少了安全隐患。

⑨可以设置为从 inetd 启动，这样可以减轻服务器的负担，或者设置为独立 FTP 服务器两种运行方式。

⑩支持单 IP 限制和带宽限制。

2. vsftpd 服务器的用户分类

正常情况下，用户必须经过身份验证才能登录 vsftpd 服务器，然后才能访问和传输该服务器上的文件。vsftpd 服务器的用户分为 3 类：

（1）匿名用户

此类用户名称固定采用 anonymous 或 ftp，以用户的 E-mail 地址作为登录口令。匿名用户对应于 Linux 系统中的 ftp 账号，默认主目录为"/var/ftp"。

（2）本地用户

这就是在 Linux 系统中创建的用户，一般情况下有自己的主目录，登录到 FTP 服务器后自动切换到用户的主目录。因为此类用户可以访问整个目录结构，对系统安全带来了较大威胁，在对安全级别较高的环境中，一般不建议使用 Linux 系统中的真实账号来访问 FTP 服务器。

（3）虚拟用户

此类用户的登录名称可以是任意的，每个虚拟用户有独立的登录口令和配置文件，但都对应于 Linux 系统中的 guest 账号。虚拟用户登录 FTP 服务器后，不能访问除宿主目录以外的内容。

3. umask 权限掩码

umask 的功能类似于设置网络上的子网掩码，不同的是网络上的子网掩码是与 IP 地址进行"与"运算，而 umask 权限掩码是和最大权限值进行的是"异或"运算。Linux 系统中，目录的最大权限是 777（rwxrwxrwx），而文件的最大权限是 666（rw-rw-rw-）。

任务实施

1. 在字符界面中用 YUM 软件包管理程序安装 VSFTPD 服务组件

由于安装 CentOS 6 时,默认 vsftpd 不会自动安装到计算机中,需要手动安装此组件。先按前面任务的方法,确保系统已经接入 Internet 并配置好 YUM 源后,通过在终端命令行窗口中执行"yum install vsftpd"命令进行安装,如图 5-43 所示。

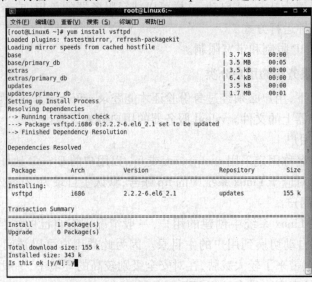

图 5-43　使用 YUM 安装 vsftpd

YUM 软件包管理程序会自动下载 vsftpd 及相关组件(默认下载的相关组件和包文件会被存放到/var/cache/yum/目录中),用户根据系统提示进行确认并完成安装,然后用如下 rpm 命令确认是否成功安装。

[root@ Linux6 ~]# rpm -qa vsftpd
vsftpd-2.2.2-6.el6_2.1.i686

2. 启动并测试 VSFTPD 服务

vsftpd 服务安装完成后,不需要进行任何配置,启动 vsftpd 服务后就可以为匿名用户提供 FTP 服务了,当然事先要关闭防火墙和 SELinux 或把 FTP 服务加入到防火墙的"可信的服务"中。启动 vsftpd 服务的命令为"service vsftpd start",启动后可以使用 Linux 自带的 Firefox 浏览器打开"ftp://127.0.0.1"网页,如图 5-44 所示。

图 5-44　测试匿名用户登录 FTP 服务器

在网络上的其他计算机中测试访问 FTP 服务器,可以用 IE 浏览器或 Windows 的资源管理器进行浏览,直接在"我的电脑"地址栏输入"ftp://192.168.200.10",按回车键后即可浏览 FTP 服务器资源,如图 5-44 所示。如需要使用非匿名用户登录 FTP 服务器,可以单击"文件"中的"登录"命令,输入用户名和密码即可,或直接在地址栏输入"ftp://用户名:密码@FTP 服务器地址"的方式来登录。

也可以使用 Windows 的命令行窗口,通过 ftp 命令登录 FTP 服务器,按如下命令进行测试(//后为注释)。

```
C:\Documents and Settings\Administrator > ftp 192.168.200.10
Connected to 192.168.200.10.
220 ( vsFTPd 2.2.2)                    //显示 vsftpd 的版本
User (192.168.200.10:(none)): anonymous   //登录名,也可以使用 ftp 作为用户名
331 Please specify the password.       //提示输入口令,一般用 E-mail 地址作为
                                         口令
Password:                              //其实包含@即可,有些系统可以不用输入
230 Login successful.
ftp > ls                               //显示文件列表
200 PORT command successful. Consider using PASV.
150 Here comes the directory listing.
Pub                                    //默认有一个公共的 Pub 字目录
226 Directory send OK.
ftp:收到 5 字节,用时 0.00Seconds 5000.00Kbytes/sec.
ftp > quit                             //退出登录 FTP 服务器
221 Goodbye.
```

3. 创建不允许登录 Linux 系统的 FTP 用户

作为 FTP 服务器的用户，一般不建议让其直接登录 Linux 系统，只能让其通过 FTP 登录访问。以下命令是创建 admin 用户，并指定其主目录及更改密码。

```
[root@ Linux6 ~]# useradd  -s  /sbin/nologin  -d  /home/download  admin
[root@ Linux6 ~]# passwd  admin
```

useradd 命令中，参数"-s /sbin/nologin"是表示让创建的用户不能登录 Linux 系统，参数"-d"用来指定用户的主目录。

4. 修改 ftp 匿名用户的主目录

ftp 为 Linux 系统中系统账号，其默认主目录为"/var/ftp"，匿名用户登录 FTP 服务器后，显示的也是这个目录。为了实现匿名用户和 admin 用户登录到 FTP 服务器后显示同一目录列表，但配置的权限不一样，建议在"/home"目录下建立如图 5-45 所示的目录结构。

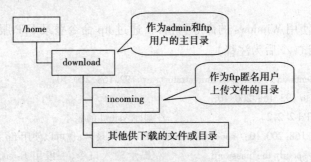

图 5-45 FTP 服务器目录结构设置

更改 ftp 匿名用户的主目录和建立 incoming 目录，以及将 incoming 目录的所有者更改为 admin 的命令如下所示。

```
[root@ Linux6 ~]# usermod  -d  /home/download  -U  ftp
[root@ Linux6 ~]# mkdir   /home/download/incoming
[root@ Linux6 ~]# chown  admin  /home/download/incoming
```

usermod 命令用来修改用户账号的各项设定值，参数"-d"后为指定的用户主目录，参数"-U ftp"表示针对 FTP 用户。

5. 更改匿名 FTP 用户的访问权限

虽然上面已经将匿名 FTP 用户的主目录更改为/home/download，但默认情况下匿名 FTP 用户并没有访问此目录的权限,为了实现匿名 FTP 用户对/home /download 目录有读的权限,以及对/home/download/incoming 目录有写的权限, 需要通过下面命令进行权限设置。

```
//设置其他用户可以对 download 目录有读的权限,当然也包括匿名 FTP 用户
[root@ Linux6 ~ ]# chmod  o + r  /home/download
[root@ Linux6 ~ ]# chmod  o + x  /home/download
//设置其他用户可以对 incoming 目录有写入的权限
[root@ Linux6 ~ ]# chmod  o + w  /home/download/incoming
```

以上权限设置,并不能实现匿名 FTP 用户对/home/download/incoming 目录只能写而不能读,要实现此功能,还需要进行配置 vsftp 服务器的权限访问控制参数。

6. 配置允许本地和匿名用户登录的 FTP 服务器

(1) 编辑 vsftpd. conf 配置文件

在 CentOS 6 中,与 vsftp 服务器有关的配置文件主要有/etc/vsftpd/vsftpd. conf,/etc/vsftpd/ftpusers,/etc/vsftpd/user_list 等,其中最主要的配置文件是/etc/vsftpd/vsftpd. conf。vsftp 服务组件安装后,默认的 vsftpd. conf 配置文件中包含了 FTP 服务的基本配置参数。文件中每条配置指令的格式为"option = value",每条指令独占一行,指令之前不能有空格,而且在 option = 和 value 之间也不能有空格,value 值之后也不能有空格。要实现上述任务提到的功能,备份原配置文件后,需按以下内容编辑修改 vsftpd. conf 配置文件(其中#后的为注释)。

```
#允许匿名用户(ftp 或 anonymous)登录 FTP 服务器
anonymous_enable = YES
#允许本地用户登录 FTP 服务器,其能否正常登录还需要看 pam 的配置情况
local_enable = YES
#允许本地用户有写的权限
write_enable = YES
#设置本地用户创建文件权限的反掩码,值为 022,则上传文件后,文件权限自动为 644
local_umask = 022
#允许匿名用户上传文件
anon_upload_enable = YES
```

#允许匿名用户有创建目录的权限
anon_mkdir_write_enable = YES
#修改匿名用户所上传文件的所有权,实现只能上传,不能下载,因为上传后文件的所有权变了
#如果是 admin 用户上传的文件,则匿名用户可以下载
chown_uploads = YES
#修改匿名用户所上传文件的所有权为 admin 用户
chown_username = admin
#设定匿名用户的根目录,即匿名用户登录后,被定位到此目录下
#主配置文件中默认无此项,默认值为/var/ftp/
anon_root = /home/download
#定义本地用户的根目录,当本地用户登录时,将被更换到此目录下
local_root = /home/download
#记录上传和下载的具体日志文件
xferlog_file = /var/log/vsftpd.log
#设定为 wu-ftp 相同的日志文件格式
xferlog_std_format = YES
#使用标准的 20 端口来连接 FTP 服务器
connect_from_port_20 = YES
#使用 ASCII 方式上传文件
ascii_upload_enable = YES
#使用 ASCII 方式下载文件
ascii_download_enable = YES
#登录 FTP 服务器后的欢迎信息
ftpd_banner = Welcometo fjcc FTP service.
#锁定本地用户在自己的主目录中,而不可以转到系统的其他目录
chroot_local_user = YES
#定义 FTP 服务器最大的连接数。当超过此值时,服务器拒绝客户端连接;值为 0,表示不限制
max_clients = 500
#定义每个 IP 地址最大的并发连接数。用来限制多线程下载工具软件;值为 0,表示不限制
max_per_ip = 2
#设定匿名用户的最大数据传输速度,以 b/s 为单位
anon_max_rate = 50000

```
#FTP 服务器将处于独立启动模式
listen = YES
#设置 PAM 认证服务的配置文件名称,该文件保存在"/etc/pam.d/"目录下
pam_service_name = vsftpd
#读取 user_list 文件中的用户列表,作为不允许登录的本地用户
userlist_enable = YES
#FTP 服务器将使用 tcp_wrappers 作为主机访问控制模式,具体参见文件/etc/
hosts.allow
tcp_wrappers = YES
```

（2）编辑/etc/hosts.allow 配置文件

在 Linux 系统中,/etc/hosts.allow 和/etc/hosts.deny 两个文件是用来控制远程访问设置用的,通过它可以允许或者拒绝某个 IP 或者 IP 网段的客户访问本机的某项服务。如后面要介绍的远程管理 SSH 服务,为了保证服务器安全,通常只对管理员开放,就需要禁用不必要的 IP,而只开放管理员可能使用到的 IP 段。此配置文件以行为单位,每行可以有 3 个字段,中间用冒号隔开,最后一个字段可以省略,默认为允许。第一个字段为系统服务的名称;第二个字段为主机列表。主机列表可以是 IP 地址、网段或域名后缀。

要实现任务中提到的限制某些主机访问 FTP 服务器,需在/etc/hosts.allow 文件中添加如下内容,注意前后顺序不能写反了。

```
vsftpd:192.168.1.1
vsftpd:192.168.1.:DENY
```

7. 测试 FTP 服务器

完成 vsftpd 服务配置后,可以通过各种方式测试 FTP 服务器是否满足预期的要求,一般有下列几种测试方法:

①利用系统自带的图形界面浏览器或资源管理器进行基本功能测试。

②利用专门的 FTP 客户端软件,用来测试 FTP 服务器的多线程下载和显示下载速度(如:迅雷、快车等)。

③利用专门的服务器压力测试软件,用来测试最大并发数连接。

为了提高效率,下面介绍在 Windows 客户端中,利用字符界面的 FTP 命令测试 FTP 服务器。

(1)事先在服务器端生成供下载的测试文件和目录

下面通过 root 用户,使用 mkdir 命令在 FTP 根目录中创建一个 software 子目录,以及使用 ll 命令(等同于 ls -1)将 root 用户主目录下的文件列表内容,重新定向到 down1.txt 文件中,如果/home/download/down1.txt 文件不存在,就会被创建。

```
[root@ Linux6 ~]# mkdir   /home/download/software
[root@ Linux6 ~]# ll   >   /home/download/down1.txt
```

(2)测试匿名用户登录 FTP 服务器,上传和下载功能

```
//利用重定向,生成一个用来上传的测试文件 up1.txt,dir 为显示当前目录内容
C:\Documents and Settings\Administrator>dir   >   up1.txt
C:\Documents and Settings\Administrator>ftp   192.168.200.10
Connected to 192.168.200.10.
220 Welcome to fjcc FTP service.            //登录 FTP 服务器的欢迎信息
User (192.168.200.10:(none)): ftp            //匿名登录账号
331 Please specify the password.
Password:
230 Login successful.
ftp> ?                                       //显示 FTP 可用命令列表
Commands may be abbreviated.    Commands are:
!              delete         literal        prompt         send
?              debug          ls             put            status
append         dir            mdelete        pwd            trace
ascii          disconnect     mdir           quit           type
bell           get            mget           quote          user
binary         glob           mkdir          recv           verbose
bye            hash           mls            remotehelp
cd             help           mput           rename
close          lcd            open           rmdir
ftp> ls -l                                   //显示 FTP 下的文件列表
200 PORT command successful. Consider using PASV.
```

```
150 Here comes the directory listing.
-rw-r--r--    10         0         1222 Mar 03 07:31 down1.txt
drwxr-xrwx    2500       0         4096 Mar 02 04:41 incoming
drwxr-xr-x    20         0         4096 Mar 03 07:30 software
226 Directory send OK.
ftp：收到 199 字节，用时 0.00Seconds 199000.00Kbytes/sec.
ftp > get down1.txt              //下载 down1.txt 文件
200 PORT command successful. Consider using PASV.
150 Opening BINARY mode data connection for down1.txt (1222 bytes).
226 Transfer complete.
ftp：收到 1222 字节，用时 0.00Seconds 1222000.00Kbytes/sec.
ftp > cd incoming                //切换到 incoming 目录下
250 Directory successfully changed.
ftp > put up1.txt                //上传 up1.txt 文件
200 PORT command successful. Consider using PASV.
150 Ok to send data.
226 Transfer complete.
ftp：发送 513 字节，用时 0.00Seconds 513000.00Kbytes/sec.
ftp > get up1.txt                //尝试下载刚上传的文件
200 PORT command successful. Consider using PASV.
550 Failed to open file.         //下载失败
ftp > delete up1.txt             //尝试删除刚上传的文件
550 Permission denied.           //权限拒绝，删除失败
ftp > cd /software               //切换到 software 目录下
250 Directory successfully changed.
ftp > put up1.txt                //尝试上传 up1.txt 文件
200 PORT command successful. Consider using PASV.
553 Could not create file.       //此目录没有写的权限，上传失败
ftp > bye                        //退出登录
221 Goodbye.
```

(3) 测试管理员 admin 用户登录 FTP 服务器，上传、下载和删除功能

```
C:\Documents and Settings\Administrator > ftp  192.168.200.10
Connected to 192.168.200.10.
220 Welcome to fjcc FTP service.           //登录 FTP 服务器的欢迎信息
User (192.168.200.10:(none)): admin        //以管理员 admin 登录
331 Please specify the password.
Password:
230 Login successful.
ftp > ls -l                                //显示 FTP 下的文件列表
200 PORT command successful. Consider using PASV.
150 Here comes the directory listing.
-rw-r--r--    10        0           12 Mar 03 08:45 down1.txt
drwxr-xrwx    2500      0           4096 Mar 02 04:41 incoming
drwxr-xr-x    20        0           4096 Mar 03 07:30 software
226 Directory send OK.
ftp: 收到 199 字节,用时 0.00Seconds 199000.00Kbytes/sec.
ftp > cd /                                 //尝试切换到系统根目录下
250 Directory successfully changed.
ftp > ls -l                                //查看是否锁定在用户主目录下
200 PORT command successful. Consider using PASV.
150 Here comes the directory listing.
-rw-r--r--    10        0           12 Mar 03 08:45 down1.txt
drwxr-xrwx    2500      0           4096 Mar 03 08:46 incoming
drwxr-xr-x    20        0           4096 Mar 03 07:30 software
226 Directory send OK.
ftp: 收到 199 字节,用时 0.00Seconds 199000.00Kbytes/sec.
ftp > put up1.txt up2.txt                  //上传本地 up1.txt 文件,并改名为 up2.txt
200 PORT command successful. Consider using PASV.
150 Ok to send data.
226 Transfer complete.
ftp: 发送 513 字节,用时 0.02Seconds 32.06Kbytes/sec.
ftp > delete down1.txt                     //尝试删除服务器上的 down1.txt 文件
250 Delete operation successful.           //成功删除
ftp > get /incoming/up1.txt up2.txt
200 PORT command successful. Consider using PASV.
```

学习情境5 FTP服务器安装、配置与管理

```
150 Opening BINARY mode data connection for /incoming/up1.txt (513 bytes).
226 Transfer complete.
ftp：收到 513 字节,用时 0.00Seconds 513000.00Kbytes/sec.
ftp > delete /incoming/up1.txt        //尝试删除匿名用户上传的文件
250 Delete operation successful.       //成功删除
ftp > ls -l
200 PORT command successful. Consider using PASV.
150 Here comes the directory listing.
drwxr-xrwx    2500     0          4096 Mar 03 08:51 incoming
drwxr-xr-x    20       0          4096 Mar 03 07:30 software
-rw-r--r--    1500     50         513 Mar 03 08:50 up2.txt
226 Directory send OK.
ftp：收到 197 字节,用时 0.00Seconds 197000.00Kbytes/sec.
ftp > quit                            //退出登录
221 Goodbye.
```

(4)字符界面查看 FTP 服务器的访问日志

根据上述的 vsftpd.conf 配置文件,日志文件为/var/log/vsftpd.log,系统管理员应该养成经常查看日志的习惯,通过系统日志可以发现系统是否运行正常,进行系统优化或加固等。查看日志文件内容,除了可以用 vi 编辑器直接打开文件查看外,还可以使用下面命令进行查看。

```
[root@ Linux6 ~ ]# tail   /var/log/vsftpd.log     #默认显示文件内容的尾部 10 行
                                                  内容
[root@ Linux6 ~ ]# head   /var/log/vsftpd.log     #默认显示文件内容的前 10 行内容
[root@ Linux6 ~ ]# cat    /var/log/vsftpd.log     #显示文件的所有内容
[root@ Linux6 ~ ]# more   /var/log/vsftpd.log     #逐页显示文件内容,方便用户进
                                                  行阅读
```

拓展训练

1. 安装配置个人 FTP 服务器 Serv-U

虽然目前要实现文件的共享可以有很多方式,但有时构建一个简易的局域网个人 FTP 服务器实现跨操作系统的文档上传和下载,用 Serv-U 作个人的 FTP 服务器是很好的选择。如:在企业培训中,要求学员下载培训文档和上传作业文档,

上传的文档不能被其他用户下载,用 Serv-U 就可以快速部署和完成此任务。

(1)下载 Serv-U

在此推荐 Serv-U 早期的 6.0 版本,建议用户到 Internet 上搜索下载 Serv-U FTP Server 6.0 汉化绿色版。Serv-U6.0 可以运行于大多数 Windows 系列个人和网络服务器操作系统上,无须安装,只需要配置 FTP 的上传和下载用户信息及其他参数即可。

(2)运行并配置 Serv-U 程序

Serv-U 主要由服务器引擎和用户管理主程序两部分组成,"ServUDaemon.exe"为服务器引擎,其实就是一个常驻后台的程序,也是 Serv-U 整个软件的心脏部分,它负责处理来自各种 FTP 客户端软件的 FTP 命令,也是负责执行各种文件传送的程序。Serv-U 服务器引擎程序也可以注册为 Windows 系统下的一个本地系统服务来运行,让它随操作系统的启动而开始运行。"ServUAdmin.exe"为用户管理主程序,在该主程序窗口中,用户可以进行配置 Serv-U,包括创建域、定义用户,并告诉服务器是否可以访问等各种操作,如图 5-46 所示。

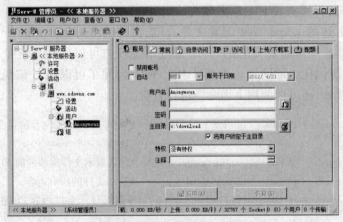

图 5-46　Serv-U 用户管理主程序

(3)训练任务要求

按照情景再现与任务分析中的任务要求,试着用 Serv-U 完成 FTP 服务器的搭建。主要就是创建 FTP 匿名用户和管理员用户,设置相关的主目录和访问权限。

2. 安装配置 Xlight FTP Server

(1)下载 Xlight FTP Server

用户可以到"http://www.xlightftpd.com/cn/"下载 Xlight FTP Server 的最

新版本。Xlight FTP 服务器目前有 3 个版本:个人版、标准版和专业版。个人版本只对个人使用是免费的,如果是非个人使用,需要注册标准版或专业版。在试用期 30 天内,可以使用专业版本的功能,到期如果没有注册,该 FTP 服务器自动变成个人版。

（2）运行并配置 Xlight FTP 服务器

配置 Xlight FTP 服务器在主程序"xlight.exe"中进行,其管理界面如图 5-47 所示。配置一台 Xlight FTP 服务器主要有以下几个步骤:

①增加虚拟服务器,设置 IP 地址和端口号;

②为虚拟服务器添加用户账号,并设置用户主目录;

③修改用户的下载权限。如果创建匿名账号,则默认允许下载主目录中的文档;

④设置其他 FTP 参数;

⑤启动虚拟 FTP 服务器。

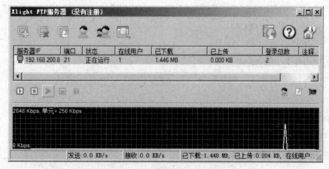

图 5-47　Xlight FTP 管理界面

（3）训练任务要求

按照情景再现与任务分析中的任务要求,试着用 Xlight FTP Server 软件完成 FTP 服务器的搭建。

3. 利用"yum remove"命令卸载 vsftpd 服务组件

在 Linux 系统中,利用"yum remove"命令卸载已安装的软件同样非常简单,需要注意的是,如果被卸载的软件包和系统其他软件包有依赖关系,YUM 会提示是否把其他软件包一起卸载。软件包卸载后,系统会保留用户更改后的一些配置文件,以便下次再安装时使用,如下所示:

```
[root@ Linux6 ~]# yum    remove    vsftpd
Loaded plugins: fastestmirror, refresh-packagekit
Setting up Remove Process
Resolving Dependencies
--> Running transaction check
---> Package vsftpd.i686 0:2.2.2-6.el6_2.1 set to be erased
--> Finished Dependency Resolution
Dependencies Resolved

===============================================================
Package           Arch         Version              Repository       Size
===============================================================
Removing:
vsftpd            i686         2.2.2-6.el6_2.1      @updates        343 k
Transaction Summary
===============================================================
Remove        1 Package(s)
Reinstall     0 Package(s)
Downgrade     0 Package(s)

Is this ok [y/N]: y                    #在此输入 y 进行确认
Downloading Packages:
Running rpm_check_debug
Running Transaction Test
Transaction Test Succeeded
Running Transaction
  Erasing        : vsftpd-2.2.2-6.el6_2.1.i686                      1/1
warning: /etc/vsftpd/vsftpd.conf saved as /etc/vsftpd/vsftpd.conf.rpmsave
                              #上行为提示备份配置文件
Removed:
  vsftpd.i686 0:2.2.2-6.el6_2.1

Complete!
[root@ Linux6 ~]#
```

4. 安装配置以源代码发行的 proftpd 服务器软件包

Linux 软件以源代码发行是指提供了该软件所有程序源代码的发布形式，此类软件包需要用户自己编译成可执行的二进制代码并进行安装。其优点是配置灵活,可以随意去掉或保留某些功能模块,适应多种硬件或操作系统平台及编译环境,缺点是安装配置难度较大,对初学者而言使用起来比较困难。

为了方便用户下载,以源代码发行的软件包一般都进行了压缩打包处理。主要有两种打包方式:一种是 *.src.rpm 形式;另外一种是 *.tar.gz/*.tgz、*.bz2 形式。前一种形式使用 RPM 命令进行编译安装,在此介绍后一种形式的安装方法。

(1) 下载 proftpd 服务器软件包

到 proftpd 的官方网站 http://www.proftpd.org/下载 proftpd 的稳定版本 1.3.4a,文件名称为 proftpd-1.3.4a.tar.gz,将其拷贝到/usr/local/src 目录下。

(2) 用 tar 命令解压软件包

```
[root@Linux6 ~]# cd /usr/local/src
[root@Linux6 src]# tar -zxvf proftpd-1.3.4a.tar.gz
```

tar 的参数 z 是调用 gzip 解压,x 是解包,v 是校验,f 是显示结果,上面命令将 proftpd 软件包解压到 proftpd-1.3.4a 目录下。

(3) 配置 proftpd 源代码安装环境

```
[root@Linux6 src]# cd proftpd-1.3.4a
[root@Linux6 proftpd-1.3.4a]# ./configure
```

./configure 是安装源代码软件包的第一步,主要的作用是对即将安装的软件包进行配置,检查当前的环境是否满足要安装软件包的依赖关系。

(4) 编译安装 proftpd

```
[root@Linux6 ~]# make                          #编译文件
[root@Linux6 proftpd-1.3.4a]# make install     #安装编译成功的文件
```

成功完成 proftpd 的编译和安装后,系统会在/usr/local/etc/目录下有了一个默认的 proftpd 配置文件 proftpd.conf,可执行的二进制主程序在/usr/local/sbin/目录下。

(5) 安装服务控制脚本

为了能使 proftpd 可以使用"service proftpd start/stop/restart"方法管理其服务的运行,并让 proftpd 服务可以随 Linux 开机自启动,还需要进行如下服务控制脚本的处理。其中 chkconfig 命令主要用来更新(启动或停止)和查询系统服务的运行级信息,ln 命令用来连接文件或目录。

```
# cd    /usr/local/src/proftpd-1.3.4a
# cp    contrib/dist/rpm/proftpd.init.d   /etc/init.d/proftpd         //拷贝文件
# chmod   +x   /etc/init.d/proftpd                                    //加可执行权限
# chkconfig  --level  345  proftpd  on                                //开机自启动
# ln   -s   /usr/local/sbin/proftpd   /usr/sbin/proftpd               //建立软连接
```

etc/rc.d/init.d 目录下，存放的主要是系统或服务器以 System V 模式启动的脚本，proftpd 软件包提供了一个默认启动脚本文件，但其可执行文件默认为 /usr/sbin/proftpd，而实际安装后是 /usr/local/sbin/proftpd，故需要建立一个软连接进行替代，否则需要修改 proftpd 脚本中的内容，这对初学者来说比较复杂。

（6）编辑 proftpd.conf 配置文件

```
ServerName "fjcc"                    #设定 FTP 服务器的名称
ServerType standalone                #设置 FTP 以 Standalone 模式运行,而不是以 dameon
                                      模式
DefaultServer on                     #默认 FTP 服务器工作
Port 21                              #FTP 服务默认占用的端口
UseIPv6 off                          #关闭 IPv6 功能
Umask 022                            #默认文件掩码
MaxInstances 30                      #设置 proftpd 子进程的个数,每个客户端连接都会
                                      产生一个子进程
User nobody                          #设置 FTP 服务以 nobody 用户运行
Group nobody                         #设置 FTP 服务以 nobody 用户组运行
DefaultRoot /home/download           #设置 FTP 默认主目录
AllowOverwrite on                    #允许同名文件覆盖
<Limit SITE_CHMOD>
  DenyAll                            #锁定在 FTP 目录下
</Limit>
<Anonymous /home/download>           #管理员 admin 相关权限设置
  User admin                         #管理员 admin 用户
  AnonRequirePassword on             #要求输入登录密码
<Directory /home/download>
<Limit READ RETR DELE RNFR RNTO STOR MKD DIRS>
    AllowAll                         #允许/home/download 目录下的所有权限
</Limit>
</Directory>
<Directory /home/download/incoming>
<Limit READ RETR DELE RNFR RNTO STOR MKD DIRS>
    AllowAll                         #允许/home/download/incoming 目录下的所有权限
</Limit>
```

学习情境5 FTP服务器安装、配置与管理

```
</Directory>
</Anonymous>
<Anonymous /home/download>
  User ftp                    #匿名登录使用 ftp 用户
  Group ftp                   #匿名登录使用 ftp 用户组
  UserAlias anonymous ftp     #给 ftp 用户 anonymous 的别名
  MaxClients 10               # 最多 10 个匿名用户同时在线
  DisplayLogin welcome.msg    # 登录 FTP 显示的欢迎信息文件,放在 FTP 的根目录下
  DisplayChdir .message
<Limit WRITE>
    DenyAll                   # 设置一般目录不允许写
</Limit>
<Directory /home/download/incoming>
<Limit READ RETR DELE RNFR RNTO>
    DenyAll                   # 不允许对/home/download/incoming 目录读和下载
</Limit>
<Limit STOR MKD DIRS>
    AllowAll   #允许对/home/download/incoming 目录上传和建子目录
</Limit>
</Directory>
</Anonymous>
```

有关控制 FTP 用户对目录权限的 Limit 选项解释,参见表 5-2。

表 5-2 Limit 控制用户权限

项 目	说 明
CWD	Change Working Directory 改变目录
MKD	MaKe Directory 建立目录的权限
RNFR	ReName FRom 更改目录名的权限
DELE	DELEte 删除文件的权限
RMD	ReMove Directory 删除目录的权限
RETR	RETRieve 从服务端下载到客户端的权限
STOR	STORe 从客户端上传到服务端的权限
READ	读取文件内容的权限,包括 RETR,STAT 等
WRITE	写文件或者目录的权限,包括 MKD 和 RMD
DIRS	是否允许列目录,包括 LIST,NLST
LOGIN	是否允许登录的权限
ALL	所有权限

（7）启动和测试 proftpd 服务

除了使用"service proftpd start"方法启动 proftpd 服务外，还可以直接运行 proftpd 的可执行文件"/usr/local/sbin/proftpd"来启动 proftpd 服务；检查 proftpd 服务是否正常运行，可以用 ps（process status，显示进程运行情况）命令来查看其进程是否存在，或查看 21 端口是否打开，如下所示：

```
[root@ Linux6 ~]# /usr/local/sbin/proftpd            //启动 proftpd 服务
   [root@ Linux6 ~]# ps -ef | grep proftpd           //查看和 proftpd 有关的进程
nobody  4624   1   0 21:29 ?       00:00:00 proftpd:( accepting connections )
root    4627 4599  0 21:29 pts/0   00:00:00 grep proftpd
   [root@ Linux6 ~]# netstat -apn | grep proftpd     //查看和 proftpd 有关的端
                                                       口占用情况
tcp   0    0 0.0.0.0:21   0.0.0.0:*     LISTEN    4624/proftpd:( acce
unix  2   [ ]      DGRAM      42111    4624/proftpd:( acce
```

以上 ps 命令中，"-ef"参数表示返回系统中所有用户的所有进程的完整列表。

拓展阅读

1. 升级网络设备时使用的 TFTP 服务器

TFTP（Trivial File Transfer Protocol，简单文件传输协议）是 TCP/IP 协议族中的一个用来在客户机与服务器之间进行简单文件传输的协议，提供不复杂、开销不大的文件传输服务。TFTP 承载在 UDP 上，使用 69 号端口进行通信。提供不可靠的数据流传输服务，不提供存取授权与认证机制，使用超时重传方式来保证数据的到达。与 FTP 相比，TFTP 的大小要小得多。

在网络设备升级或配置文件备份时，经常用到 TFTP 服务器。如 CISCO 公司用于路由器的 IOS 升级与备份工作配套的基于 Windows 平台的 TFTP 服务器软件产品，它也可以用于个人建立 TFTP 服务器，软件中除服务器端程序外，还附带了一个命令行方式的 TFTP 客户端，文件名为 TFTP.EXE，用它可以测试连接 TFTP 服务器。此软件有一个问题是，当多个客户端同时访问 TFTP 服务器，并且"选项"中的"显示传输进程"开启后，会导致 TFTP 服务器无法访问。要避免此问题的发生，需要将"选项"中的"显示文件传输进程"选项取消即可，如图 5-48 所示。

学习情境5 FTP服务器安装、配置与管理

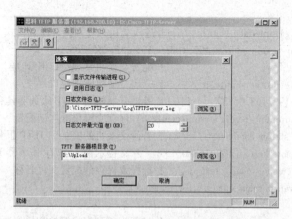

图 5-48 取消"显示文件传输进程"选项

TFTP 客户端的用法如下：

TFTP [-i] [-b blocksize] [-v] [-t timeout] [-s] host [GET | PUT] source [destination]

  -i   以二进制方式传输
  -b   传输过程中使用的块大小（默认为 512 字节）. 8-65464 字节
  -v   传输过程中显示详细的信息（冗余模式）.
  -t   超时（默认为 10 秒）. 可以设置为 1-255 秒
  -s   不使用 tsize 选项（默认启用）.
  host   指定本地或远程主机
  GET   下载文件
  PUT   上传文件
  source   指定要传输的文件名
  destination 指定传输的目的地

例如：
//主机 192.168.200.10 中以二进制方式下载 image.bin 文件到当前目录
D:\Cisco-TFTP-Server > tftp -i 192.168.200.10 get image.bin
//将本地当前目录中的 test.txt 文件上传到 192.168.200.10 主机中
D:\Cisco-TFTP-Server > tftp -i 192.168.200.10 put test.txt

  下面以锐捷 S2126G 交换机为例，交换机名为 SwitchA，安装 TFTP 服务器的 PC 机 IP 为 192.168.0.137/24，现要先将该交换机的配置文件备份到 TFTP 服务器上，然后从 TFTP 服务器上下载新的配置文件，操作方式如下。

```
SwitchA(config)#interface vlan 1        ！进入交换机管理接口配置模式
SwitchA(config-if)#ip address 192.168.0.138 255.255.255.0
                                        ！配置交换机管理接口 IP 地址
SwitchA(config-if)#no shutdown          ！开启交换机管理接口
SwitchA#ping 192.168.0.137              ！验证交换机与 TFTP 服务器具有网络连通性
SwitchA#copy running-config startup-config  ！保存交换机的当前配置
SwitchA#copy starup-config tftp：        ！备份交换机的配置到 TFTP 服务器
Address of remote host [ ]192.168.0.137  ！按提示输入 TFTP 服务器 IP 地址
Destination filename [ config.text ]?    ！选择要保存的配置文件名称
% Success ;Transmission success ,file length 302

SwitchA#copy tftp:startup-config        ！加载配置到交换机的初始配置文件中
Source filename [ ]? newcfg.text        ！按提示输入源文件名
Address of remote host [ ] 192.168.0.137 ！按提示输入 TFTP 服务器的 IP 地址
% Success ;Transmission success ,file length 508
SwitchA#reload                          ！重启交换机
```

2. 常用服务器压力测试软件

在配置 FTP 服务器任务中,要求同时连接 FTP 服务器的并发用户数为 500,对于管理员来说,要测试此功能并不是一件容易的事,一般要通过专门的服务器压力测试软件来实现。

随着 Web 应用的增多,服务器应用解决方案中以 Web 为核心的应用也越来越多,很多公司各种应用的架构都以 Web 应用为主。Web 应用软件的测试,除了软件本身功能的测试以外,还需要进行系统性能的测试。一个软件系统的性能包括执行效率、资源占用率、稳定性、安全性、兼容性、可靠性等。众所周知,服务器是整个网络系统和计算平台的核心,许多重要的数据都保存在服务器上,很多网络服务都在服务器上运行,因此服务器性能的好坏决定了整个应用系统的性能,所以,负载压力测试是服务器系统性能测试中重要的测试任务。

系统的负载和压力需要采用负载测试工具进行,虚拟一定数量的用户来测试系统的表现,看是否满足预期的设计指标要求。负载测试的目标是测试当负载逐渐增加时,系统组成部分的相应输出项,例如通过量、响应时间、CPU 负载、内存使用等如何决定系统的性能,例如稳定性和响应等。常用的负载测试工具有 LoadRunner、Webload、QALoad 等,不管是什么测试工具,其基本的技术都是利用多线程技术模仿和虚拟用户,主要的内容都是编写出测试脚本,脚本中一般包括用户常用的功能,然后运行,得出报告。比如:使用压力测试工具对 Web

服务器进行压力测试,可以帮助找到一些只有大量并发用户"暴力"使用后才会出现的一些问题,如死机、崩溃、内存泄漏等。因为有些存在内存泄漏问题的程序,在运行一两次时可能不会出现问题,但是如果运行了成千上万次,内存泄漏得越来越多,就会导致系统崩溃。

(1) Loadrunner

Loadrunner 是 Mercury Interactive(美科利)公司的产品,它是性能和压力测试工具中的佼佼者。

LoadRunner 是一种预测系统行为和性能的负载测试工具,通过模拟上千万用户实施并发负载及实时性能监测的方式来确认和查找问题,它能够对整个企业架构进行测试,适用于各种体系架构,能支持广范的协议和技术(如 Web、Ftp、Database 等),能预测系统行为并优化系统性能。它通过模拟实际用户的操作行为和实行实时性能监测,来帮助用户更快地查找和发现问题。

同时,Loadrunner 也是一个强大有力的压力测试工具,它的脚本可以录制生成,自动关联;测试场景面向指标,实现多方监控,而且测试结果采用图表显示,可以自由拆分组合。通过 Loadrunner 的测试结果图表对比,用户可以寻找出系统瓶颈的原因,一般来说可以按照服务器硬件、网络、应用程序、操作系统、中间件的顺序进行分析。

(2) TestView 系列

TestView 系列 Web 性能测试工具由 Radview 公司开发,旨在测试 Web 应用和 Web 服务的功能、性能、程序漏洞、兼容性、稳定性和抗攻击性。该测试软件包含 3 个模块:WebLoad,WebFT 以及 TestView Manager。

①Webload 性能测试和分析工具可以让 Web 应用程序开发者自动执行压力测试,它通过模拟真实用户的操作,生成压力负载来测试 Web 的性能。用户通过创建基于 javascript 的测试脚本来模拟客户的行为,通过执行该脚本来衡量 Web 应用程序在真实环境下的性能。Webload 能够在测试会话执行期间对监测的系统性能生成实时的报告,并通过一个易读的图形界面显示测试结果,也可以将测试结果导出到 Excel 和其他文件里。

②WebFT 帮助用户对 WEB 系统进行快速、有效的功能性测试。WebFT 模拟单用户对网站进行功能测试,支持 3 个测试级别:全局、页面和对象,用户可以测试系统或者页面的全部功能,也可以深入细致地测试页面上某个对象的功能。如:html 页面的某个属性、某个嵌入的 java 对象或者 ActiveX 控件。

③TestView Manager 用来管理和组织各种规模的测试活动,它可以定义任意数量和复杂度的脚本。它可以将各个测试脚本组成一个测试项目,用树形结

构来组织脚本的执行次序和相互关系,完全模拟用户访问 Web 的行为。Test-View Manager 可以为测试制订任意的执行时间表,时间表一旦制订,测试就可以在指定时间里运行,无须人为干预。

3. tar 软件包管理

tar 是 Linux 的一种标准文件打包归档格式,利用 tar 命令可将要备份归档保存的数据打包成扩展名为.tar 的文件,需要时再从.tar 文件中恢复。

(1)归档文件与压缩文件

归档文件(archive file)是一个文件和目录的集合,而这个集合被储存在一个文件中,默认情况下归档文件并不进行压缩处理。压缩文件(compressed file)也是一个文件和目录的集合,且这个集合也被储存在一个文件中,但是,它的压缩储存方式会使其所占用的磁盘空间比其包含的所有文件和目录的总和少。可以这么说,归档文件不是压缩文件,但是压缩文件可以是归档文件。

(2)图形化的压缩工具"归档管理器"

CentOS 6 中包括了一个图形化的压缩工具"归档管理器"。它可以压缩、解压,并归档文件和目录;支持通用的 UNIX 和 Linux 文件压缩和归档格式,而且它的界面简单、文档丰富;它还被集成到桌面环境和图形化文件管理器中,使处理归档文件的工作更加简便易行。打开"归档管理器"窗口方法是,单击屏幕顶端面板主菜单中的"应用程序"→"附件"→"归档管理器"命令。进行归档时只需要将目标文件夹拖入此窗口,然后根据需要进行其他选项设置即可,如图5-49所示。

图 5-49　归档管理器

学习情境5 FTP服务器安装、配置与管理

(3) 常用字符界面 tar 命令的使用

tar 的命令选项很多,对于初学者来说,学会下面的一些常用命令选项即可。

用法:tar ［主选项+辅助选项］文件或目录
常用的主选项有:
  -t 查看包中的文件列表
  -x 释放包
  -c 创建包
  -r 增加文件到包文档的末尾
常用的辅助选项有:
  -z 调用 gzip/gunzip 程序对 tar 包进行压缩
  -j 调用 bzip2 程序对 tar 包进行压缩
  -v 命令执行时显示详细提示信息
  -f 指定包文件的名称

举例如下:
1) 将/etc 目录下的所有文件打包到/opt/etc.tar 文件中,并显示打包的详细文件
[root@ Linux6 ~]# tar -cvf /opt/etc.tar /etc
2) 将/etc 目录下的所有文件打包并压缩
[root@ Linux6 ~]# tar -zcvf /opt/etc.tar.gz /etc   //使用 gzip 压缩
[root@ Linux6 ~]# tar -jcvf /opt/etc.tar.bz2 /etc   //使用 bzip2 压缩
3) 查看压缩包的内容
[root@ Linux6 ~]# tar -ztvf /opt/etc.tar.gz | more   //通过 more 分页显示
[root@ Linux6 ~]# tar -jtvf /opt/etc.tar.bz2
4) 将压缩包解压到当前目录下
[root@ Linux6 ~]# tar -zxvf /opt/etc.tar.gz
[root@ Linux6 ~]# tar -jxvf /opt/etc.tar.bz2

学习情境6　Web服务器安装、配置与管理

知识目标

1. 掌握 Windows Server 2008 下 IIS 服务的基本配置方法
2. 掌握 Windows Server 2008 下 SQL Server 数据库服务器的基本配置方法
3. 掌握 Linux 下 LAMP 环境的基本配置方法
4. 了解 HTTP、动态网站基本工作原理和有关概念、术语
5. 掌握 Web 服务器压力测试的基本方法

能力目标

1. 能根据企业实际情况,合理选择服务器操作系统和数据库系统
2. 学会在 Windows 服务器上配置.NET 和 IIS 运行环境和 SQL Server 数据库系统
3. 学会在 Linux 服务器上配置 Apache 和 MySQL 数据库系统
4. 学会在 Windows 和 Linux 服务器上配置开源网站系统,并进行客户端连接测试

情景再现与任务分析 1

某企业为了加强内部员工的交流和培养企业文化,需要在已有 Win2K8R2 服务器操作系统上,搭建一个基于.NET3.5 + SQL Server 2008 平台的 WWW 网站(用于企业信息发布)和一个方便员工交流的 BBS 网站。要求如下:

①操作系统和数据库系统软件采用具有图形化管理界面的微软产品,便于管理与维护,减低系统管理员的工作要求。具体要求是操作系统采用稳定的

学习情境6 Web服务器安装、配置与管理

Win2K8R2，后台数据库使用 SQL Server 2008，网站架构采用 .NET3.5 框架。因它们与微软操作系统结合比较密切，该架构方案能充分发挥其整体性能，网站建设性价比高；

②网站展示界面可以自定义，修改方便；

③员工访问 BBS 网站通过 URL：http://bbs.fjcc.com；

④员工访问 WWW 网站通过 URL：http://www.fjcc.com。

在此任务中，考虑到网站性价比、平台兼容性等因素，可以优先采纳基于 .NET 平台开发的网站。网站系统既要满足企业的基本要求，又要节省开支费用，可以使用大部分功能免费的开源软件。

(1) 长登企业建站系统

长登企业建站系统应用于企业宣传型网站和贸易型网站的创建，适合多语言、多栏目要求，内置产品、新闻、下载、评论回复、招聘、单页面、自定义表单、邮件发送等功能模块，采用 SEO (Search Engine Optimization，搜索引擎优化) 优化架构，自动生成 HTML。可以使用该系统作为企业信息发布平台的 WWW 网站。

用户可以到长登企业建站系统的官网"http://web.ppfor.com/"下载最新的版本，如 PPforCms2 版本号 2.0.2.8，安装平台要求：ASP.NET 3.5 + MS SQL Server 2005/2008。

(2) Discuz! NT

Discuz! NT 是康盛公司 (Comsenz) 旗下一款专业的论坛建站软件，专为 Windows 平台倾力打造，秉承开源、开放的原则，提供开放的 API 接口，方便站长无缝整合论坛资源。可以使用该系统作为企业 BBS 网站。

用户可以到 Discuz!NT 的官网"http://download.comsenz.com/DiscuzNT/3.6/"下载对应稳定版本。如 dnt_3.6.601_sqlserver，安装平台要求：Win2K8 + IIS7 + SQL Server 2008。

情景再现与任务分析2

某企业为了加强内部员工的交流和培养企业文化，需要搭建一个用于内部员工交流的 BBS 网站和一个展示员工风采的个性化的博客平台。要求如下：

①网站建设成本低，系统稳定；

②网站展示界面可以自定义，修改方便；

③员工访问 BBS 网站通过 URL：http://bbs.fjcc.com；

④员工访问博客平台通过 URL:http://blog.fjcc.com。

在此任务中,要实现低成本搭建 BBS 网站和博客平台,优先考虑的就是开源架构的 Linux 操作系统平台,同时在此平台下,也有大量的开源应用系统可供用户选择。为了满足企业要求,可以选择"phpBB"作为 BBS 网站,而选择"WordPress"为博客平台。

(1) phpBB

phpBB 是一个使用 PHP 语言开发并开放源码的论坛软件,它最早发布于 2000 年。phpBB 采用模块化设计,具有专业性、安全性高、支持多国语系、支持多种数据库和自定义的版面设计等优越性能,而且功能强大,目前已成为世界上应用最广泛的开源论坛软件之一。phpBB 可以到其中文官网 http://www.phpbbchina.com/下载。

(2) WordPress

WordPress 是一种使用 PHP 语言开发的开源博客平台,用户可以在支持 PHP 和 MySQL 数据库的服务器上架设自己的网络日志,也可以把 WordPress 当作一个内容管理系统(CMS)来使用。由于 WordPress 是一个注重美学、易用性和网络标准的个人信息发布平台,非常适合用来搭建一个功能强大的网络信息发布平台,尤其是应用于个性化的博客。据统计,目前使用 WordPress 平台的发行商约有 3 000 万,占全球网站的 10%。用户可以到其中文官网 http://cn.wordpress.org/下载 WordPress 的最新版本。

另外,为了进一步降低成本,BBS 网站和博客平台可以架设在同一台 Web 服务器上,利用 DNS 别名或虚拟主机进行实现;也可以利用多个网卡或单个网卡配置多个 IP 地址实现。

学习情境6 Web服务器安装、配置与管理

学习情境教学场景设计

学习领域	Windows 与 Linux 网络管理与维护	
学习情境	Web 服务器安装、配置与管理	
行动环境	场景设计	工具、设备、教件
①企业现场 ②校内实训基地	①分组(每组2人) ②教师讲解实际企业实际生产环境中 Web 和数据库服务器的应用现状,能提供 Web 服务的有哪些常用软件 ③学生提出架设 Web 和数据库服务器方案设想 ④讨论形成方案 ⑤方案评估 ⑥提交文档	①投影仪或多媒体网络广播软件 ②多媒体课件、操作过程屏幕视频录像 ③安装有双网卡(其中一块可以是无线网卡)的服务器或 PC 机 ④网络互联设备 ⑤能模拟跨网段访问的物理交换机环境或虚拟网络环境

任务1 Windows Server 2008 IIS 服务器安装、配置与管理

知识准备

1. 应用软件的 C/S 与 B/S 架构

(1) C/S 架构

应用软件的 C/S 架构,即 Client/Server(客户机/服务器)架构,它将软件功能分为客户机与服务器两层。客户机不是毫无运算能力的输入、输出设备,而是具有了一定的数据处理和数据存储能力,通过把应用软件的计算和数据合理地分配在客户机与服务器两端,可以有效地降低网络通信量和服务器运算量。

由于服务器连接个数和数据通信量的限制,这种架构的软件适于在用户数不多的局域网内使用。目前的大部分企业管理信息系统,如 ERP、财务等软件产品即属于此类架构。

C/S 架构的优点是能充分发挥客户端 PC 的处理能力,很多工作可以在客户端处理后再提交给服务器。对应的优点就是客户端响应速度快。缺点主要是客户端需要安装专用的客户端软件,当系统软件需要升级或维护时,每一台客户机也需要进行处理,其维护和升级成本比较高。

(2) B/S 架构

B/S 架构,即 Browser/Server(浏览器/服务器)架构,此架构是随着 Internet 技术的兴起,对 C/S 架构的一种变化或者改进。在这种架构下,软件应用的业务逻辑完全在应用服务器端实现,用户表现完全在 Web 服务器实现,客户端只需要 WWW 浏览器即可进行业务处理,形成所谓 3-tier(3 层)结构。

由于 C/S 架构的维护成本高,并且大多数 C/S 架构的软件一般都是通过 ODBC(Open Database Connectivity,开放数据库互连)直接连到数据库的,安全性差且用户数有限制。因为每个连到数据库的用户都会保持一个 ODBC 连接,都会一直占用中央服务器的资源,对中央服务器的性能要求非常高,使得用户数的扩充受到很大限制。而 B/S 架构软件则不同,所有的用户都是通过一个类似 JDBC(Java Data Base Connectivity,java 数据库连接)连接缓冲池连接到数据库的,用户并不保持对数据库的连接,用户数基本上是无限制的。

因此,B/S 架构的应用软件有着 C/S 架构软件无法比拟的优势,已经成为当今应用软件的首选体系结构。

2. 静态网站与动态网站

(1) 静态网站

静态网站由静态网页构成,静态网页采用纯粹的 HTML(Hypertext Markup Language,超文本标记语言)格式编写,包含在网页文件中的内容是固定不变的,所有用户浏览 Web 服务器,返回的网页内容都相同。Internet 早期的网站一般都是由静态网页制作,网页上也可以出现各种视觉动态效果,如 GIF 动画、FLASH 动画、滚动字幕等。

每个静态网页都有一个固定的网址,文件名均以.htm、.html、.shtml 和.xml 等为后缀。静态网页一经发布到服务器上,无论是否被访问,都是一个独立存在的文件,其内容相对稳定,不含特殊代码,因此容易被搜索引擎检索;静态网站没有数据库的支持,在网站制作和维护方面工作量较大,但由于不需通过数据库工作,所以静态网页的访问速度比较快。

(2)动态网站

动态网站由动态网页构成,动态网页是指采用动态网站技术生成的网页。文件名一般以.asp,.jsp,.php,.perl 和.cgi 等为后缀。动态网页可以实现和用户的互动操作,根据不同用户的发送请求,反馈相应的信息。

由于动态网页以数据库技术为基础,网页的内容存放在数据库中,而不是独立以网页文件的形式保存在服务器上,只有当用户请求时服务器才返回一个完整的网页,这可以大大降低网站维护的工作量;另外,采用动态网页技术的网站可以实现更多的功能,如用户注册、用户登录、在线调查、用户管理、订单管理等。目前的门户网站、BBS、电子商务网站和多数企业网站都采用动态网站技术,动态网站已经成为 Web 服务器的主流。

静态网页是网站建设的基础,静态网页和动态网页之间也并不矛盾,为了网站适应搜索引擎检索的需要,即使采用动态网站技术,也可以将网页内容转化为静态网页后,再进行发布。

3. WWW 与 HTTP

WWW(World Wide Web,万维网)简称 Web,是一个数据资源空间,它由一个全域"统一资源标识符"(URL)进行标识,用户通过点击链接使用 HTTP(Hypertext Transfer Protocol,超文本传输协议)进行访问。HTTP 协议支持的服务不限于 WWW,还可以是其他服务,因而 HTTP 协议允许用户在统一的界面下,采用不同的协议访问不同的服务,如 FTP、Archie、SMTP、NNTP 等。

WWW 采用客户机/服务器结构,服务器存储 WWW 资源,并响应客户端的请求。一个客户机可以向许多不同的服务器请求,同时,一个服务器也可以向多个不同的客户机提供服务。一般情况下,WWW 客户机就是指 WWW 浏览器。

4. WEB 动态网站开发的 3 种架构

在 WEB 开发领域,目前主要存在 3 种架构:一是占据企业级应用程序开发霸主的 J2EE 联盟;二是开发速度快、商业插件较多的.NET 阵营;还有就是被许多开发者视为"黄金组合"的 LAMP 开源架构。

(1)ASP.NET

ASP.NET 开发架构是 Windows Server + IIS + SQL Server + ASP.NET 组合,

所有组成部分都是基于微软的产品。它的优点是兼容性比较好，安装和使用比较方便，不需要太多的配置，而且简单易学，拥有很大的用户群，也有大量的学习文档。还有就是开发工具强大而多样，易用、简单、人性化。但 ASP.NET 也有很多不足，由于 Windows 操作系统本身存在着问题，ASP.NET 的安全性、稳定性、跨平台性都会因与 Windows 操作系统的捆绑而显现出问题。使用 ASP.NET 平台开发的网站软件，当遭遇外部攻击时攻击者可以取得很高的权限而导致网站瘫痪或者数据丢失。同时 ASP.NET 无法实现跨操作系统的应用，也不能完全实现企业级应用的功能，不适合开发大型系统，而 Windows 和 SQL Server 软件的价格也不低，平台建设成本比较高。

（2）J2EE

J2EE 是一个开放的、基于标准开发和部署的平台，基于 Web 的、以服务端计算为核心的、模块化的企业应用。由 Sun 公司领导着 J2EE 规范和标准的制定，但同时很多公司如 IBM、BEA 也为该标准的制定贡献了很多力量。早期 J2EE 开发架构多数是 Unix + Tomcat + Oracle + JSP 的组合，是一个非常强大的组合，环境搭建比较复杂，同时价格也不菲。Java 的框架利于大型的协同编程开发，系统易维护、可复用性较好。它特别适合企业级应用系统开发，功能强大，但要难学得多，另外开发速度比较慢，成本也比较高，不适合快速开发和对成本要求比较低的中小型应用系统。

（3）LAMP

LAMP 是 Linux + Apache + MySQL + PHP/Perl/Python 的英文首字母组合，这个特定名词最早由 Michael Kunze 为一个德国计算机杂志写一篇关于自由软件如何成为商业软件替代品的文章时所创建，用来指代 Linux 操作系统、Apache 网络服务器、MySQL 数据库和 PHP（Perl 或 Python）脚本语言的组合。由于 IT 界众所周知的对缩写的爱好，Kunze 提出的 LAMP 这一术语很快就被市场所接受。

LAMP 不仅仅代表自由和开放，而且还构成了一个强大的、高性能 Web 应用平台，具有易于开发、更新速度快、安全性高、成本低的特点，逐渐有与 J2EE,.Net 架构三分天下之势。目前 WEB 开发领域 3 种架构性能比较参见表 6-1。

表 6-1　3 种架构性能比较

性能参数	ASP.NET	J2EE	LAMP
运行速度	快	快	较快
开发速度	快	慢	快
运行系统开销	较大	较小	一般
开发难易程度	简单	较难	简单
运行平台	仅限于 Windows 平台	绝大多数平台均可	主要为 Linux/Unix/Windows
扩展性	较差	好	好
安全性	较差	好	好
应用范围	中小企业	主要针对大企业	中小企业
建设成本	高	非常高	非常低

客户机访问 LAMP 动态网站服务器的过程主要有下面 4 个步骤：

①客户机浏览器使用 HTTP 协议去连接 Apache 网页服务器，实际请求的是服务器主目录下的一个 index.php 动态语言脚本文件；

②Apache 网页服务器收到客户端请求的 PHP 文件，自己不能处理，就寻找 PHP 应用服务器并委托它来处理，在本机硬盘上 Apache 管理的文档根目录下寻找设置好的网站主目录，且把用户请求的 index.php 文件交给 PHP 应用服务器；

③PHP 应用服务器接到 Apache 服务器的委托，打开 index.php 文件，根据 PHP 程序的动态代码的要求，利用数据库连接的程序代码连接本机或者网络中其他服务器上安装的 MySQL 数据库，在 PHP 程序中通过执行标准的 SQL 查询语句，获取数据库中的数据，再通过 PHP 程序将数据生成 HTML 静态代码，接着把 HTML 交还给 Apache 服务器，让它输出给客户端浏览器；

④客户端浏览器收到 Web 服务器的响应，接收 HTML 静态代码，同时逐条进行解释，显示用户需要的页面并提供给用户操作，如图 6-1 所示。

5. 应用程序池在 .NET 中的作用

.NET 是微软公司推广的开发应用系统的总框架，其核心内容是搭建跨平台的第三代互联网平台，解决 IIS 站点间的协同合作，最大限度地实现共享资源。.Net 应用系统必须借助 Web 服务平台，实现多个应用程序间通信。因此，安全有效地配置 Web 服务,是开发和使用基于.Net 框架的应用系统的前提。

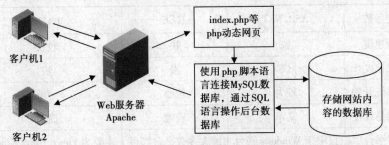

图 6-1　客户机访问 LAMP 动态网站过程

.NET 中的应用程序池简称应用池,是微软在 IIS6 以后版本中引入的一个概念。应用池是将一个或多个应用程序连接到一个或多个工作进程集合的配置。因为应用程序池中的应用程序与其他应用程序被工作进程边界分隔,所以某个应用程序池中的应用程序不会受到其他应用程序池中应用程序所产生的问题的影响。

应用池可以让不同的 WEB 应用程序运行在同一个 IIS 中,且不被互相干扰,从而当其中一个 WEB 应用发生异常时,而其他的 WEB 应用程序还能够正常运行。

6. Win2K8R2 系统中用于访问 IIS 的匿名用户账户

不同版本的 Web 应用程序和 IIS 使用的匿名账户不一样,早期 ASP 使用的匿名账户是 IUSR_计算机名,ASP.NET1.1 或者 IIS5.1 使用 aspnet,ASP.NET2 或者 IIS6 之后使用 Network Service 内置账户。

使用 IUSR_计算机名作为匿名用户,会导致每个账号在每台机都不一样,无法直接迁移网站。因此,在 Win2K8R2 的 IIS7.5 系统中,匿名用户统一改为 IIS_IUSRS,这主要是为了方便进行网站的迁移。

【小链接】

默认情况下,并不需要添加 IUSR 用户。这是因为 IIS7.5 将 IIS_IUSRS 直接改造成系统内建账号,隶属于 authenticated users 组的一个账号,无密码。而观察 USERS 组可以发现,authenticated users 又隶属于 USERS 组。所以在默认拥有 USERS 组只读权限的情况下,没有必要再次添加 IUSR 用户的只读权限,除非对 IIS_IUSRS 的权限要求超过只读,此时需要对 IUSR 用户进行其他权限的添加操作。

任务实施

1. 安装 IIS 服务组件

Windows Server 2003 上提供的 IIS 服务为 IIS 6，Windows Server 2008 R2 提供的是 IIS7.5 的服务。按照任务需求，除了 IIS 服务以外，还需要 DNS 的支持，DNS 域名解析服务的安装和配置参见前面章节的相关内容，具体的域名解析要求如表 6-2 所示。注意，服务器 DNS 设置完毕后，本机首选 DNS 服务器地址也一定要调整为本机 IP 地址（如 192.168.200.1），同时需要进行 DNS 服务测试。

表 6-2 域名解析对照表

域 名	局域网 IP 地址
www.fjcc.com	192.168.200.1
bbs.fjcc.com	192.168.200.1

Win2K8R2 的 IIS7.5 服务的安装方法如下：

① 打开"服务器管理器"窗口，点击"添加角色"，随后出现的"添加角色向导"窗口中勾选"Web 服务器(IIS)"角色，如图 6-2 所示。

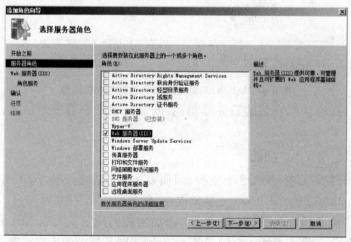

图 6-2 添加"Web 服务器(IIS)"服务器角色

② 安装 Web 服务器角色时，为使网站支持 ASP.NET，应同时安装"ASP.NET"角色服务，以便于日后的维护，如图 6-3 所示。注意，安装 ASP.NET 时会弹出提示窗口，如图 6-4 所示。这是由于安装 ASP.NET 角色服务时，需要有

ISAPI 筛选器等角色服务的支持,所以应单击"添加所需的角色服务"按钮。

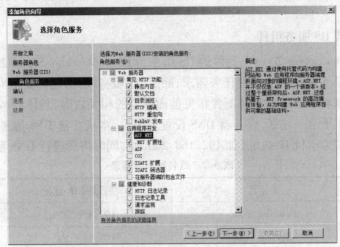

图 6-3　Web 服务器(IIS)安装 ASP.NET 角色服务的对话框

图 6-4　ASP.NET 需要添加角色服务的提示框

③最后,确认要安装的服务器角色,安装完成后查看安装结果,如图 6-5 所示。

2. 安装.NET 3.5 功能

网站开发需要有.NET 3.5 支持,因而要在服务器上安装.NET 3.5 集成环境,而 Win2K8R2 的.NET 3.5 安装集成在"服务器功能"中。

①在"服务器管理器"窗口,打开"添加功能向导",选择".NET Framework 3.5.1 功能",如图 6-6 所示。同安装 ASP.NET 时一样会弹出提示框,这里也要安装.NET 所必需的其他角色。单击"添加必需的功能"按钮,如图 6-7 所示。

②单击"下一步"按钮,安装成功后,显示如图 6-8 所示的安装结果。

学习情境6 Web服务器安装、配置与管理

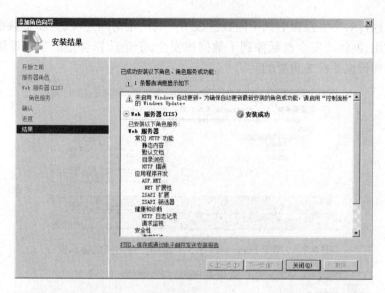

图 6-5　Web 服务器(IIS)安装结果的对话框

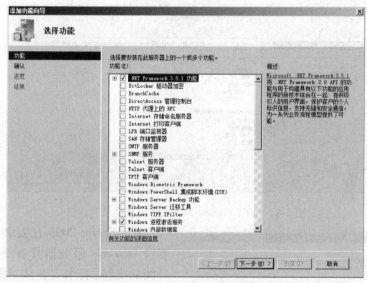

图 6-6　添加 .NET Framework 3.5.1 功能

3. 安装 SQL Server 2008 数据库

Windows 系统中的 SQL Server 数据库在企业中有着非常重要的应用,各种财务系统、ERP 系统、OA 系统等都会用到 SQL Server 系列数据库系统,很多企业也把它作为网站的后台数据库,方便数据的管理和维护。需要考虑的是,数

据库的执行效率直接影响到不同数量级用户的网站访问速度,且随着数据库的大量应用,网站的安全也延伸到了数据库安全,于是选择合适的数据库版本对于网站建设也是极为重要的。

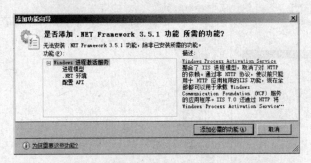

图 6-7 .NET Framework 3.5.1 添加必需功能的提示框

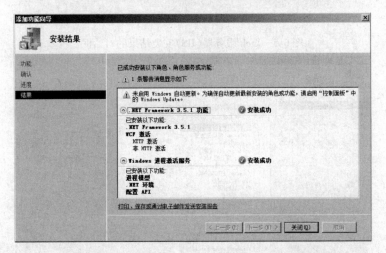

图 6-8 .NET Framework 3.5.1 安装结果对话框

图 6-9 .NET Framework 3.5.1 安装错误提示

SQL Server 2008 在安装过程中要求 Windows 服务器具备 .NET 3.5 功能的支持,若未安装该功能,则会显示如图 6-9 所示的错误提示。

SQL Server 2008 安装方法如下:

①插入 SQL Server 2008 安装光盘或通过虚拟光驱挂载其镜像文件。在弹出的"自动播放"窗口中,单击"运行 Setup.exe"安装程序,如图 6-10 所示。此时会显示"程序兼容性助手"窗口,因

学习情境6 Web服务器安装、配置与管理

为当前安装的 SQL Server 2008 版本与 Windows 2008 R2 版存在已知兼容性问题,提示"为解决兼容性问题,服务器在安装完 SQL Server 2008 后应将其升级到 SQL Server 2008 SP1 版"。所以在"程序兼容性助手"窗口中,先勾选"不再显示此消息",后单击"运行程序"按钮,进行 SQL Server 2008 的安装,如图 6-11 所示。

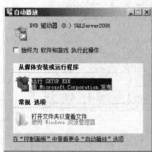

图 6-10　运行 Setup.exe　　　　图 6-11　提示 SQL Server 2008 兼容性的对话框

②显示的"SQL Server 安装中心"窗口中,单击左侧的"安装"选项,其窗口右侧会显示相应的管理内容,单击"全新 SQL Server 独立安装或向现有安装添加功能"一栏,如图 6-12 所示。

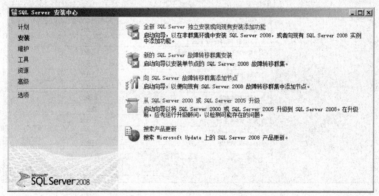

图 6-12　SQL Server 安装中心的"安装"窗口

③SQL Server 2008 会先执行"安装程序支持规则"的检测,要求"必须更正所有失败,安装程序才能继续"。一般情况,服务器均能通过该检测,否则只能根据错误信息,调整系统配置,重新运行该检测程序直至通过。单击"确定"按钮,进入 SQL Server 2008 版本选择窗口,如图 6-13 所示。

④选择"Enterprise Evaluation"(企业评估版),单击"下一步"按钮。显示"许可条款"对话框,勾选"我接受许可条款(A)"复选框,单击"下一步"按钮。

进入"安装程序支持文件"对话框,单击"安装"按钮,执行程序支持文件的安装。完成后,显示图 6-14 所示的"安装程序支持规则的执行结果"。

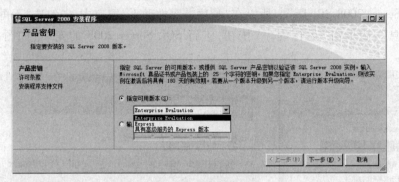

图 6-13　SQL Server 2008 版本选择

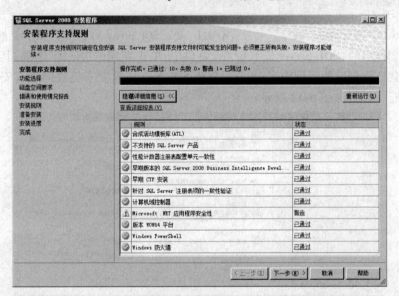

图 6-14　SQL Server 2008"安装程序支持规则"的执行结果对话框

⑤单击"下一步"按钮,在"功能选择"窗口中,勾选"数据库引擎服务"提供基本数据库支持,并勾选"管理工具-基本"为数据库管理提供支持,如图 6-15 所示。单击"下一步"按钮,在"实例配置"窗口中,若本机未安装其他 SQL Server 版本的产品,则选择"默认实例",不更改其他内容。

学习情境6 Web服务器安装、配置与管理

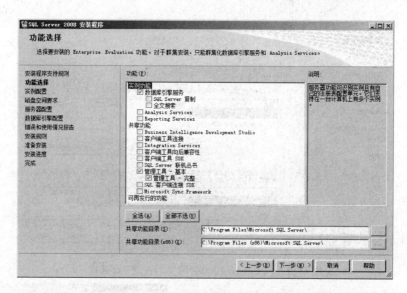

图6-15 SQL Server 2008"功能选择"窗口

⑥单击"下一步"按钮,显示如图6-16所示的"磁盘空间要求"窗口,根据提示信息,判断选定的安装分区是否拥有足够的空间。

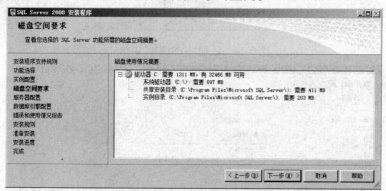

图6-16 SQL Server 2008"磁盘空间要求"窗口

⑦单击"下一步"按钮,在如图6-17所示"服务器配置"窗口中,单击"对所有SQL Server服务使用相同的账户"按钮,添加"SYSTEM"用户,密码无需设置,这是为了以SYSTEM用户身份安装、设置SQL Server相关服务,如图6-18所示。

⑧在如图6-17所示的"服务器配置"窗口中,单击"排序规则"选项卡,在此设置数据库默认的排序规则,要注意中文与拉丁文的排序规则结果是不同的,如图6-19所示。

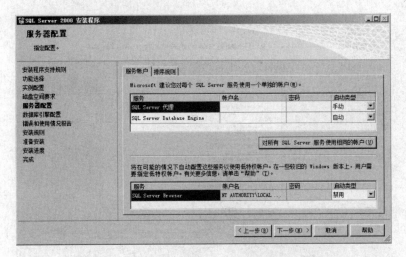

图 6-17　SQL Server 2008"服务器配置"对话框

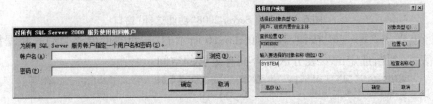

图 6-18　添加"SYSTEM"用户

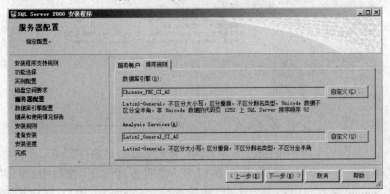

图 6-19　设置 SQL Server 2008 的"排序规则"

⑨单击"下一步"按钮，显示"数据库引擎配置"窗口，更改"身份验证模式"，设为"混合模式"，方便为远程计算机提供数据库支持。"内置的 SQL Server 系统管理员帐户"就是默认的 sa 用户，设置 sa 密码（密码要符合复杂度的要求，即含有数字、符号、大小写字母的 8 位以上密码）。单击"添加当前用户"

学习情境6 Web服务器安装、配置与管理

按钮,将当前系统管理员,添加到指定的 SQL Server 管理员,如图 6-20 所示。单击"数据库引擎配置"窗口上方的"数据目录"选项卡,设置数据库安装中各安装目录的位置,若无特殊情况,按默认设置即可。

图 6-20　设置 SQL Server 2008 的"数据库引擎配置"窗口

⑩单击"下一步"按钮,显示"错误和使用情况报告"窗口,默认单击"下一步"按钮。而后在"准备安装"对话框中查看所有安装选项,确认无误后,单击"安装"按钮,如图 6-21 所示。当安装完成后,默认单击"下一步"按钮,直到出现"关闭"按钮。关闭对话框,结束安装过程即可。

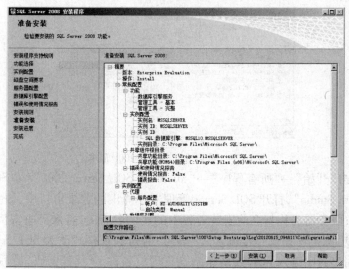

图 6-21　设置 SQL Server 2008 的"准备安装"窗口

4. SQL Server 2008 数据库配置管理和测试

①单击"开始"→"所有程序"→"Microsoft SQL Server 2008"→"配置工具"→"SQL Server 配置管理器",打开 SQL Server 配置管理器。在显示的窗口中,单击左侧菜单中的"SQL Server 网络配置"→"MSSQLSERVER 的协议",其右侧内容窗口中,右击"TCP/IP",在弹出的快捷菜单中选择"启用"命令,如图 6-22 所示。若不启用 TCP/IP,则 SQL Server 只能对本机提供服务,不能对外提供网络服务。注意:TCP/IP 启用后,会提示要重启 SQL Server 服务才会生效。

图 6-22 设置 SQL Server 2008 启用 TCP/IP 协议

重启 SQL Server 服务的方法:在 SQL Server 配置管理器中,单击"SQL Server服务",在其右侧的内容窗口中,右击"SQL Server(MSSQLSERVER)",在弹出的快捷菜单中选择"重新启动"命令或单击上方工具栏的"重启"按钮,如图6-23所示。

图 6-23 重启 SQL Server 2008 服务

②单击"开始"→"所有程序"→"Microsoft SQL Server 2008"→"SQL Server Management Studio",打开 SQL Server 管理器。弹出的登录窗口中,服务器类型无须修改;服务器名称与之前安装过程中的实例名有关,若未更改实例名称,连接本机 SQL 数据库系统直接输入"."即可;身份验证模式改为 SQL Server 身份验证;在用户名中输入 SQL 数据库系统管理员名称 sa 及其密码,最后单击"连接"按钮,如图 6-24 所示。

学习情境6 Web服务器安装、配置与管理

图 6-24 SQL Server 2008 Management Studio 的登录窗口

若数据库安装配置无误,便可进入本机 SQL 数据库系统管理界面。这里也能进行对 SQL 服务的重启等操作,右键单击 SQL Server 服务器名,选择"重新启动(A)"即可,如图 6-25 所示。

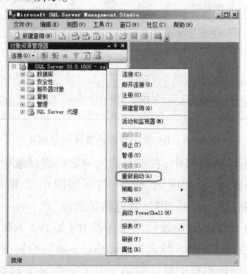

图 6-25 SQL Server 2008 据库系统管理界面

5. 安装长登企业建站系统

长登企业建站系统是面对所有中小型企业的一个网上展示平台,适合产品型、服务性质的企业。

(1)PPforCMS 网站的上传

将 PPforCMS 的文件内容上传至 Win2K8R2 服务器上,并保存于 C:\目录下,文件夹重命名为 www。

（2）在 IIS 中新建网站 www 并配置 IIS

单击"开始"→"管理工具"→"Internet 信息服务(IIS)管理器"。在弹出的窗口左侧的树状菜单中，展开"网站"→"Default WebSite"，右键单击"Default WebSite"在弹出菜单中点击"管理网站"→"停止"或者单击左侧的"停止"按钮。停止 IIS 默认网站，目的是为稍后新建网站做准备，空出 80 端口，如图 6-26 所示。

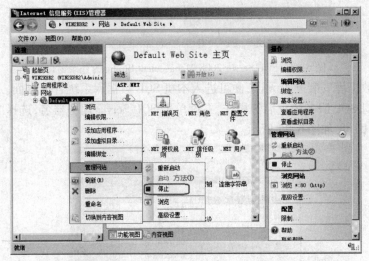

图 6-26 IIS 管理器停止默认网站服务

在如图 6-26 所示的窗口中，右击左侧的树状列表对象中的"网站"项目，在弹出的快捷菜单中选择"添加网站"命令，打开如图 6-27 所示的对话框。在此对话框中输入网站名称"www"，网站物理路径选择"C:\www\WebSite"，绑定 IP 地址的类型默认为 HTTP，IP 地址设为服务器 IP（如 192.168.200.1），端口默认为 80，主机名输入完整的 DNS 域名"www.fjcc.com"，检测无误后，单击"确定"按钮。此时可以看到在原有的默认网站下多了一个 www 网站。

（3）修改 PPforCMS 网站所在文件夹权限设置

IIS 管理器窗口中，右击左侧窗口中的网站"www"，在弹出的快捷菜单中选择"编辑权限"命令。在显示的文件夹属性对话框中，单击"安全"选项卡，设置文件夹的 NTFS 权限。

在"安全"选项卡中，单击"编辑"按钮，在弹出的权限对话框中单击"添加"按钮，进入"选择用户或组"对话框。在"输入对象名称来选择"的内容框中输入"IIS_IUSRS"。单击"确定"按钮回到"安全"选项卡中，可以看到添加后的

学习情境6 Web服务器安装、配置与管理

"IIS_IUSRS"用户默认拥有读取权限,将"IIS_IUSRS"用户的权限添加"修改""写入"权限,如图6-28所示。

图6-27 IIS管理器中"添加网站"对话框

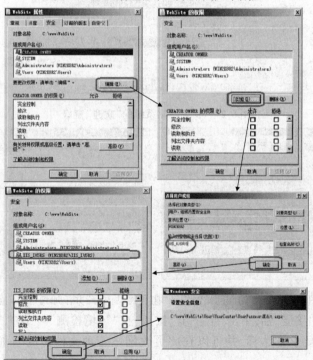

图6-28 网站文件夹的权限设置

(4) 使用PPforCMS向导安装网站系统

①打开Internet Explorer浏览器,访问网站"http://www.fjcc.com/install/",进入网站安装向导,如图6-29所示。使用IE8浏览器访问网站时,由于其增强

了安全配置,会提示阻止网站内容的对话框,此时应将其添加到"受信任的站点",如图 6-30 所示。

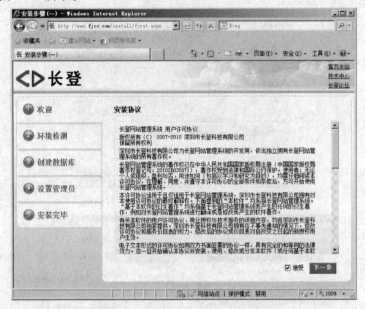

图 6-29　长登网站系统的"欢迎"窗口

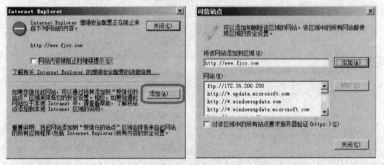

图 6-30　IE 8 访问网站时提示"阻止网站内容"并添加到可信站点

②勾选"接受"后,单击"下一步"按钮,在"环境检测"环节中,观察是否所有安装环境要求都达标,并可以在此更改网站管理文件夹的名称,如图 6-31 所示。

③单击"下一步"按钮,在"创建数据库"环节中,输入安装好的 SQL Server 2008 数据源地址(如:".")、数据库登录账户 sa 与密码、数据库名称后,勾选"自动创建数据库"与"安装初始化数据"复选框,如图 6-32 所示。

学习情境6 Web服务器安装、配置与管理

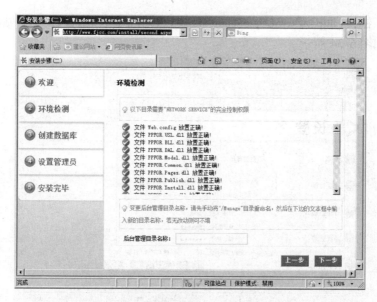

图 6-31　长登网站系统的"环境检测"窗口

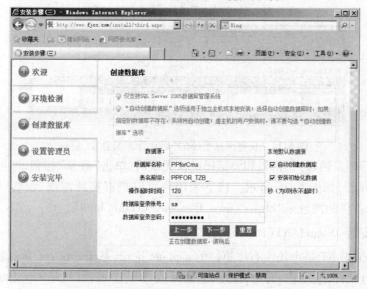

图 6-32　长登网站系统的"创建数据库"窗口

④单击"下一步"按钮，由网站系统自动创建数据库，并进入"设置管理员"环节，设置网站系统管理员名称、登录密码和登录过期时间，如图 6-33 所示。

⑤单击"下一步"按钮，完成网站向导式安装，同时可以单击页面上方的"后

台登录"链接(http://www.fjcc.com/Manage/Login.aspx),访问长登网站的管理后台,如图6-34所示。

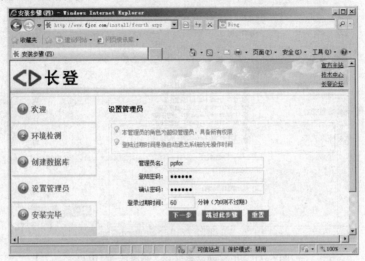

图6-33 长登网站系统的"设置管理员"窗口

图6-34 长登网站系统的"后台管理的登录"窗口

⑥管理员的账户、密码和验证码确认无误后,单击"登录"按钮,即可进入后台管理界面,如图6-35所示。接下来用户可以根据实际需求,设置网站属性等,前台首页的网址是"http://www.fjcc.com/default.html"。

6. 安装 Discuz！NT(BBS 论坛)

Discuz！NT 是市场占有率第一的 asp.net 论坛,基于 asp.net 平台的论坛社区(BBS)软件,速度快,安全,稳定,全面开放 API,扩展性好,是 asp 论坛的完美替代者。Discuz！NT 基于先进的 .Net Framework,默认支持 SQL Server 数据库,可扩展支持 Access,MySQL 等多种数据库,支持 IIS5、IIS6、IIS7,安全高效,稳定易用,充分发挥 asp.net 特性,支持自由选择切换皮肤,支持多种其他论坛的数据转换。

学习情境6 Web服务器安装、配置与管理

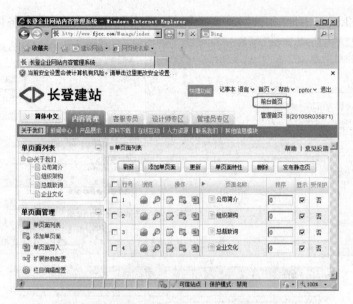

图 6-35 长登网站系统的"后台管理"窗口

（1）Discuz! NT 网站的上传

将 Discuz! NT 文件夹中的 upload_files 子文件夹上传到 Win2K8R2 服务器的 C 盘根目录下（C:\），并将其文件夹重命名为 bbs。

（2）在 IIS 中新建网站 bbs，并配置 IIS

打开 Internet 信息服务（IIS）管理器，添加网站 bbs。在"添加网站"对话框中，单击"连接为"按钮。弹出"连接为"对话框，选择"特定用户"，单击"设置"按钮，弹出"设置凭据"对话框，输入系统管理员用户名 administrator 与密码。设置完毕后，返回"添加网站"对话框，单击"测试设置"，查看结果是否正确，如图 6-36 所示。

绑定 IP 地址的类型设为 HTTP，IP 地址设为服务器 IP，端口 80，主机名输入完整的域名"bbs.fjcc.com"，如图 6-36 所示。检测无误后，单击"确定"按钮。此时可以看到在原有网站外多了一个 bbs 网站。

单击左侧菜单栏的"应用程序池"，右键单击"bbs"应用程序池，在弹出的快捷菜单中选择"高级设置"。在显示的"高级设置"对话框中，设置"常规""启用 32 位应用程序"为"true"，如图 6-37 所示。因为当前 Discuz! NT 版本不支持 64 位系统，所以要将其应用程序池设置为 32 位应用程序。

（3）Discuz! NT 网站所在文件夹权限设置

Discuz! NT 网站所在文件夹的权限设置方法与长登网站系统一样，添加用

户 IIS_USRS，且添加"修改"及"写入"权限，具体操作参见前面的任务内容。

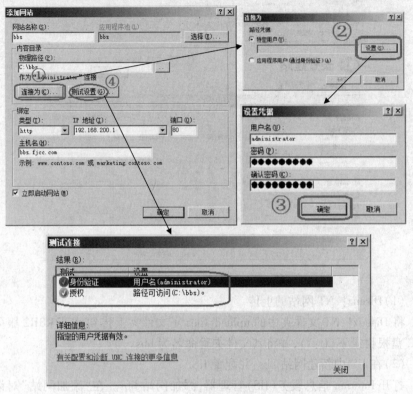

图 6-36　IIS 中"添加网站"时的"连接测试"

（4）Discuz! NT 网站向导式安装

在 IIS 管理器窗口中，右击网站"bbs"，在弹出的快捷菜单中选择"管理网站"→"浏览"命令，系统自动打开 IE 浏览器，进行网站的在线向导式安装。

① "欢迎"页面上显示 Discuz! NT 代码使用协议，勾选"接受"，单击"下一步"按钮，在如图 6-38 所示的"环境检测"窗口中，查看是否所有权限设置正确，若有错误，需检查网站根目录 NTFS 权限设置是否正确，单击"下一步"按钮进入"数据库配置"环节。

② 在"数据库配置"的数据库地址中，默认数据库名称 dnt3_1，勾选"自动创建数据库"，输入 SQL 数据库管理账号 sa 和密码，创建连接该数据库时的新用户名（如：dnt）和密码，输入数据库服务器 IP 地址或域名，这里输入"."代表本地主机使用默认实例名。确认无误后，单击"下一步"按钮，如图 6-39 所示。

学习情境6 Web服务器安装、配置与管理

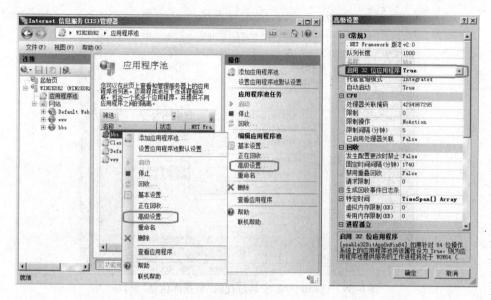

图 6-37 IIS 设置应用程序池 bbs

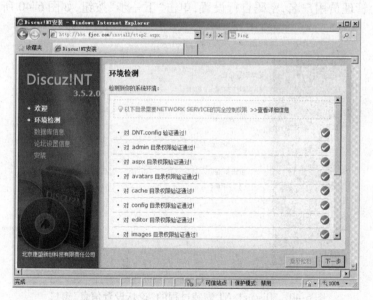

图 6-38 Discuz！NT 安装过程的"环境检测"窗口

图 6-39　Discuz！NT 安装过程的"数据库信息"窗口

③"论坛配置"环节中，输入 BBS 网站管理员的用户名与密码，这里使用 admin 为管理员用户名，密码自行设置，单击"下一步"按钮，如图 6-40 所示。

图 6-40　Discuz！NT 安装过程的"论坛设置信息"窗口

④等待所有操作结束后，显示如图 6-41 所示的"安装完成"界面。用户可以点击右下方的"进入论坛"按钮，打开论坛首页（http://bbs.fjcc.com/）。

学习情境6 Web服务器安装、配置与管理

图6-41　Discuz! NT 安装过程的"安装完成"窗口

⑤Discuz! NT 论坛网站的后台管理。在 IE 地址栏中输入"http://bbs.fjcc.com/admin/syslogin.aspx"访问 BBS 论坛的管理后台,使用创建好的网站管理员用户名与密码对网站进行管理,如图 6-42 所示。登录成功后,显示如图 6-43 所示的管理界面。

图6-42　Discuz! NT 论坛系统的后台登录窗口

图 6-43　Discuz! NT 论坛系统的后台管理窗口

任务 2　CentOS 6 的 LAMP 环境安装、配置与管理

知识准备

1. Apache 服务器

Apache 是目前世界使用排名第一的开源 Web 服务器软件,市场占有额超过 70%。它几乎可以运行在所有广泛使用的计算机平台上,因其跨平台和安全性等优势而被广泛使用,是最流行的 Web 服务器端软件之一。Apache 最早由伊利诺伊大学 Urbana-Champaign 的 NCSA(National Center for Supercomputer Applications,国家超级计算机应用中心)开发,后来被开放源代码团体成员不断

发展和加强,成就其"牢靠可信"的美誉。

由于 Apache 是源于 NCSA 的 httpd1.3 服务器代码修改而成的,因此成为"a patchy server"(一个打满补丁的服务器),Apache 名字的由来也取其读音,音译为阿帕奇。Apache 的标志图片为一片"红色羽毛"。

Apache 作为自由软件,总是不断有人来为它开发新的功能、新的特性、修改原来的缺陷,其特点是简单、速度快、性能稳定,并可做代理服务器来使用。

2. MySQL 数据库

MySQL 是一个开源的小型关系型数据库管理系统(RDBMS,Relational Database Management Systems),使用最常用的数据库管理语言 SQL(Structured Query Language)进行数据库管理。MySQL 由瑞典 MySQL AB 公司开发,它分为企业版(Enterprise Edition)和社区版(Community Server)两个版本。社区版是免费的,但 MySQL AB 公司不提供技术支持;企业版 MySQL 有两种授权方式:一是 GPL;二是 AB 的商业授权。如果用户的项目是开源的,遵循 GPL 协议的话,是可以免费使用企业版的。如果是商业化的项目,使用企业版的话,就需要付费。

虽然 MySQL AB 公司于 2008 年 1 月 16 号被 Sun 公司收购,且 2009 年 SUN 又被 Oracle 收购,但目前 MySQL 仍然是开源项目。与其他的大型数据库例如 Oracle、DB2、SQL Server 等相比,MySQL 自有它的不足之处,如规模小、功能有限(MySQL Cluster 的功能和效率都相对比较差)等。但对于一般的个人使用者和中小型企业来说,MySQL 提供的功能已绰绰有余,其体积小、速度快、总体拥有成本低,仍是中小型网站首选网站数据库。

MySQL 这个名字的由来已无证可查了,但基本指南、大量库和工具的名字均带有前缀"MY"已经有 10 年以上,而且 MySQL AB 创始人之一 Monty Widenius 的女儿也叫 My。MySQL 的海豚标志的名字叫"sakila",它是由 MySQL AB 的创始人从"海豚命名"的竞赛中得到的大量建议的名字表中选出的。获胜的名字是由来自非洲斯威士兰的开源软件开发者 Ambrose Twebaze 提供。根据 Ambrose 所说,Sakila 来自一种叫 SiSwati 的斯威士兰方言,也是在 Ambrose 的家乡乌干达附近的坦桑尼亚的 Arusha 的一个小镇的名字。

3. PHP

PHP(Hypertext Preprocessor,超文本预处理语言)是一种开源 HTML 内嵌式的多用途脚本语言,语言的风格有类似于 C 语言,同时还有一些面向对象的特征,广泛应用于 Web 项目开发中。

PHP 的简称原本为 Personal Home Page,是 Rasmus Lerdorf 为了要维护个人网页,而用 C 语言开发的一些 CGI 工具程序集,来取代原先使用的 Perl 程序。最初这些工具程序用来显示 Rasmus Lerdorf 的个人履历,以及统计网页流量。于 1995 年相继发布了 PHP1.0 和 2.0,并加入了对 MySQL 的支持,从此建立了 PHP 在动态网页开发上的地位。1997 年,两个以色列程序设计师 Zeev Suraski 和 Andi Gutmans,重写了 PHP 的解析器,并于 1998 年 6 月正式发布了 PHP3。2000 年 5 月,以 Zend Engine1.0 为基础的 PHP4 发布;2004 年 7 月则发布了 PHP5,PHP5 使用了第二代的 Zend Engine。PHP5 包含了许多新特色,比如强化面向对象的功能、引入 PDO(PHP Data Objects,一个存取数据库的延伸函数库),以及许多功能上的增强。目前很多网站中流行的稳定版本也是 PHP5。

4. Perl/Python

Perl 一般被称为"实用报表提取语言"(Practical Extraction and Report Language),由拉里·沃尔(Larry Wall)于 1987 年 12 月 18 日发表。Perl 借取了 C,sed,awk,shell scripting 以及很多其他程序语言的特性,其中最重要的特性是它内部集成了正则表达式的功能,以及巨大的第三方代码库 CPAN。Perl 也是一个开放源码的解释程序,能在绝大多数操作系统运行,可以方便地向不同操作系统迁移。但 Perl 是一个面向复杂 Web 应用程序开发的方便而有效的工具,即使是经验丰富的程序员也会因为 Perl 的学习和使用难度太高而不愿使用。

Python 也是一个开源脚本解释程序,由 Guido van Rossum 于 1989 年创建,之所以选中 Python(大蟒蛇)作为程序的名字,是因为他是一个 Monty Python 的飞行马戏团的爱好者。Python 语法简捷而清晰,具有丰富和强大的类库。它常被昵称为胶水语言,它能够很轻松地把用其他语言制作的各种模块(尤其是 C/C++)轻松地联结在一起。常见的一种应用情形是,使用 python 快速生成程序的原型(有时甚至是程序的最终界面),然后对其中有特别要求的部分,用更合适的语言改写,比如 3D 游戏中的图形渲染模块,速度要求非常高,就可以用 C++重写。

5. Web 服务器的虚拟主机

虚拟主机是指在一台 Web 服务器中设置多个 Web 站点(如提供 WEB,FTP,Mail 等服务),在外部用户看来,每一个 Web 服务器都是独立的。虚拟主机的实现方法有下面 3 种:

(1) 基于 IP 地址的虚拟主机

在一台服务器中绑定多个 IP 地址,然后配置 WEB 服务器,把多个网站绑定在不同的 IP 地址上,用户访问不同的 IP 地址,就会看到不同的网站。

(2) 基于端口的虚拟主机

在一台服务器中的相同 IP 地址上,将多个网站绑定在不同的端口号上,实现不同网站的访问。

(3) 基于主机名的虚拟主机

通过设置多个域名的主机记录,使它们解析到同一个 IP 地址上,即同一个服务器上。然后,在服务器上配置 WEB 服务端,添加多个网站,为每个网站设定一个主机名。因为 HTTP 协议的访问请求里包含有主机名信息,所以当 WEB 服务器收到访问请求时,就可以根据不同的主机名来访问不同的网站。

任务实施

1. 用 YUM 安装和配置 LAMP 环境

在图形界面安装 CentOS 6 时,可以选择自带软件来安装 LAMP 环境,但一般安装光盘中配套的软件包都是相对版本较旧的稳定版本,软件包安装位置固定,带较多的模块。对于使用 Linux 来测试基于 LAMP 的 Web 应用程序,使用 YUM 方式安装是非常不错的选择。在企业实际生产环境中,建议用源码编译的安装方式,可以下载最新的稳定版本,同时可以指定需要安装的模块和安装位置,灵活性较大。由于 YUM 会自行检查软件包的依赖关系,配置 LAMP 环境主要需安装的软件包和功能参见表 6-3,安装步骤如下。

表 6-3　支持 LAMP 环境的软件包

组件名称	软件包名称	实现功能
Apache	httpd	Apache 主程序
	httpd-devel	Apache 开发工具包
MySQL	mysql	MySQL 数据库驱动程序
	mysql-server	MySQL 服务器主程序
	mysql-devel	MySQL 开发工具包

续表

组件名称	软件包名称	实现功能
php 相关	php	php 主程序
	php-mysql	让 php 支持 MySQL
	php-gd	gd 库的功能是用于生成真彩色图片,可以用于制作图像缩略图
	php-mbstring	mbstring 库全称是 Multi-Byte String,实现字符串不同编码格式转换,如:GB2312 转换为 UTF-8
	php-devel	php 开发工具包
	php-xml	让 php 支持 XML
	ImageMagick	用 C 语言开发图片处理程序,可以对图片进行改变大小、旋转、锐化、减色或增加特效等操作

(1) 安装 Apache

利用 YUM 安装软件包,可以逐个包安装,也可以一次安装多个包,如下命令所示。其中"-y"参数作用是在安装过程中无需用户确认,系统自动下载并按默认方式完成整个安装过程。安装之前建议用"rpm -qa"命令查询目标软件包是否已经安装,如果软件包已经存在,YUM 会尝试进行更新安装。

```
[root@ Linux6 ~]# yum -y install httpd httpd-devel
[root@ Linux6 ~]# service httpd start    //安装完成后,启动 httpd 服务
```

正确完成 Apache 组件安装后,默认的主要安装目录和文件信息如表 6-4 所示。

表 6-4 Apache 主要目录和文件

目录或文件	说明
/etc/httpd/	Apache 根目录
/etc/httpd/conf/httpd.conf	Apache 主配置文件
/var/www/html/	Apache 文档根目录
/etc/rc.d/init.d/httpd	Apache 启动脚本程序
/var/log/httpd/access_log	Apache 访问日志文件
/var/log/httpd/error_log	Apache 错误日志文件

学习情境6 Web服务器安装、配置与管理

无需进行任何配置,就可以启动 Apache 服务。测试服务是否正确运行,可以在本机或网络上的其他计算机中用浏览器访问安装 Apache 主机的 IP 地址,默认会打开一个测试主页,如图 6-44 所示。图中标示为默认主目录"/var/www/html",用户可以在该主目录创建一个网页文档或文本文件,然后在浏览器中进行访问,测试能否正确显示。注意要事先关闭 Linux 防火墙或者放行 WWW(HTTP)的 80TCP 端口。

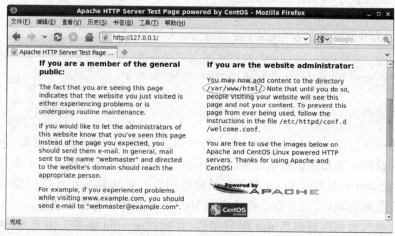

图 6-44 测试 httpd 服务

(2)安装 MySQL

①用下面命令安装 MySQL,安装过程显示信息从略。

```
[root@ Linux6 ~ ]# yum  -y  install  mysql  mysql-server  mysql-devel
```

②启动 mysqld 服务,初始化 MySQL 数据库,具体操作如下所示:

```
[root@ Linux6 ~ ]# service  mysqld  start
初始化 MySQL 数据库: Installing MySQL system tables...
OK
Filling help tables...
OK


To start mysqld at boot time you have to copy
support-files/mysql.server to the right place for your system

PLEASE REMEMBER TO SET A PASSWORD FOR THE MySQL root USER !
To do so, start the server, then issue the following commands:
/usr/bin/mysqladmin -u root password 'new-password'
```

```
/usr/bin/mysqladmin -u root -h Linux6 password 'new-password'
Alternatively you can run: /usr/bin/mysql_secure_installation
which will also give you the option of removing the test
databases and anonymous user created by default. This is
strongly recommended for production servers.
See the manual for more instructions.
You can start the MySQL daemon with: cd /usr ; /usr/bin/mysqld_safe &
You can test the MySQL daemon with mysql-test-run.pl
cd /usr/mysql-test ; perl mysql-test-run.pl
Please report any problems with the /usr/bin/mysqlbug script!
                                                                [确定]
正在启动 mysqld:                                                [确定]
```

第一次启动 mysqld 服务时,系统会自动进行初始化 MySQL 数据库,包括创建系统数据库表和测试数据库等,并提示用户修改数据库管理员 root 账号密码(注意此 root 不是登录 Linux 服务器的超级用户),在实际生产环境中删除测试数据库及相关用户,以及安全模式启动 MySQL 数据库服务的方法等。

③修改数据库管理员 root 账号密码,并测试 mysqld 服务。由于 MySQL 数据库初始管理员 root 账号密码为空,为了安全起见,安装完成 MySQL 后需尽快修改其密码,按照提示,可以使用"mysqladmin -u root password <新口令>"命令,以下命令将 root 数据库管理员账号密码改为"123@sql",并用客户端"mysql"命令登录 MySQL 数据库执行一些测试操作。

```
[root@Linux6 ~]# mysqladmin -u root password 123@sql   //修改 root 登录密码
[root@Linux6 ~]# mysql -u root -p                       //以 root 账号登录
Enter password:                                         //输入 root 登录密码
Welcome to the MySQL monitor.  Commands end with ; or \g.  //提示命令结束符为
                                                              ";或\g"

Your MySQL connection id is 12
Server version: 5.1.61 Source distribution

Copyright (c) 2000, 2011, Oracle and/or its affiliates. All rights reserved.
Oracle is a registered trademark of Oracle Corporation and/or its
affiliates. Other names may be trademarks of their respective owners.

Type 'help;' or '\h' for help. Type '\c' to clear the current input statement.
```

```
mysql > show databases;         //列出 MySQL 数据库服务器中有哪些数据库
+--------------------+           //能够显示下列信息,说明 mysqld 服务运行正常
| Database           |
+--------------------+           //information_schema 为系统字典信息数据库,
| information_schema |           //保存关于 MySQL 服务器所维护的所有其他数据信息
| mysql              |           //mysql 为系统数据库,保存系统有关的权限、对象和状
                                     态信息等
| test               |           //test 为测试数据库
+--------------------+
3 rows in set (0.00 sec)

mysql > exit                     //退出 mysql 客户端
Bye
```

（3）安装 PHP

①用下面命令安装 PHP,安装过程显示信息从略。

```
[root@ Linux6 ~]# yum  -y install  php  php-mysql  php-gd  php-mbstring  \
>    php-xml   php-devel   ImageMagick
```

②修改 PHP 配置文件 php.ini 中 date.timezone 时区选项。在 PHP5 的版本中,默认系统显示时间为格林威治标准时间,和北京时间差了正好 8 个小时,建议修改为本地时区,即"Asia/Shanghai",否则 PHP 程序中获取系统当前日期时间时会提示出错。方法是:修改/etc/php.ini 文件,找到";date.timezone   =   "这一行,把前面的分号去掉,改为"date.timezone   =   Asia/Shanghai"即可。

③测试 PHP 是否运行正常。在 Apache 服务器的主目录"/var/www/html/"中,创建一个 test.php 文件,内容如下 php 测试脚本("//"后为注释):

```
< ? php           //默认 php 脚本语言起始标记
  phpinfo();      //phpinfo() 为 php 的系统函数,用来查看 php 的配置信息、加载了
                       哪些模块等
? >               //默认 php 脚本语言结束标记
```

用"service httpd restart"命令重启 Apache 服务器后,在客户端浏览器 URL 地址栏里打开"http://Apache 服务器的 IP 地址/test.php"(如本机访问:http://127.0.0.1/test.php),若能成功显示类似如图 6-45 所示信息,则表示安装成功。

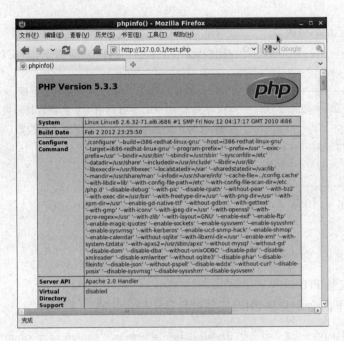

图 6-45　测试 PHP 脚本是否运行正常

2. 安装 phpBB 测试 LAMP 环境是否运行正常

（1）下载 phpBB3.0.7 中文版

到 phpBB 中文官网下载 phpbb3.0.7_pl1_zh_phpbbchina.zip 压缩包文件，并将其内容解压到"/var/www/html/phpbb3"目录下（默认解压的目录为 phpbb3.0.7_pl1_zh_phpbbchina，需要进行重命名为 phpbb3）。

（2）修改和安装过程相关的目录和文件权限

用浏览器打开"/var/www/html/phpbb3/docs/INSTALL.html"文档，文档中的"Quick install"部分详细说明了需要修改哪些文档的权限，如下所示：

> 1. Decompress the phpBB3 archive to a local directory on your system.
> 2. Upload all the files contained in this archive (retaining the directory structure) to a web accessible directory on your server or hosting account.
> 3. Change the permissions on config.php to be writable by all (666 or -rw-rw-rw- within your FTP Client)
> 4. Change the permissions on the following directories to be writable by all (777 or -rwxr-wxrwx within your FTP Client): store/, cache/, files/ and images/avatars/upload/.

5. Using your web browser visit the location you placed phpBB3 with the addition of install/index.php or pointing directly to install/, e.g.

http://www.mydomain.com/phpBB3/install/, http://www.mydomain.com/forum/install/etc.

6. Click the INSTALL tab, follow the steps and fill out all the requested information.

7. Change the permissions on config.php to be writable only by yourself (644 or -rw-r--r-- within your FTP Client)

8. phpBB3 should now be available, please MAKE SURE you read at least Section 6 below for important, security related post-installation instructions. If you experienced problems or do not know how to proceed with any of the steps above please read the rest of this document.

按照安装文档提示,需要进行下面几个权限的设置:

```
[root@Linux6 ~]# chmod 666  /var/www/html/phpbb3/config.php
[root@Linux6 ~]# chmod 777  /var/www/html/phpbb3/store
[root@Linux6 ~]# chmod 777  /var/www/html/phpbb3/cache
[root@Linux6 ~]# chmod 777  /var/www/html/phpbb3/files
[root@Linux6 ~]# chmod 777  /var/www/html/phpbb3/images/avatars/upload
```

(3)在 MySQL 中创建 phpBB 数据库

由于 phpBB 在安装过程中,不会自动创建 MySQL 数据库,只能使用事先创建好的 MySQL 数据库,所以在安装 phpBB 之前,先要手工创建一个用来存放 phpBB 信息的 MySQL 数据库,再将"mysql"客户端用以下命令创建一个名为 phpBB 的数据库。

```
[root@Linux6 ~]# mysql -u root -p      //以 root 账号登录
Enter password:                         //输入 root 登录密码
                                        //中间显示的信息从略
mysql> create database phpBB;          //新建 phpBB 数据库
Query OK, 1 row affected (0.02 sec)    //表示执行成功
mysql> show databases;                  //查看数据库是否创建成功
mysql> \q                               //\q 相当于 exit 命令,退出 mysql 客户端
```

(4)用浏览器打开安装界面向导

客户端浏览器 URL 地址栏里打开"http://Apache 服务器 IP 地址/phpbb3/install"(如:http://127.0.0.1/phpbb3/install),若能成功显示类似如图 6-46 所

示信息,则表示可以进行安装。按照安装向导,选择显示语言为简体中文,单击"Change"按钮后,切换到"全新安装"选项卡,进行全新安装。

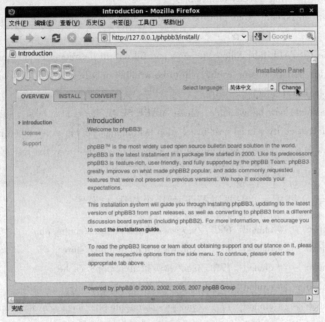

图 6-46　phpBB 的安装向导

(5) 配置 phpBB 数据库连接

由于 phpBB 使用 MySQL 数据库作为后台信息的存储,事先需要设置如何连接到 MySQL 数据库的 DNS(Data Source Name)。主要包括下列几个参数:

①数据库类型,即使用什么样的数据库驱动程序;

②提供数据库服务器的计算机名或 IP 地址;

③提供数据库服务使用的端口号,如 MySQL 默认为 3306,SQL Server 为 1433;

④数据库名称;

⑤登录数据库的用户名和密码。

phpBB 的数据库设置如图 6-47 所示。

(6) 设置 phpBB 管理员信息

phpBB 管理员账号是用来管理 phpBB 论坛的用户,在如图 6-48 所示的界面中,需要完整输入管理员的信息,包括 E-mail 地址。

(7) 按照默认配置,完成安装并转到 phpBB 管理员控制面板页面

学习情境6　Web服务器安装、配置与管理

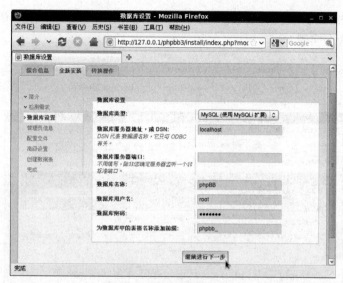

图 6-47　phpBB 数据库设置

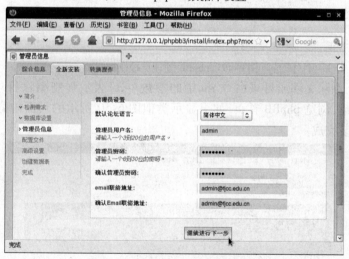

图 6-48　设置 phpBB 管理员信息

完成数据库和管理员信息设置后，phpBB 的安装基本完成，系统会自动以管理员账号登录 phpBB，并转到 phpBB 管理员控制面板页面。同时提示用户需要删除或重命名 install 文件夹，如图 6-49 所示。

（8）修改 phpBB 配置文件权限，并删除用于系统安装的 install 目录

按照快速安装说明文档的提示，安装完成后需要修改 phpBB 配置文件 config.php 的权限为只读(针对普通用户),同时删除用于系统安装的 install 目录,使用如下命令实现。

```
[root@Linux6 ~]# chmod    644    /var/www/html/phpbb3/config.php
[root@Linux6 ~]# rm    -rf    /var/www/html/phpbb3/install
```

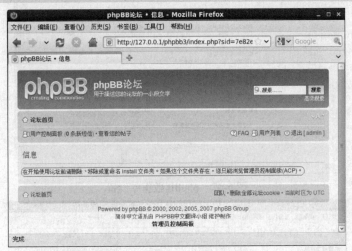

图 6-49 phpBB 管理员控制面板

Linux 删除文件或目录命令 rm 中的参数"-rf"表示强制删除目录。install 目录删除后,浏览 phpBB 首页,如果显示类似图 6-50 所示的页面内容,则表示 phpBB 安装完成。

图 6-50 安装完成的 phpBB 首页

尝试注册 phpBB 用户，并发布文章，如果能顺利进行，说明安装和配置的 LAMP 环境运行正常。

3. 以源代码方式定制 LAMP 环境

上述使用 YUM 方式安装配置的 LAMP 环境中，各软件包的版本相对较低。安装完成后用"rpm -qa"命令查看，Apache，MySQL，PHP 及相关组件的版本如下所示：

```
[root@ Linux6 ~]# rpm -qa httpd
httpd-2.2.15-15.el6.centos.1.i686
[root@ Linux6 ~]# rpm -qa mysql
mysql-5.1.61-1.el6_2.1.i686
[root@ Linux6 ~]# rpm -qa php
php-5.3.3-3.el6_2.6.i686
[root@ Linux6 ~]# rpm -qa php-gd
php-gd-5.3.3-3.el6_2.6.i686
[root@ Linux6 ~]# rpm -qa zlib
zlib-1.2.3-27.el6.i686
[root@ Linux6 ~]# rpm -qa libpng
libpng-1.2.44-1.el6.i686
[root@ Linux6 ~]# rpm -qa freetype
freetype-2.3.11-5.el6.i686
[root@ Linux6 ~]# rpm -qa jpeg
[root@ Linux6 ~]# rpm -qa | grep -i jpeg    //grep 命令中参数-i 表示不区
                                              分字符大小写
libjpeg-6b-46.el6.i686
openjpeg-libs-1.3-7.el6.i686
[root@ Linux6 ~]# rpm -qa autoconf
autoconf-2.63-5.1.el6.noarch
[root@ Linux6 ~]# rpm -qa libxml2
libxml2-2.7.6-1.el6.i686
[root@ Linux6 ~]# rpm -qa ImageMagick
ImageMagick-6.5.4.7-5.el6.i686
[root@ Linux6 ~]# rpm -qa ncurses
ncurses-5.7-3.20090208.el6.i686
```

除了 Apache、MySQL 和 PHP 软件包外，和 LAMP 环境相关的组件也可以使用编译源代码安装方式进行更新。主要有以下一些包（表 6-3 已经列出的不再重复），参见表 6-5 所示。

表 6-5 支持 LAMP 环境的软件包

软件包名称	实现功能
autoconf	是一个用于生成可以自动地配置软件源代码包以适应多种 Unix 类系统的 shell 脚本的工具
zlib	用以支持压缩文件的工具包
libxml2	是一个 C 语言的 XML 程序库，可以简单方便地提供对 XML 文档的各种操作，并且支持 XPATH 查询及部分支持 XSLT 转换功能
freetype	是一个完全免费（开源）的、高质量的且可移植的字体引擎，它提供统一的接口来访问多种字体格式文件
ncurses	一个能提供功能键定义（快捷键）、屏幕绘制以及基于文本终端的图形互动功能的动态库
libpng	用于其他程序读写 png 图片文件的程序库
apr	APR(Apache Portable Runtime)可移植运行库
pcre	C 语言实现 PERL 正则表达式功能的程序库
m4	是一个宏处理器，将输入拷贝到输出，同时将宏展开。更新 bison 之前需更新
bison	是属于 GNU 项目的一个语法分析器生成器
libmcrypt	加密算法扩展库。支持 DES、3DES、RIJNDAEL、Twofish、IDEA、GOST、CAST-256、ARCFOUR、SERPENT、SAFER+等算法
mhash	哈希加密混编函数库。支持多种哈希算法，如：MD5、SHA1 或 GOST
mcrypt	一个功能强大的加密算法扩展库。用于支持 phpMyAdmin 工具

(1) 下载 LAMP 环境相关的源代码包

相关源代码包的下载地址参见表 6-6 所示，由于各软件包之间存在依赖关系，需要按照一定的顺序进行安装，否则可能会出错。建议将下载的软件源代码压缩包统一放到 /usr/local/src 目录下，部分用户自定义编译安装的软件包放到 /usr/local/ 目录下。

表6-6 LAMP环境相关的源代码包下载地址和安装顺序

序号	源代码包名称	下载地址
1	zlib-1.2.5.tar.gz	http://www.zlib.net/
2	libpng-1.5.9.tar.gz	ftp://ftp.simplesystems.org/pub/libpng/png/src/
3	freetype-2.4.9.tar.gz	http://mirror.yongbok.net/nongnu/freetype/
4	jpegsrc.v8d.tar.gz	http://www.ijg.org/
5	autoconf-2.68.tar.gz	ftp://ftp.gnu.org/gnu/autoconf/
6	gd-2.0.35.tar.gz	http://www.libgd.org/
7	ncurses-5.9.tar.gz	http://ftp.gnu.org/pub/gnu/ncurses/
8	cmake-2.8.7.tar.gz	http://www.cmake.org/files/v2.8/
9	m4-1.4.16.tar.gz	http://ftp.gnu.org/gnu/m4/
10	bison-2.5.tar.gz	http://ftp.gnu.org/gnu/bison/
11	mysql-5.5.21.tar.gz	http://dev.mysql.com/downloads/
12	apr-1.4.6.tar.gz	http://apr.apache.org/download.cgi
13	apr-util-1.4.1.tar.gz	http://apr.apache.org/download.cgi
14	pcre-8.30.tar.gz	http://pcre.org/
15	httpd-2.4.1.tar.gz	http://httpd.apache.org/download.cgi
16	libxml2-2.7.8.tar.gz	http://xmlsoft.org/sources/
17	libmcrypt-2.5.8.tar.gz	http://downloads.sourceforge.net/mcrypt/
18	mhash-0.9.9.9.tar.gz	http://downloads.sourceforge.net/mcrypt/
19	mcrypt-2.6.8.tar.gz	http://downloads.sourceforge.net/mhash/
20	ImageMagick-6.7.6-1.tar.gz	http://www.imagemagick.org/
21	php-5.4.0.tar.gz	http://www.php.net/downloads.php

(2) 编译安装 GD 库相关组件

```
// = = = = = = 1.安装 zlib = = = = = = 以下所有安装过程显示信息从略
[root@ Linux6 ~ ]# cd  /usr/local/src/
[root@ Linux6 src ]# tar  zxvf  zlib-1.2.5.tar.gz
[root@ Linux6 src ]# cd  zlib-1.2.5
[root@ Linux6 zlib-1.2.5 ]# ./configure    //将其安装到默认位置,否则安装 libpng
                                             时会出错
[root@ Linux6 zlib-1.2.5 ]# make           //编译
[root@ Linux6 zlib-1.2.5 ]# make  install  //安装
// = = = = = = 2.安装 libpng = = = = = =
[root@ Linux6 ~ ]# cd  /usr/local/src/
[root@ Linux6 src ]# tar  zxvf  libpng-1.5.9.tar.gz
[root@ Linux6 libpng-1.5.9 ]# ./configure              //建议不要指定安装目录
[root@ Linux6 libpng-1.5.9 ]# make  &&  make  install  //编译并安装
// = = = = = = 3.安装 freetype = = = = = =
[root@ Linux6 ~ ]# cd  /usr/local/src/
[root@ Linux6 src ]# tar  zxvf  freetype-2.4.9.tar.gz
[root@ Linux6 src ]# cd  freetype-2.4.9
[root@ Linux6 freetype-2.4.9 ]# ./configure  --prefix=/usr/local/freetype
[root@ Linux6 freetype-2.4.9 ]# make  &&  make  install
// = = = = = = 4.安装 jpeg8 = = = = = =
[root@ Linux6 ~ ]# cd  /usr/local/src/
[root@ Linux6 src ]# tar  zxvf  jpegsrc.v8d.tar.gz
[root@ Linux6 src ]# cd  jpeg-8d
[root@ Linux6 jpeg-8d ]# ./configure  --prefix=/usr/local/jpeg8
[root@ Linux6 jpeg-8d ]# make  &&  make  install
// = = = = = = 5.安装 autoconf = = = = = =
[root@ Linux6 ~ ]# cd  /usr/local/src/
[root@ Linux6 src ]# tar  zxvf  autoconf-2.68.tar.gz
[root@ Linux6 src ]# cd  autoconf-2.68
[root@ Linux6 autoconf-2.68 ]# ./configure              //不要指定安装目录
[root@ Linux6 autoconf-2.68 ]# make  &&  make  install
// = = = = = = 6.安装 gd2 = = = = = =
[root@ Linux6 ~ ]# cd  /usr/local/src/
[root@ Linux6 src ]# tar  zxvf  gd-2.0.35.tar.gz
```

```
[root@ Linux6 src]# cd   gd-2.0.35
[root@ Linux6 gd-2.0.35]# ./configure    --with-jpeg=/usr/local/jpeg8\
>--with-freetype=/usr/local/freetype    //建议不要指定安装目录
[root@ Linux6 gd-2.0.35]# make   &&   make  install
```

(3)编译安装 MySQL 相关组件

根据 MySQL 源代码包中的"INSTALL-SOURCE"文档说明,MySQL5.5 以后的版本都将使用 CMake 编译器进行编译安装,目的是为了更好地适应各种操作系统平台。"CMake"是"cross platform make"的缩写,是一个跨平台的安装(编译)工具,可以用简单的语句来描述所有平台的安装(编译过程)。而在 CentOS 6 中安装 cmake 需要使用 gmake 命令,gmake 是 GNU Make 的缩写,gmake 对 make 扩展了很多功能。

```
//======7.安装 ncurses ======以下所有安装过程显示信息从略
[root@ Linux6 ~]# cd  /usr/local/src/
[root@ Linux6 src]# tar   zxvf   ncurses-5.9.tar.gz
[root@ Linux6 src]# cd   ncurses-5.9
[root@ Linux6 ncurses-5.9]# ./configure   --with-shared   --without-debug\
>--without-ada   --enable-overwrite
[root@ Linux6 ncurses-5.9]# make   &&   make  install
//======8.安装 cmake ======
[root@ Linux6 ~]# cd  /usr/local/src/
[root@ Linux6 src]# tar   zxvf   cmake-2.8.7.tar.gz
[root@ Linux6 src]# cd   cmake-2.8.7
[root@ Linux6 cmake-2.8.7]# ./configure
[root@ Linux6 cmake-2.8.7]# gmake   &&   gmake  install   //使用 gmake 进行编译
                                                              和安装
//======9. 安装 m4 ======
[root@ Linux6 ~]# cd  /usr/local/src/
[root@ Linux6 src]# tar   zxvf   m4-1.4.16.tar.gz
[root@ Linux6 src]# cd   m4-1.4.16
[root@ Linux6 m4-1.4.16]# ./configure
[root@ Linux6 m4-1.4.16]# make   &&   make  install
//======10.安装 bison ======
[root@ Linux6 ~]# cd  /usr/local/src/
```

```
[root@ Linux6 src]# tar    zxvf    bison-2.5.tar.gz
[root@ Linux6 src]# cd    bison-2.5
[root@ Linux6 bison-2.5]# ./configure
[root@ Linux6 bison-2.5]# make  &&  make  install
//======11.安装 MySQL======
[root@ Linux6 ~]# cd  /usr/local/src/
[root@ Linux6 src]# groupadd    mysql        //添加一个 mysql 用户组
[root@ Linux6 src]# useradd  -r  -g  mysql  mysql    //添加一个 mysql 系统用户并
                                                      加入组
[root@ Linux6 src]# tar    zxvf    mysql-5.5.21.tar.gz
[root@ Linux6 src]# cd    mysql-5.5.21
[root@ Linux6 mysql-5.5.21]# cmake  .   //使用 cmake 进行编译配置
[root@ Linux6 mysql-5.5.21]# make  &&  make  install
[root@ Linux6 mysql-5.5.21]# cd  /usr/local/mysql
[root@ Linux6 mysql]# chown   -R   mysql  .//修改所有者
[root@ Linux6 mysql]# chgrp   -R   mysql  . //修改所属组
[root@ Linux6 mysql]# scripts/mysql_install_db  --user=mysql
                              //初始化系统数据库
[root@ Linux6 mysql]# chown   -R   root  .
[root@ Linux6 mysql]# chown   -R   mysql   data
[root@ Linux6 mysql]# cp   support-files/my-medium.cnf   /etc/my.cnf
cp:是否覆盖"/etc/my.cnf"?   y        //复制用于中型项目的默认配置文件
[root@ Linux6 mysql]# scripts/mysql_install_db  --user=mysql
                              //重新初始化系统数据库
[root@ Linux6 mysql]# bin/mysqld_safe  --user=mysql  &
                              //安全方式启动 mysql
[root@ Linux6 mysql]# cp   support-files/mysql.server   /etc/init.d/mysqld
                              //配置成系统服务
[root@ Linux6 mysql]# chmod   +x   /etc/init.d/mysqld
                              //设置为可执行属性
[root@ Linux6 mysql]# chkconfig   mysqld   on//设置开机自启动
[root@ Linux6 mysql]# bin/mysqladmin  -u  root  password  123@sql
                              //修改管理员密码
```

学习情境6　Web服务器安装、配置与管理

```
[root@ Linux6 mysql]# service   mysqld   restart
[root@ Linux6 mysql]# bin/mysql  -u   root   -p          //以管理员登录mysql
Enter password：
Welcome to the MySQL monitor.   Commands end with ; or \g.
Your MySQL connection id is 1
Server version：5.5.21-log Source distribution
//后面内容从略
```

（4）编译安装Apache相关组件

用源代码编译安装Apache之前，建议先检查Linux系统中是否已经安装了低版本的Apache，如果已安装，则先进行卸载操作。注意，通过源代码编译安装的软件包，不能通过"rpm -qa"进行查询是否安装成功。因为只有通过rpm安装的软件包，才会记录到rpm信息库。

```
//强制卸载低版本Apache
[root@ Linux6 ~ ]# rpm   -qa    httpd
httpd-2.2.15-5.el6.centos.i686
[root@ Linux6 ~ ]# rpm   -e   httpd   --nodeps //不考虑软件包的依赖关系,强制卸载
// ＝ ＝ ＝ ＝ ＝ ＝ 12.安装apr ＝ ＝ ＝ ＝ ＝ ＝ 以下所有安装过程显示信息从略
[root@ Linux6 ~ ]# cd   /usr/local/src/
[root@ Linux6 src]# tar   zxvf   apr-1.4.6.tar.gz
[root@ Linux6 src]# cd   apr-1.4.6
[root@ Linux6 apr-1.4.6]# ./configure
[root@ Linux6 apr-1.4.6]# make  &&   make   install
// ＝ ＝ ＝ ＝ ＝ ＝ 13.安装apr-util ＝ ＝ ＝ ＝ ＝ ＝
[root@ Linux6 ~ ]# cd   /usr/local/src/
[root@ Linux6 src]# tar   zxvf   apr-util-1.4.1.tar.gz
[root@ Linux6 src]# cd    apr-util-1.4.1
[root@ Linux6 apr-util-1.4.1]# ./configure   --with-apr =/usr/local/apr
                                                      //需指定apr目录
[root@ Linux6 apr-util-1.4.1]# make  &&   make   install
// ＝ ＝ ＝ ＝ ＝ ＝ 14.安装pcre ＝ ＝ ＝ ＝ ＝ ＝
[root@ Linux6 ~ ]# cd   /usr/local/src/
```

```
[root@ Linux6 src]# tar   zxvf   pcre-8.30.tar.gz
[root@ Linux6 src]# cd   pcre-8.30
[root@ Linux6 pcre-8.30]# ./configure
[root@ Linux6 pcre-8.30]# make   &&   make   install
//======15.安装 httpd======
[root@ Linux6 ~]# cd   /usr/local/src/
[root@ Linux6 src]# tar   zxvf   httpd-2.4.1.tar.gz
[root@ Linux6 src]# cd   httpd-2.4.1
[root@ Linux6 httpd-2.4.1]# ./configure     //默认安装目录为/usr/local/apache2
[root@ Linux6 httpd-2.4.1]# make   &&   make   install
//====== 配置 Apache 的启动脚本 ======
//将 Apache 的启动脚本拷贝到/etc/rc.d/init.d/目录下,改名为 httpd
[root@ Linux6 httpd-2.4.1]# cp   /usr/local/apache2/bin/apachectl  /etc/rc.d/init.d/httpd
[root@ Linux6 httpd-2.4.1]# chkconfig   httpd   on     //设置开机自启动
[root@ Linux6 httpd-2.4.1]# service   httpd   start   //修改启动脚本后,启动 httpd 服务
正在启动 httpd:AH00558:httpd: Could not reliably determine the server's fully qualified domain name, using :;1. Set the 'ServerName' directive globally to suppress this message
[root@ Linux6 httpd-2.4.1]# ps  -ef  |  grep httpd
                          //查看 httpd 进程,如下所示为已经启动
root       30384     1  0 09:53 ?        00:00:00 /usr/local/apache2/bin/httpd -k start
daemon     30385 30384  0 09:53 ?        00:00:00 /usr/local/apache2/bin/httpd
daemon     30386 30384  0 09:53 ?        00:00:00 /usr/local/apache2/bin/httpd
daemon     30387 30384  0 09:53 ?        00:00:00 /usr/local/apache2/bin/httpd
root       30484 28870  0 09:54 pts/0    00:00:00 grep httpd
```

在启动 Apache 时出现"httpd:Could not reliably determine…"的提示信息,表示"不能确认服务器域名",说明服务器名称、虚拟主机名称中,指定的网络名字无法访问。此提示信息为警告信息,不影响 Apache 服务的启动。去除此警告信息的办法有:

①编辑/etc/hosts 文件,加入一行"ServerName   localhost:80";

②在本机指定能解析本机主机名的 DNS 服务器;

③修改主配置文件 httpd.conf,找到 ServerName 这一行写入本机主机名。

学习情境6　Web服务器安装、配置与管理

查看 MySQL 和 Apache 是否正常运行,也可以查看 MySQL 的 3306 和 Apache的80TCP 端口是否开放,使用的命令为"netstat -tnl",如图 6-51 所示。

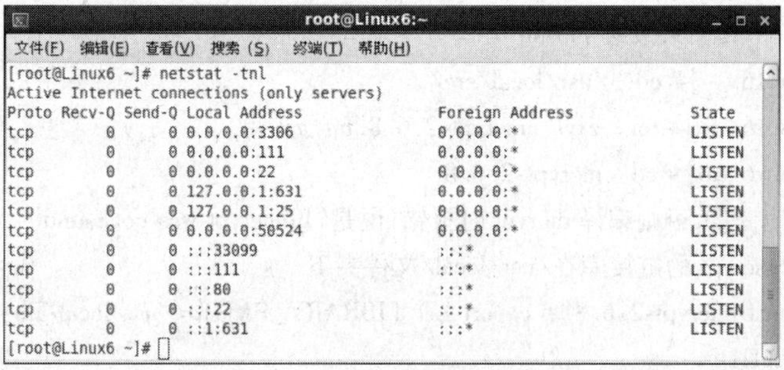

```
[root@Linux6 ~]# netstat -tnl
Active Internet connections (only servers)
Proto Recv-Q Send-Q Local Address           Foreign Address         State
tcp        0      0 0.0.0.0:3306            0.0.0.0:*               LISTEN
tcp        0      0 0.0.0.0:111             0.0.0.0:*               LISTEN
tcp        0      0 0.0.0.0:22              0.0.0.0:*               LISTEN
tcp        0      0 127.0.0.1:631           0.0.0.0:*               LISTEN
tcp        0      0 127.0.0.1:25            0.0.0.0:*               LISTEN
tcp        0      0 0.0.0.0:50524           0.0.0.0:*               LISTEN
tcp        0      0 :::33099                :::*                    LISTEN
tcp        0      0 :::111                  :::*                    LISTEN
tcp        0      0 :::80                   :::*                    LISTEN
tcp        0      0 :::22                   :::*                    LISTEN
tcp        0      0 :::1:631                :::*                    LISTEN
[root@Linux6 ~]#
```

图 6-51　查看 TCP 端口打开情况

(5)编译安装 PHP 相关组件

编译 PHP 是一个很复杂的过程,除了事先要安装上述的支持库,在进行编译配置时还有很多配置选项,一个小小的失误都可能导致安装失败。下面的编译配置选项只是让 PHP 满足一般动态网站的一些功能。

```
// ====== 16. 安装 libxml2 ======  以下所有安装过程显示信息从略
[root@ Linux6 ~]# cd /usr/local/src/
[root@ Linux6 src]# tar zxvf libxml2-2.7.8.tar.gz
[root@ Linux6 src]# cd libxml2-2.7.8
[root@ Linux6 libxml2-2.7.8]# ./configure
[root@ Linux6 libxml2-2.7.8]# make && make install
// ====== 17. 安装 libmcrypt ======
[root@ Linux6 ~]# cd /usr/local/src/
[root@ Linux6 src]# tar zxvf libmcrypt-2.5.8.tar.gz
[root@ Linux6 src]# cd libmcrypt-2.5.8
[root@ Linux6 libmcrypt-2.5.8]# ./configure
[root@ Linux6 libmcrypt-2.5.8]# make && make install
// ====== 18. 安装 mhash ======
[root@ Linux6 ~]# cd /usr/local/src/
[root@ Linux6 src]# tar zxvf mhash-0.9.9.9.tar.gz
[root@ Linux6 src]# cd mhash-0.9.9.9
```

```
[root@ Linux6 mhash-0.9.9.9]# ./configure
[root@ Linux6 mhash-0.9.9.9]# make  &&  make  install
```
//======19.安装mhash======
```
[root@ Linux6 ~]# cd  /usr/local/src/
[root@ Linux6 src]# tar   zxvf   mcrypt-2.6.8.tar.gz
[root@ Linux6 src]# cd   mcrypt-2.6.8
```
//修改环境变量,否则编译mcrypt时报错,说是"libmcrypt was not found"
//因为Libmcrypt的链接库在/usr/local/文件夹下
```
[root@ Linux6 mcrypt-2.6.8]# export LD_LIBRARY_PATH =/usr/local/lib: $ LD_LIBRARY_PATH
[root@ Linux6 mcrypt-2.6.8]# ./configure
[root@ Linux6 mcrypt-2.6.8]# make  &&  make  install
```
//======20.安装ImageMagick======
```
[root@ Linux6 ~]# cd  /usr/local/src/
[root@ Linux6 src]# tar   zxvf   ImageMagick-6.7.6-1.tar.gz
[root@ Linux6 src]# cd   ImageMagick-6.7.6-1
[root@ Linux6 ImageMagick-6.7.6-1]# ./configure
[root@ Linux6 ImageMagick-6.7.6-1]# make  &&  make  install
```
//======21.安装PHP======
```
[root@ Linux6 ~]# cd  /usr/local/src/
[root@ Linux6 src]# tar   zxvf   php-5.4.0.tar.gz
[root@ Linux6 src]# cd   php-5.4.0
[root@ Linux6 php-5.4.0]# ./configure  --prefix =/usr/local/php  \
> --with-apxs2 =/usr/local/apache2/bin/apxs  \   //把php当成apache的一个模块
> --with-mysql =/usr/local/mysql  \   //让PHP支持对MySQL数据库的操作
> --with-mysqli =/usr/local/mysql/bin/mysql_config  \
> --with-jpeg-dir =/usr/local/jpeg8  \
> --with-freetype-dir =/usr/local/freetype  --with-zlib  --with-gd  \
> --enable-mbstring  --with-mcrypt  //让PHP支持phpMyAdmin
[root@ Linux6 php-5.4.0]# make  &&  make  install
```
//拷贝php.ini的样本配置文件
```
[root@ Linux6 php-5.4.0]# cp   php.ini-production   /usr/local/php/etc/php.ini
```

（6）修改 Apache 主配置文件 httpd.conf 让其支持 PHP

用 RPM 或 YUM 安装的 Apache 主配置文件和用源代码编译安装的文档内容，由于版本不一样，配置文件的风格也有所不一样。httpd.conf 文件很长，其包含的配置参数也很复杂，但有些配置参数用得很少，主要包括 3 个部分：全局环境配置、主服务器配置和虚拟主机的配置。全局环境配置选项参见表 6-7。

表 6-7 Apache 主配置文件 httpd.conf 的全局配置选项

配置选项	说 明
ServerRoot	Apache 主配置和日志文件的位置，即服务器根目录
ServerAdmin	Apache 管理员 E-mail 地址
ServerName	Apache 服务器的主机名
DocumentRoot	Apache 服务器网页（文档）根目录
Listen	Apache 服务器监听的网络端口号
PidFile	设置服务器用于记录父进程（监控进程）PID 的文件
ErrorLog	Apache 服务器中错误日志文件的路径和文件名
CustomLog	Apache 服务器中访问日志文件的路径和格式类型
Timeout	Web 服务器与浏览器之间网络连接的超时秒数
KeepAlive	设置为 Off 时服务器不使用保持连接功能，传输的效率比较低；设置为 On 时，可以提高服务器传输效率
MaxKeepAliveRequests	当 KeepAlive 为 On 时，设置客户端每次连接允许请求响应的最大文件数，默认为 100 个文件

PHP 安装完成后，系统自动会在/usr/local/apache2/conf/httpd.conf 配置文件中增加一行"LoadModule   php5_module   modules/libphp5.so"，但要让 Apache 支持 PHP 应用程序，还需要使用 vi 编辑器打开 httpd.conf 文件，添加一个"AddType   application"PHP 应用程序类型，如下所示：

```
[root@Linux6 ~]# vi /usr/local/apache2/conf/httpd.conf
...    ...
<IfModule mime_module>
    #
    # TypesConfig points to the file containing the list of mappings from
    # filename extension to MIME-type.
    #
    TypesConfig conf/mime.types

    #
    # AddType allows you to add to or override the MIME configuration
    # file specified in TypesConfig for specific file types.
    #
    #AddType application/x-gzip .tgz
    AddType application/x-httpd-php    .php       //为Apache增加一个php应用程序
                                                    类型
...    ...
    #AddType text/html .shtml
    #AddOutputFilter INCLUDES .shtml
</IfModule>
...    ...
[root@Linux6 ~]# service httpd restart         //修改完httpd.conf,需要重
                                                  启Apache
```

(7) 测试PHP5.4.0是否运行正常

按照前面的方法，在Apache服务器的主目录"/usr/local/apache2/htdocs/"中，创建一个test.php文件，然后在浏览器中打开此文档，如果显示如图6-52所示的页面信息，表示PHP5.4.0运行正常。

4. 安装配置WordPress博客平台

(1) 下载phpBB3.0.7中文版

到WordPress中文官网"http://cn.wordpress.org/"下载wordpress-3.3.1-zh_CN.tar.gz压缩包文件，并将其内容解压到"/usr/local/apache2/htdocs/wordpress"目录下。

(2) 在MySQL中创建wordpress数据库

学习情境6 Web服务器安装、配置与管理

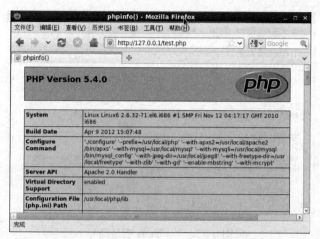

图 6-52　测试 PHP5.4.0 是否运行正常

同样，WordPress 在安装过程中，系统不会自动创建 MySQL 数据库，在安装之前也必须先手工创建一个名为 wordpress 数据库，如下命令所示：

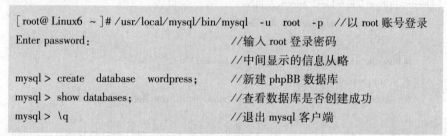

（3）利用 WordPress 的安装向导进行安装

WordPress 的安装非常简单，参见说明文档 readme.html 中"安装：著名的五分钟安装"部分。可以通过如图 6-53 所示的安装向导或手工配置 wp-config.php 配置文件来完成，主要就是设置和 MySQL 数据库的连接及管理员账号等。请读者自行完成 WordPress 的安装。

5. 配置 Apache 的虚拟主机

（1）禁止目录浏览功能

在默认配置情况下，Apache 服务器是允许目录浏览的，也就是当网站目录下找不到指定的默认起始页文档时，Apache 服务器会列出网站目录中的文件及子目录，这对于用于发布站点的服务器来说是很不安全的。禁止 Apache 服务器的目录浏览功能需要修改主配置文件 httpd.conf 中的"Options Indexes FollowSymLinks"选项，如下所示：

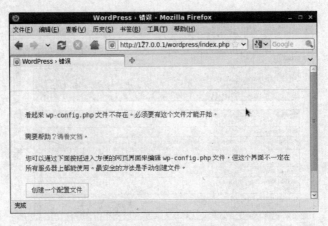

图 6-53　WordPress 安装向导

```
[root@ Linux6 ~]# vi  /usr/local/apache2/conf/httpd.conf
……
DocumentRoot "/usr/local/apache2/htdocs"
<Directory "/usr/local/apache2/htdocs">
    #
    # Possible values for the Options directive are "None", "All",
    # or any combination of：
    #   Indexes Includes FollowSymLinks SymLinksifOwnerMatch ExecCGI MultiViews
……
    # Options  Indexes  FollowSymLinks       //为 Apache 默认允许目录浏览的选项
    Options    FollowSymLinks              //修改后不允许目录浏览的选项
……
    Require all granted
</Directory>
……
[root@ Linux6 ~]# service  httpd  restart   //修改完 httpd.conf,需要重启 Apache
```

（2）修改默认起始页文档

在默认配置情况下，Apache 服务器默认起始页文档为静态网页 index.html。为了能让 Apache 服务器默认先打开 PHP 动态网页，需修改 httpd.conf 文件中的"DirectoryIndex"选项，如下所示：

```
[root@ Linux6 ~]# vi /usr/local/apache2/conf/httpd.conf
……
<IfModule dir_module>
    # DirectoryIndex   index.html           //为 Apache 默认起始页文档的选项
    DirectoryIndex   index.php  index.html  //修改后首选打开 index.php 的选项
</IfModule>
……
[root@ Linux6 ~]# service httpd restart
```

注意"DirectoryIndex"选项中如果有多个起始页文档,文件名之间用空格隔开,排在前面的优先。

（3）添加虚拟主机目录

此处配置基于主机名和 IP 地址混合的虚拟主机,在配置文件 httpd.conf 的尾部添加以下内容：

```
[root@ Linux6 ~]# vi /usr/local/apache2/conf/httpd.conf
……
NameVirtualHost  192.168.200.20:80                //声明虚拟主机 IP 和端口号
<VirtualHost  192.168.200.20:80>
  ServerName    bbs.fjcc.com                     //指定网站域名
  DocumentRoot  /usr/local/apache2/htdocs/phpbb3  //指定网站主目录
  Errorlog  /var/log/bbs_error_log                //指定错误日志文件
  CustomLog  /var/log/bbs_access_log  common      //指定访问日志文件
</VirtualHost>

NameVirtualHost  192.168.200.21:80
<VirtualHost  192.168.200.21:80>
  ServerName    blog.fjcc.com
  DocumentRoot  /usr/local/apache2/htdocs/wordpress
  Errorlog  /var/log/blog_error_log
  CustomLog  /var/log/blog_access_log  common
</VirtualHost>
[root@ Linux6 ~]# service httpd restart
```

6. 为服务器单个网卡绑定多个 IP 地址

在一台主机上配置不同的 IP 地址,既可以采用多个物理网卡的方案,也可以采用在同一个网卡上绑定多个 IP 地址的方案。在同一个网卡上绑定多个 IP 地址的操作方法可以在如图 6-54 所示的图形界面中进行设置。注意设置完成后,需要重启网络服务。

图 6-54 为网卡绑定多个 IP 地址

如果没有图形界面,也可以直接编辑对应网卡的配置文件,增加以下三行,保存网卡配置文件后,也需要重启网络服务。

```
IPADDR2 = 192.168.200.21
PREFIX2 = 24
GATEWAY2 = 192.168.200.254
```

7. 测试 Apache 的虚拟主机

在 Windows XP 客户端中测试访问 Apache 的虚拟主机,先要配置 DNS 服务器,帮助解析域名 http://bbs.fjcc.com 和 http://blog.fjcc.com,或者在客户端中的 HOSTS 文件中增加此 2 个域名的 IP 地址对应关系,也可以通过以下控制台命令进行添加:

```
Microsoft Windows XP [版本 5.1.2600]
(C) 版权所有 1985-2001 Microsoft Corp.

C:\Documents and Settings\Administrator>cd \      //切换到 C 盘根目录下
C:\>echo  192.168.200.20  bbs.fjcc.com >> C:\WINDOWS\system32\drivers\etc\hosts
C:\>echo  192.168.200.21  blog.fjcc.com >> C:\WINDOWS\system32\drivers\etc\hosts
C:\>type  C:\WINDOWS\system32\drivers\etc\hosts   //查看 hosts 文件内容,显示内容
                                                    从略
```

学习情境6 Web服务器安装、配置与管理

以上命令中,"echo"命令和 Linux 下的"echo"命令功能相同,">>"为以追加的方式重定向到文件尾。

设置好 HOSTS 文件后,在 Windows XP 客户端中用浏览器分别打开域名 http://bbs.fjcc.com 和 http://blog.fjcc.com,测试打开的网站是否为 BBS 和博客网站。

1. 安装和配置 Discuz

Crossday Discuz! Board(简称 Discuz!)是康盛创想(北京)科技有限公司推出的一套开源、通用的社区论坛软件系统。Discuz! 的基础架构采用 LAMP,是一个经过完善设计并适用于各种服务器环境的跨平台高效论坛系统解决方案。

用户可以到 Discuz! 的官方网站"http://download.comsenz.com/DiscuzX/"下载最新版本以及各种补丁。

① 下载最新版本的压缩包,如"Discuz_X2.5_SC_GBK.zip",文件名称中 "GBK"表示其网页编码格式为"GBK"。也可以下载网页编码格式为"UTF8"的压缩包;

② 解压 Discuz! 的压缩包,查看其 readme 文件夹下的 readme.txt 文件内容,其给出安装方法如下所示。

```
+----------------------+
Discuz! X 社区软件的安装
+----------------------+
1. 上传 upload 目录中的文件到服务器
2. 设置目录属性(windows 服务器可忽略这一步)
   以下这些目录需要可读写权限
   ./config
   ./data 含子目录
3. 执行安装脚本 /install/
   请在浏览器中运行 install 程序,即访问 http://您的域名/论坛目录/install/
4. 参照页面提示,进行安装,直至安装完毕
```

2. 安装配置 MySQL 图形管理工具 phpMyAdmin

为了安全起见,在默认配置情况下,MySQL 数据库不允许远程连接进行管

理，只能本地连接登录到 MySQL 服务器，这对网站开发人员和管理员都不是很方便。同时，MySQL 数据库目前只提供字符界面的管理工具，没有图形界面的管理工具。目前市面上也有很多第三方的 MySQL GUI 工具，如 Navicat for MySQL 和 MySQL-Front。

phpMyAdmin 是一个用 PHP 编写的，可以通过 Web 图形界面方式控制和操作 MySQL 数据库，它可以完全对数据库进行操作，例如建立、复制、删除数据等。由于 phpMyAdmin 是一个 B/S 架构的软件，可直接在 Web 服务器上运行，不需要在客户端安装软件。在不允许远程连接的 MySQL 服务器中，如果安装了 phpMyAdmin 软件，管理员就可以通过浏览器来远程登录管理 MySQL 数据库服务器。PhpMyAdmin 的缺点是必须安装在 Web 服务器中，其用户界面不怎么好看。

（1）下载 phpMyAdmin

到 phpMyAdmin 的官方网站"http://www.phpmyadmin.net/"下载目前最新版本，如："phpMyAdmin-3.5.0-rc2-all-languages.tar.gz"。

（2）部署 phpMyAdmin 网站

将 phpMyAdmin 的压缩包解压 Apache 服务器的主目录下，为了便于使用，文件夹名称建议改名为"phpMyAdmin"，如："/usr/local/apache2/htdocs/phpMyAdmin"（假设 Apache 的安装目录为/usr/local/apache2/）。

（3）修改 phpMyAdmin 的配置文件

phpMyAdmin 的配置文件为 phpMyAdmin 目录下的"config.inc.php"文件，刚解压后的 phpMyAdmin 目录中并没有此配置文件，只有一个名为"config.sample.inc.php"示例文件，需要手工复制该模板文件，得到 phpMyAdmin 最低限度的配置文件，并重命名为"config.inc.php"。

通过复制得到的"config.inc.php"配置文件，不需要任何修改也可以工作，它默认采用"Cookie"身份验证模式。下面给出可能需要修改的主要选项。

```
[root@Linux6 ~]# cd /usr/local/apache2/htdocs/phpMyAdmin
[root@Linux6 phpMyAdmin]# cp config.sample.inc.php config.inc.php
[root@Linux6 phpMyAdmin]# vi config.inc.php
… …
//设置 blowfish 加密算法的密钥，可以用一个任意字符串作为 cookie 的加密字符串
//目的是把登录时使用的用户名和密码加密后，再存储到客户端的 cookie 中
```

学习情境6 Web服务器安装、配置与管理

```
$ cfg['blowfish_secret'] = 'fjcc.com'; /* YOU MUST FILL IN THIS FOR COOKIE
AUTH! */
/* Authentication type */            //设置认证类型,默认为cookie方式
$ cfg['Servers'][ $ i]['auth_type'] = 'cookie';
                                     //可以改为'http'(http身份验证模式)
/* Server parameters */
$ cfg['Servers'][ $ i]['host'] = 'localhost';
                                     //设置MySQL数据库的域名或IP地址
$ cfg['Servers'][ $ i]['connect_type'] = 'tcp';
$ cfg['Servers'][ $ i]['compress'] = false;
/* Select mysql if your server does not have mysqli */
$ cfg['Servers'][ $ i]['extension'] = 'mysqli';
                                     //设置连接数据库类型,可以改为'mysql'
$ cfg['Servers'][ $ i]['AllowNoPassword'] = false;
... ...
```

(4) 在客户端用浏览器访问 phpMyAdmin 网站

完成上述设置后,要测试 phpMyAdmin 能否正常工作,可在客户端的浏览器地址栏中输入 phpMyAdmin 网站的 URL,如:"http://192.168.200.100/phpMyAdmin/",如果能看到如图 6-55 所示的登录界面,就表示 phpMyAdmin 工作正常。

图 6-55　phpMyAdmin 的登录界面

当用户在输入用户名 root 及其相应的密码后，将打开 phpMyAdmin 访问 MySQL 服务器的初始网页，如图 6-56 所示。

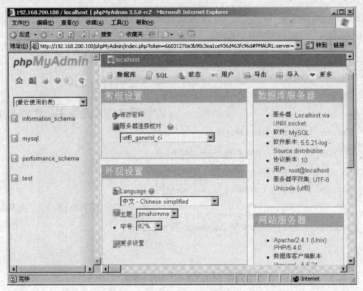

图 6-56　phpMyAdmin 的管理界面

3. 重新设置 MySQL 数据库 root 账号密码

如果忘记了 MySQL 数据库管理员 root 账号密码，要用 root 账号登录并管理 MySQL 数据库，必须进行 root 账号密码重置。方法是使用 MySQL 提供的跳过访问控制的命令行参数"--skip-grant-tables"，以安全模式启动 MySQL 服务器，然后任何人都可以在控制台以管理员的身份无须输入密码就可以进入 MySQL 数据库，最后通过 SQL 语句修改 root 账号密码即可。如下命令所示（命令执行后的显示内容从略）：

```
[root@ Linux6 ~]# service  mysqld  stop              //先停止 MySQL 服务
//使用 mysqld_safe 跳过访问控制方式，以安全模式后台启动 MySQL 服务
//假设 MySQL 的可执行文件的安装目录为/usr/local/mysql/bin
//如果用 YUM 方式安装的 MySQL，无须加前导路径/usr/local/mysql/bin/
[root@ Linux6 ~]# /usr/local/mysql/bin/mysqld_safe  --skip-grant-tables  &
//用 root 账号登录 MySQL，无须输入密码
[root@ Linux6 ~]# /usr/local/mysql/bin/mysql  -u  root
```

```
//修改 root 账号密码,其中 PASSWORD('123456')是 MySQL 的加密函数,'123456'为
新密码
mysql > update mysql.user set password = PASSWORD('123456') where User = 'root';
//刷新密码权限
mysql > flush  privileges;
mysql > \q
[root@ Linux6 ~ ]# service  mysqld  restart            //重启 MySQL 服务
```

4. Apache 服务器压力测试

当用户配置好 Apache 服务器和部署好了 Web 产品后,在正式投入运行之前建议对服务器进行一下压力测试,以便了解服务器的处理能力和各项配置参数是否能够达到预期的要求。同时,通过分析压力测试的结果可以为 Apache 服务器优化调整提供依据。

Apache 自带了一个性能测试工具,叫做 ab(Apache Benchmarking),它的主要功能是测试当前的 Apache 服务器每秒钟能够处理的请求数量。其使用方法和部分参数如下所示:

```
[root@ Linux6 ~ ]# ab  -h                       //-h 参数显示使用帮助
Usage: ab [options] [http[s]://]hostname[:port]/path    //基本用法
Options are:
    -n requests       Number of requests to perform      //总共发送多少个请求
    -c concurrency    Number of multiple requests to make //每次发送多少个请求
    -t timelimit      Seconds to max. wait for responses
    -b windowsize     Size of TCP send/receive buffer, in bytes
    -p postfile       File containing data to POST. Remember also to set -T
    -u putfile        File containing data to PUT. Remember also to set -T
    -T content-type   Content-type header for POSTing, eg.
                      'application/x-www-form-urlencoded'
                      Default is 'text/plain'
    -v verbosity      How much troubleshooting info to print
    -w                Print out results in HTML tables
    -i                Use HEAD instead of GET
...    ...
```

注意基本用法中,参数"path"是必须要有的,如"http://hostname"后面必须给出路径。一个测试的命令例子和结果如下所示,该命令总共向 http://hosthost/wordpress/发出 1 000 个请求,每次发出 10 个。

```
[root@ Linux6 ~]# ab -n 1000 -c 10 http://localhost/wordpress/
This is ApacheBench, Version 2.3 < $ Revision: 655654 $ >
Copyright 1996 Adam Twiss, Zeus Technology Ltd, http://www.zeustech.net/
Licensed to The Apache Software Foundation, http://www.apache.org/

Benchmarking localhost (be patient)            //测试时间较长,请耐心等待
Completed 100 requests
Completed 200 requests
Completed 300 requests
Completed 400 requests
Completed 500 requests
Completed 600 requests
Completed 700 requests
Completed 800 requests
Completed 900 requests
Completed 1000 requests
Finished 1000 requests                         //以上为测试进度指示


Server Software:        Apache/2.4.1
Server Hostname:        localhost
Server Port:            80


Document Path:          /wordpress/             //测试 URL 路径
Document Length:        7591 bytes              //文档长度


Concurrency Level:      10                      //并发数
Time taken for tests:   339.839 seconds         //测试所花时间
Complete requests:      1000                    //完成的请求总数
Failed requests:        890                     //失败的请求数
   (Connect: 0, Receive: 0, Length: 890, Exceptions: 0)

Write errors:           0
```

```
Total transferred:    7841892 bytes              //总共传输的字节数
HTML transferred:     7589892 bytes              //总共传输 HTML 的字节数
Requests per second:  2.94 [#/sec] (mean)        //平均每秒钟处理的请求数
Time per request:     3398.389 [ms] (mean)       //每个请求所花的时间
Time per request:     339.839 [ms] (mean, across all concurrent requests)
Transfer rate:        22.53 [Kbytes/sec] received //传输速率

Connection Times (ms)
              min   mean[ +/-sd] median    max
Connect:       0     0    2.2       0      68    //连接时间
Processing:  641  3393 1452.2    3169   19511    //处理时间
Waiting:     638  3391 1452.1    3165   19510    //等待时间
Total:       641  3393 1452.4    3169   19512

//以下为相应时间完成的请求百分比
Percentage of the requests served within a certain time (ms)
  50%    3169
  66%    3337
  75%    3454
  80%    3523
  90%    3825
  95%    4362
  98%    4990
  99%    8744
 100%   19512 (longest request)
```

5. 为 Win2K8R2 服务器单个网卡绑定多个 IP 地址

①单击"控制面板"→"网络和 Internet"→"网络和共享中心"→"本地连接",显示"本地连接状态"属性框。单击"属性"按钮,从"网络"的项目框中找到"Internet 协议版本 4 (TCP/IPV4)",双击显示协议属性。

②如果 IP 地址是通过 DHCP 服务器自动获取的,需要手动设置 IP 地址及子网掩码(如 IP 地址 192.168.1.1;子网掩码 255.255.255.0;网关 192.168.1.254)。

③单击下方的"高级"按钮,显示"高级 TCP/IP 设置"对话框。在"IP 设置"栏目中单击"添加"按钮,输入需要绑定的 IP 地址及子网掩码(如 IP 地址 192.168.1.2,子网掩码 255.255.255.0)。

④通过其他计算机 PING 本机,测试 IP 地址设置是否正确。

1. PHP 优化利器 Zend Optimizer

Zend Optimizer(以下简称 ZO)用优化代码的方法来提高 PHP 应用程序的执行速度。实现的原理是对那些在被最终执行之前由运行编译器(Run-Time Compiler)产生的代码进行优化。一般情况下,执行使用 ZO 的 PHP 程序比不使用的要快 40% 到 100%,服务器的 CPU 负载也显著降低。这意味着网站的访问者可以更快地浏览网页,从而完成更多的事务,创造更好的客户满意度,同时也意味着可以节省硬件投资,并增强网站所提供的服务。ZO 的官方网站为"http://www.zend.com/"。

在源代码编译安装的 PHP5.4.0 测试函数的网页中,显示的系统信息后面也有显示关于 Zend 引擎的信息部分,如图 6-57 所示。目前,PHP5.4.0 的版本中 Zend Guard Loader 暂时不支持,等待 Zend 官方更新。

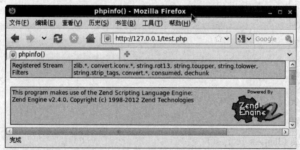

图 6-57　phpinfo 函数显示 Zend 引擎的信息

2. SSL 与 HTTPS

SSL(Secure Socket Layer,安全套接层)是一种国际标准的加密及身份认证通信协议,由 Netscape 所研发,现已被广泛用于 Web 浏览器与服务器之间的身份认证和加密数据传输,如安全电子交易支付等。SSL 协议使用数字证书和加密技术,允许客户/服务器用一种不能被窃听的方式通信,在通信双方之间建立一条安全的、可信任的通信通道。

HTTPS（Hypertext Transfer Protocol over Secure Socket Layer，超文本传输安全协议）是以安全为目标的 HTTP 通道，即 HTTP 下加入 SSL 层。因此，HTTPS 的安全基础是 SSL。SSL 协议位于 TCP/IP 协议与各种应用层协议之间，为数据通信提供安全支持。SSL 协议可分为两层：一是 SSL 记录协议（SSL Record Protocol），它建立在可靠的传输协议（如 TCP）之上，为高层协议提供数据封装、压缩、加密等基本功能的支持；二是 SSL 握手协议（SSL Handshake Protocol），它建立在 SSL 记录协议之上，用于在实际的数据传输开始前，通信双方进行身份认证、协商加密算法、交换加密密钥等。

HTTPS 与 HTTP 的主要区别是，HTTP 采用明文信息传输，一般使用 80 端口进行连接；而 HTTPS 采用由 SSL+HTTP 协议构建的可进行加密传输、身份认证的网络协议，一般使用 443 端口进行连接。

学习情境7　网络服务器远程控制与管理

知识目标

1. 掌握 Windows Server 2008 下远程桌面服务的基本配置方法
2. 掌握 Linux 下 SSH 服务的基本配置方法
3. 了解远程控制的有关概念和采用的协议

能力目标

1. 能根据企业实际情况，学会在 Windows 和 Linux 服务器上配置与启用远程控制和管理服务
2. 能够利用 Windows 下的远程桌面连接进行远程管理 Windows 系列服务器
3. 能够利用 SSH 远程管理 Linux 系列服务器
4. 学会使用 Windows/Linux 下几个常用的第三方远程管理工具软件
5. 学会排除远程管理服务器过程中发生的一些故障现象

情景再现与任务分析

目前，大部分中小企业将服务器放置于 ISP 托管的机房内，或者将本公司和机构的服务器统一集中放置在一间中心机房内，以节省服务器运行物理环境的空调、UPS 和监控等设备的投入成本。对于 7×24 小时运行的服务器来说，有时管理员可能需要随时随地进行服务器的维护工作，如升级软件或补丁、修复故障或对服务器进行一些额外设置等。由于服务器可能分布在各处，管理员无法及时到现场进行处理时，就需要进行服务器的远程控制与管理。

学习情境7 网络服务器远程控制与管理

部署在一个接入到 Internet 环境中的服务器,在正常运行时,基本上可以不需要显示器、键盘、鼠标等配备,只需要服务器主机即可(一般专用服务器在销售时,默认也不配置显示器)。通过在服务器操作系统上安装远程联机服务器软件,管理员就可以足不出户地对网络上的各个服务器进行查看、监控或者维护等工作,大大方便了管理员的维护工作并提高了管理效率。

通过远程控制的方式除了可以对这些不同工作地理位置上的服务器进行统一管理外,在虚拟化技术的应用中,也经常需要在局域网环境中,对运行在刀片服务器上的虚拟机服务器进行远程控制工作。

学习情境教学场景设计

学习领域	Windows 与 Linux 网络管理与维护	
学习情境	网络服务器远程控制与管理	
行动环境	场景设计	工具、设备、教件
①企业现场 ②校内实训基地	①分组(每组2人) ②教师讲解实际企业工作中为什么需要远程管理服务器;能提供远程管理服务器有哪些常用软件 ③学生提出远程管理方案设想 ④讨论形成方案 ⑤方案评估 ⑥提交文档	①投影仪或多媒体网络广播软件 ②多媒体课件、操作过程屏幕视频录像 ③安装有双网卡(其中一块可以是无线网卡)的服务器或 PC 机 ④网络互联设备 ⑤能模拟跨网段访问的物理交换机环境或虚拟网络环境

任务1　Win2K8 远程桌面服务的配置与管理

知识准备

1. 什么是远程控制

远程控制是指计算机管理人员在异地通过计算机局域网或 Internet，连通需被控制的计算机，将被控计算机的桌面环境显示到自己的计算机上，通过本地计算机对远方计算机进行配置、软件安装、程序修改和服务器重启等工作。远程控制必须通过网络才能进行，位于本地的计算机是操纵指令的发出端，称为主控端或客户端，非本地的被控计算机叫做被控端或服务器端。"远程"不等同于远距离，主控端和被控端可以是位于同一局域网的同一房间中，也可以是连入 Internet 的处在任何位置的两台或多台计算机。

远程控制软件一般分客户端程序和服务器端程序两部分，通常将客户端程序安装到主控端的计算机上，将服务器端程序安装到被控端的计算机上。使用远程控制软件时，客户端程序（主控端计算机）向服务器端程序（被控端计算机）发出信号，建立一个特殊的远程服务，然后通过这个远程服务，使用各种远程控制功能发送远程控制命令，控制被控端计算机中的各种应用程序运行。

通过远程控制，可以实现远程办公、远程教育、远程维护和远程协助等应用，提高了工作效率并减少了资源浪费。

2. 远程控制采用的协议

传统的远程控制软件一般使用 NETBEUI、NETBIOS、IPX/SPX、TCP/IP 等协议来实现远程控制，不过，随着网络技术的发展，很多远程控制软件提供 Web 页面以 Java 技术来控制远程电脑，这样可以实现不同操作系统下的远程控制。

(1) TCP 协议远程控制

目前大多数流行的远程控制软件都使用 TCP 协议来实现远程控制，如 Windows 系统自带的远程桌面、赛门铁克公司的 PcAnywhere 等。使用 TCP 协议的远程控制软件的优势是稳定、连接成功率高;缺陷是双方必须有一方具有公网IP(或在同一个局域网内),否则就需要在路由器上做端口映射。这意味着使用TCP协议的远程控制软件时,无法利用某一家企业的计算机来控制另外一家企业的内部局域网中的计算机;或者无法从网吧、宾馆酒店中控制用户自己办公室或企业内部的计算机。因为他们处于不同的内部局域网中,即使用TCP协议的远程控制软件无法穿透隔离企业内网和外网的路由器或防火墙。为了弥补该缺陷,部分软件利用类似反弹端口连接技术,实现从被控端主动连接到主控端。

(2) UDP协议远程控制

与TCP协议远程控制不同,UDP传送数据前并不与对方建立连接,发送数据前后也不进行数据确认,从理论上说速度会比TCP快(实际上会受网络质量影响)。最关键的是:UDP协议可以利用UDP的打洞原理(UDP Hole Punching技术)穿透内网,从而解决TCP协议远程控制软件需要做端口映射的难题。这样,即使双方都在不同的局域网内,也可以实现远程连接和控制。QQ、MSN、网络人远程控制软件Netman、XT800的远程控制功能都是基于UDP协议的。但这类软件都需要一台公网服务器协助程序进行通讯以便实现内网的穿透。

3. Win2K8R2的远程桌面服务

在Win2K8R2中的远程桌面(RD,Remote Desktop)服务,其实是Win2K8R2以前版本中的终端服务。它提供的一些技术使用户能够从企业网络和Internet访问数据中心中的基于会话的桌面、基于虚拟机的桌面或应用程序访问远程桌面会话主机服务器。远程桌面服务支持高保真桌面或应用程序体验,帮助从托管设备或非托管设备安全地连接远程用户。表7-1列出了每个远程桌面服务角色服务的以前名称和新名称。

表7-1 远程桌面服务角色服务的新旧名称对照表

以前的名称	Windows Server 2008 R2 中的名称
终端服务	远程桌面服务
终端服务器	远程桌面会话主机(RD 会话主机)
终端服务授权(TS 授权)	远程桌面授权(RD 授权)
终端服务网关(TS 网关)	远程桌面网关(RD 网关)
终端服务会话代理(TS 会话代理)	远程桌面连接代理(RD 连接代理)
终端服务 Web 访问(TS Web 访问)	远程桌面 Web 访问(RD Web 访问)

Win2K8R2中的远程桌面服务,不仅仅是可以实现简单的远程桌面控制和管理功能,在域环境中,还可以实现RemoteApp程序的发布和"Hyper-V"虚拟化功能的整合等。

任务实施

1. 启用Win2K8R2的远程桌面控制功能

在默认情况下,Win2K8R2是关闭远程桌面控制功能的,要启用该功能,可以通过单击"开始"→"控制面板"→"系统和安全"→"系统"→"远程设置",弹出如图7-1所示的"系统属性"对话框,在"远程"选项卡中选择"允许运行任意版本远程桌面的计算机连接(较不安全)"即可。

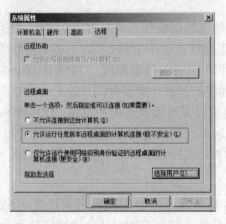

图7-1 "系统属性"对话框

可以注意到,图7-1中有个更安全的连接选项"仅允许运行使用网络级别身份验证的远程桌面的计算机连接"。网络级别身份验证是一种身份验证方法,要求用户在创建会话前必须通过远程桌面(简称RD)会话主机服务器的身份验证,才能用来增强RD会话主机服务器的安全性。该身份验证机制是在建立RD连接并出现登录屏幕之前完成用户身份验证,是比较安全的身份验证方法,有助于保护远程计算机躲避恶意用户和恶意软件的攻击。客户端计算机必须使用支持凭据安全支持提供程序(CredSSP)协议的操作系统(如Windows 7、Windows Vista或Windows XP Service Pack 3),而Windows Server 2003就不能支持网络级别身份验证。

2. 配置允许多用户远程桌面连接

启用远程桌面服务后,管理人员远程访问时,Win2K8R2默认同时只支持一个administrator用户登录,即用户B以administrator账号登录后,原先同样以administrator账号登录的用户A就会被踢出远程管理界面,显示如图7-2所示的提示框。

如何配置 Win2K8R2 的远程桌面服务，使得其像 Windows 服务器操作系统那样允许多用户同时以同一个用户名登录。可以参照如下操作方法：

图 7-2　远程桌面用户被强制下线对话框

①单击"开始"→"管理工具"→"远程桌面服务"或者在"运行"对话框中输入"tsconfig.msc"回车，打开"远程桌面会话主机配置"管理窗口，如图 7-3 所示。选择"连接"列表框中的"RDP-Tcp"连接，右键单击"属性"，弹出如图 7-4 所示的属性对话框。选择"网络适配器"栏目，根据需要设置连接数，最多允许同时使用两个远程连接。

图 7-3　远程桌面会话主机配置

图 7-4　"RDP-Tcp 属性"对话框

②同样的在"远程桌面会话主机配置"管理窗口，选择"编辑设置"列表框中的"限制每个用户只能进行一个会话"一栏，右键单击"属性"，弹出如图 7-5 所示的属性窗口，取消勾选"限制每个用户只能进行一个会话"的复选框，最后单击"确定"按钮就可以实现多个用户同时远程连接功能。如果设置没有生效，则需要重启系统。

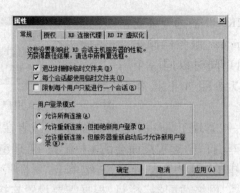

图 7-5　远程主机会话属性设置

3. 使用远程桌面连接到服务器

在 Windows 客户端用来连接到远程桌面的工具是 mstsc(Microsoft terminal services client),该应用程序执行时,可以带多个参数。需要注意的是:所谓的远程桌面,其实算是虚拟的桌面(是另一个桌面),并不是远程主机显示器正显示的桌面内容。用 mstsc 和 mstsc /console 两个命令所连接的远程桌面,其实是截然不同的,详见表 7-2。

表 7-2　远程控制命令的区别

远程控制命令	本地主机显示的桌面内容	对远程主机的影响
mstsc	虚拟的精简桌面,只显示远程主机开机运行的一些程序	1. 不会注销远程主机当前用户和其他正在使用远程桌面连接的用户 2. 远程桌面上所有非修改性的操作(如运行程序)都不会在远程主机上显示
mstsc /console (适用于 Win2K3、WinXP 等) mstsc /admin (适用于 Win7、Win2K8 等)	远程控制台连接数未超过的情况下,显示主机开机运行的一些程序;相反的,则显示强制注销用户的远程桌面内容	1. 超过远程控制台连接数(缺省链接数为2)时,会注销其中一个控制台当前连接用户并锁定桌面 2. 远程主机强制注销某远程桌面后,主机上会显示该远程桌面的所有操作内容

远程桌面连接(或使用 mstsc 命令)登录到终端服务器时,经常会遇到"终端服务器超出最大允许连接数"等诸如此类的错误信息,导致远程主机无法正常登录终端服务器,引起该问题的原因在于服务器端限定终端服务连接数,并且当登录远程桌面后如果不是采用注销方式退出,而是直接关闭远程桌面窗口,那么实际上会话并没有释放掉,而是继续保留在服务器端,这样就会占用总的连接数,当数量达到最大允许值时就会弹出错误提示。解决这个现象的办法很多,如果需要马上登录服务器,最简单的方法是运行如下命令:

```
mstsc  /console  /v: 服务器名或 IP 或域名:远程端口
如:mstsc  /console  /v:192.168.200.6:3389。
```

不同操作系统下的远程控制 mstsc 命令用法参见图 7-6 和图 7-7 所示,而它们主要区别在于/console 和/admin 参数。

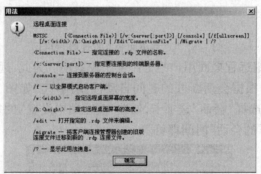

图 7-6　Windows 2003/XP 下 MSTSC 参数说明

图 7-7　Windows 2008 下 MSTSC 参数说明

登录到服务端后,对于因未注销而占用链接数的远程桌面用户,可以采取手动注销的方法。单击"开始"→"管理工具"→"远程桌面服务"→"远程桌面服务管理器",显示管理器窗口,如图7-8所示。选中需要注销的用户,在其右侧的功能栏中选择"注销"操作,确定注销该用户即可。

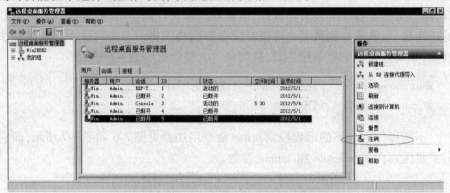

图7-8 "远程桌面服务管理器"窗口

每次手动注销远程桌面用户的工作也比较繁琐。为此,远程桌面服务提供了会话管理功能,根据会话断开的时间自动注销用户。如图7-9所示的RDP-Tcp的属性窗口,选择"会话"选项卡,勾选"改写用户设置"的复选框,根据需要设置"结束已断开的会话"时间即可。

图7-9 设置会话自动断开时间

任务2　Win2K8 常用第三方远程控制软件的安装与使用

任务实施

1. PcAnywhere 远程控制软件的安装与使用

PcAnywhere 是美国 Symantec 公司出品的一款著名远程控制工具。不论局域网采用的是何种连线方式，借助它都可以轻松实现在本地计算机（主控端）上控制另一台同样安装有 PcAnywhere 的计算机（被控端），被控端能够显示主控端的实时操作过程，实现远程使用被控端上的程序或在主控端与被控端之间互传文件和在线对话等功能，但不允许多台计算机同时控制一台计算机。用户可以到 PcAnywhere 的官方网址：http://www.symantec.com/zh/cn/business/pcanywhere 下载最新版本的软件。

（1）PcAnywhere 服务器端的安装

PcAnywhere 服务器端的安装非常简单，只要在安装过程中根据向导提示单击"下一步"按钮即可将程序安装到硬盘中。其中需要注意一点，就是在"向导已完成"的对话框中必须勾选"运行 pcAnywhere 主机"，如图 7-10 所示。

图 7-10　PcAnywhere 服务器端的安装

(2) PcAnywhere 客户端的连接

图 7-11　PcAnywhere 软件快捷图标

PcAnywhere 客户端的安装和服务端一样，但安装过程的最后一步可以不用勾选"运行 pcAnywhere 主机"，且软件安装完毕后，桌面上自动生成两个软件的快捷图标（"Symantec pcAnywhere"和"pcA Quick Connect"），如图 7-11 所示。"Symantec pcAnywhere"是 PcAnywhere 的管理工具，"pcA Quick Connect"则是快速远程连接的接口。

双击桌面的"Symantec pcAnywhere"图标，显示如图 7-12 所示的管理窗口，可以在管理界面上进行远程连接设置操作。

图 7-12　PcAnywhere 的管理窗口

通过单击管理界面中的"远程控制"链接，打开远程连接窗口，亦可以通过双击桌面上的"pcA Quick Connect"图标，如图 7-13 所示。输入相应的信息，单击"连接"按钮，随后在弹出的"输入登录凭据"对话框中，再次输入用户信息，单击"确定"按钮即可。

远程连接成功后，本地主机会显示"Symantec pcAnywhere"的管理窗口，如图 7-14 所示，用户可以通过左侧的"会话管理器"对远程主机进行管理和文件互传等操作。

学习情境7　网络服务器远程控制与管理

图 7-13　PCA Quick Connect 的远程连接窗口

图 7-14　Symantec pcAnywhere 窗口里的远程桌面

2. TeamViewer 远程控制软件的安装与使用

　　TeamViewer 是德国 TeamViewer GmbH 公司开发的桌面共享与协作产品，可以运行在任何防火墙和 NAT 代理的后面，是一种用于远程控制、桌面共享和文件传输的简单且快速的解决方案。计算机 A 为了连接到计算机 B，只需要在这两台计算机（必须能访问 Internet）上同时运行 TeamViewer，不一定非得进行软件的安装。该软件启动时会自动生成伙伴 ID 和密码,只需要在客户端的 TeamViewer 中输入服务端的伙伴 ID 和密码,即可建立连接。用户可以到 TeamViewer 的官方网址:http://www.teamviewer.com/下载最新版本。

(1) TeamViewer 服务端的安装及设置

①双击软件安装程序"TeamViewer_Setup.exe",显示图 7-15 所示的安装界面。用户可以根据需要选择项目,在此选择"运行"选项。单击"下一步"按钮,显示"许可证协议"的对话框,勾选"我接受许可证中的条款"。

②单击"下一步"按钮,显示 TeamViewer 的连接界面,如图 7-16 所示。记录下"远程控制"左侧的伙伴 ID 和密码(同一台计算机每次运行该软件会显示不同的密码,伙伴 ID 不变),以供客户端远程连接时使用。

图 7-15　TeamViewer 的安装界面

图 7-16　服务端 TeamViewer 的软件界面

(2) TeamViewer 客户端的连接

同样地,客户端在联网状态下,运行 TeamViewer 软件,显示如图 7-17 所示的对话框窗口,在"控制远程计算机"栏目中,输入服务端的 ID 号,根据需要选择操作类型(远程控制或文件传输),单击"连接到伙伴"按钮。接着需要输入"密码"(TeamViewer 生成的连接密码),通过 TeamViewer 服务器的验证才能成功控制服务端计算机。

图 7-17　客户端 TeamViewer 的远程控制对话框

客户端通过 TeamViewer 成功登录服务端后,显示如图 7-18 所示的远程桌面。

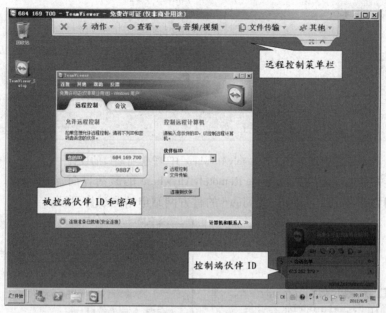

图 7-18　TeamViewer 显示的远程桌面

3. RemotelyAnywhere 远程控制软件的安装与使用

RemotelyAnywhere 是一个小巧的、利用浏览器进行远程控制的小程序。只需要在服务器端安装该软件,客户端就可以通过任何一个支持 Java 的浏览器对远程计算机进行控制。通过它不仅可以管理远程计算机上的各种服务、进程、用户和文件,甚至可以远程重启。这一软件的可贵之处是,不需要安装任何客户端软件,只要具备兼容 javascript 的浏览器就可以远程控制服务端。用户可以到 RemotelyAnywhere 的官方网站:http://remotelyanywhere.com 下载最新的试用版。

(1) RemotelyAnywhere 服务端的安装

①RemotelyAnywhere 服务端的安装很简单,只要在安装过程中根据向导提示单击"Next"按钮即可将程序安装到硬盘中。如果需要对监听端口进行设置,需要在"Software option"对话框中选择"Custom",单击"Next"按钮,在随后显示的"Configuration"对话框中,设置"HTTP listener port",默认为 2000,如图 7-19 所示。

②RemotelyAnywhere 安装程序运行结束后,系统会自动弹出如图 7-20 所示的安全警报对话框。

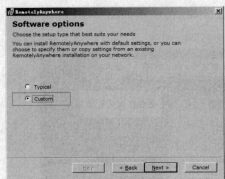 

图 7-19　RemotelyAnywhere HTTP 监听端口的设置

③单击"确定"按钮,显示 RemotelyAnywhere 的激活界面,如图 7-21 所示。用户可以事先到 RemotelyAnywhere 的官方网站申请测试许可证。

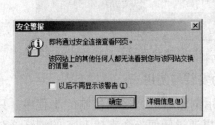 

图 7-20　"安全警报"对话框　　　　图 7-21　RemotelyAnywhere 的激活

④选择"我已是 RemotelyAnywhere 用户或已具有 RemotelyAnywhere 许可证"选项,单击"下一步"按钮,在随后出现的"输入您的许可证"页面中输入相应的许可证内容,如图 7-22 所示。

⑤单击"下一步"按钮,显示如图 7-23 所示的窗口,单击"重新启动 RemotelyAnywhere"按钮完成服务端的安装。

(2) RemotelyAnywhere 客户端的连接

①在客户端浏览器的地址栏中输入被控主机的 URL(由 IP 地址和端口号组成),格式为:"https://服务端 IP 地址:监听端口"(如 https://192.168.200.6:2000),确定访问后,弹出如图 7-24 所示的对话框。

②单击"是"按钮,显示 RemotelyAnywhere 验证界面,如图 7-25 所示。

学习情境7　网络服务器远程控制与管理

图 7-22　输入 RemotelyAnywhere 许可证

图 7-23　激活并重启 RemotelyAnywhere

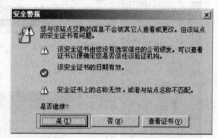

图 7-24　"安全警报"对话框

③输入服务端的用户名和密码后，单击"登录"按钮，进入远程控制页面，其中会提示浏览器"安装 Active 控件"，如图 7-26 所示。

④如果控制端是 Windows 客户端，建议安装此控件后进行管理远程服务端。单击"安装 Active 控件"栏目后，弹出如图 7-27 所示的 IE 安全警告对话框，点击"安装"按钮后就可以远程控制主机了。

⑤如果控制端为非 Windows 客户端（如 Linux 或 Mac 系统），则无法安装此控件，因为 Active 控件仅针对 Windows 系统。这时，可以通过 Java 或 HTML 方式进行远程控制，但控制方式和效果比使用 Active 控件方式要差一些。

图 7-25 客户端 RemotelyAnywhere 验证页面

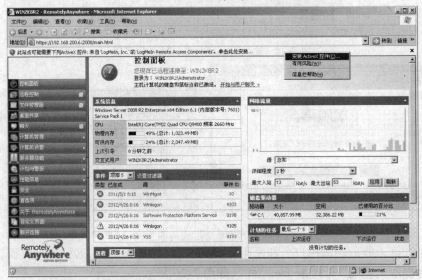

图 7-26 远程控制页面管理页面

图 7-27 用 IE 浏览器进行远程管理时提示安装 ActiveX 控件

任务3　CentOS 6 服务器远程控制与管理

知识准备

1. 远程登录采用的协议

（1）Telnet（Telecommunication Network Protocol）

Telnet 协议是 TCP/IP 协议族中的一员，是 Internet 远程登录服务的标准协议和主要方式。它为用户提供了在本地计算机上完成远程主机工作的能力。在终端使用者的计算机上使用 Telnet 程序，用它连接到服务器，终端使用者可以在 Telnet 程序中输入命令，这些命令会在服务器上运行，就像直接在服务器的控制台上输入一样。Telnet 是通过客户端与服务器之间的选项协商机制，实现了提供特定功能的双方通信。

（2）Rlogin

Rlogin 最初是出现在 Unix 系统中的远程登录协议。由于客户端进程和服务器进程已经事先知道了对方的操作系统类型，因此也就省去了选项协商机制。可以设置允许用户从一台机器上通过网络登录另一台机器，而不需要输入密码。其协议和 Telnet 类似，不过内部实现就相对简单。

（3）SSH（Secure Shell）

由于 Telnet 与 Rlogin 程序在传输数据时使用明文机制，如果有人在网络上进行截获这样的数据，那么一些重要的数据将会不可避免地遭到泄露。SSH 协议是建立在应用层和传输层上的安全协议，主要包括3个部分：

①传输层协议内容，提供认证、数据的完整性检查等功能；

②用户认证协议层，它运行在传输层上，主要实现了通信过程中的身份认证，认证方式包括口令认证、密钥认证等；

③连接协议层，负责分配加密通道到逻辑通道上，运行在用户认证协议层上。

SSH 使用客户端/服务器（C/S）模式进行通信，客户端程序加密数据，然后提交至 SSH 服务器，服务器进行审核，如果审核通过并且其他安全策略允许，则客户端将能够登录服务器，并进行其他操作。

SSH 有两种版本的联机模式:SSH Protocol Version 1 和 SSH Protocol Version 2(简称 SSH1 和 SSH2)。SSH2 比 SSH1 多了一个确认联机正确性的 Diffe-Hellman 机制,在每次数据传送中服务器都利用该机制检查数据的来源是否正确,所以 SSH2 更安全。

SSH 的优点除了采用数据加密机制保证了远程登录的数据安全,同时它所传输的数据是经过压缩的,因此传输速度较快。目前 SSH 已逐步替代 Telnet,在不安全的通信环境中提供了比较可靠的数据保护机制。

(4)REXEC

REXEC 是远程运行命令的协议,可以实现在运行了 REXEC 服务的远程计算机上运行各种控制命令。REXEC 命令在执行指定命令前,需要验证远程计算机上的用户名和密码。在 Windows 和 Linux 系统中都提供 Rexec 工具,此工具的使用需要 TCP/IP 协议支持。很多扫描工具都提供了 REXEC 弱口令的检测,比如 X-Scan。

(5)RSH

RSH 是"Remote SHell"(远程 Shell)的缩写,它除了有 Rlogin 的功能外,还可以指定一条命令用于在远程机器上执行,执行完成后自动退出。如果用户没有给出要执行的命令,RSH 就用 Rlogin 命令使用户登录到远程计算机上。

2. 常用支持 SSH 的 Windows 客户端软件

在实际使用中,目前毕竟个人桌面操作系统还是微软的 Windows 占主流,管理员需要在 Windows 环境下管理远程 Linux 系统。在 Windows 系统中,支持 SSH 的客户端软件有很多,如:SecureCRT、Xmanager、RealVNC、MyEnTunnel 和 PuTTY 等。

MyEnTunnel 实际上是命令行工具 plink 的 GUI 前端界面工具,它可以避免记忆复杂的命令行,还可以安全地保存密码,可以简单方便地连接 SSH 服务器。

PuTTY 是一个小巧、开源免费的 Windows 平台下的 Telnet、Rlogin 和 SSH 客户端软件,但是功能丝毫不逊色于商业的 Telnet 类工具。PuTTY 全面支持 ssh1 和 ssh2 协议,该软件为绿色软件,无需安装,所有的操作都在一个配置面板中实现,如图 7-28 所示。PuTTY 也支持文件传输,它用提供的 2 个命令行客户程序 psftp 和 pscp 来实现。用户可以到 PuTTY 的官网"http://www.chiark.greenend.org.uk/~sgtatham/putty/"下载最新版的应用程序或源代码。很多网络管理员用它来远程管理 Linux 服务器或网络设备,其缺点是对使用双字节编码的亚洲语言环境的 Windows 操作系统的支持不是很好。

另外,由于 PuTTY 通过 SSH 采用纯文字接口登录主机进行操控的方式,不能满足有些图形化软件的需求,因此,还需要有 Xmanager,RealVNC 这样的工具来实现远程图形桌面接口的登录。

3. OpenSSH

图 7-28　PuTTY 配置面板

OpenSSH 是 SSH 协议的免费开源实现。它用安全、加密的网络连接工具(ssh,scp,sftp)代替了 telnet,rlogin,rsh,rcp 和 ftp 等工具。从 OpenSSH2.9 版本以后,默认使用 SSH2 协议,支持 RSA 和 DSA 密钥(默认使用 RSA)。
OpenSSH 既支持基于 PAM 的用户口令认证,同时也支持用户密钥认证。

使用 RSA/DSA 密钥认证协议的 ssh 登录过程如下:

① 本地主机使用 ssh 客户命令告诉远程主机的 sshd 守护进程,想使用 RSA/DSA 认证协议登录;

② 远程主机的 sshd 守护进程会生成一个随机数,并使用存储于该机器上的公钥对这个随机数进行加密;

③ 远程主机的 sshd 守护进程把加密了的随机数发回给正在本地主机上运行的 ssh 客户;

④ 本地主机的 ssh 客户用密钥对中的私钥对这个随机数进行解密后,再把它发回给远程主机的 sshd 守护进程;

⑤ 远程主机的 sshd 守护进程进行判断,若密钥对匹配,则允许登录。

4. X Window

Linux 上的图形桌面是免费的 X 窗口系统(X Window System),X 与微软的 Windows 没有任何关系,它并不是一个软件,而是一个协议。X Window 最初是 1984 年麻省理工学院的研究,之后变成 UNIX、类 UNIX,以及 OpenVMS 等操作系统所一致适用的标准化软件工具包及显示架构的运作协议。X 的稳定基础版本最后是第 11 版,于 20 世纪 90 年代初期发布,该协议的版本号加在 X 的后面构成 X11,成为它最常见的名称。

X Window 系统通过软件工具及架构协议来建立操作系统所用的图形用户界面,此后则逐渐扩展适用到形形色色的其他操作系统上。现在几乎所有的操作系统都能支持与使用 X。更重要的是,当今知名的桌面环境——GNOME 和 KDE 也都是以 X Window 系统为基础建构的。

X Window 是一种客户机/服务器系统。X 服务器负责在用户的屏幕上显示数据，并获得用户鼠标和键盘的输入，它通过网络与客户机应用程序进行通信，服务器和客户机不必在同一台机器上运行。X 窗口系统不同于早期的视窗系统，它不是把一堆同类软件集中在一起，而是由 3 个相关的部分组合起来的，如图 7-29 所示。

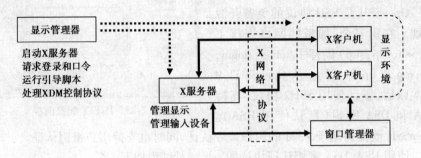

图 7-29　X 的客户机/服务器模型

（1）X 服务器

X 服务器(X Server)是一个管理显示的进程，必须运行在一个有图形显示能力的主机上。理论上，一台主机上可以同时运行多个 X 服务器，每个 X 服务器能管理多个与之相连的显示设备。

（2）X 客户机

X 客户机(X Client)是一个使用 X Server 显示其资源的程序，它与 X 服务器可以运行在不同主机上。

（3）X 协议

X 协议(X protocol)是 X 客户机和 X 服务器进行通信的一套协定，X 协议支持网络，能在本地和网络中实现这个协议，支持的网络协议有 TCP/IP 和 DECnet 等。

称为 X 服务器的程序在本地工作站上运行，并且管理它的窗口和程序，这个程序提供 GUI 图形接口界面。每个程序窗口都被称为 X Client，并且与在同一个机器上运行的 X Server 程序以 C/S 进行交互。在本地机器运行的 X Server 可以和远程计算机上运行的程序进行交互，并且在本地窗口显示这些程序的输出结果。它是一种 C/S 的关系，但是本地服务端具有完整权限，远程进程被称为客户端，而不是服务端，这是因为它们处于这个本地的 X Server 的控制之下。

在 Internet 和其他广域网环境中，X Window 这种 C/S 工作模式，可以使得用户在远程计算机上执行操作时，只有修改用户屏幕信息才会通过远程链路进行传输,从而避免了整个程序和它的数据都传输到本地系统进行处理时可能出现的瓶颈。X Window 环境的一个优势是,服务器应用程序可以在任何平台上运行,并且这个应用程序可以在公用运输协议之上与这个客户机交换一组消息。于是,开发人员就可以在许多系统上建立 X Window 认可的应用程序,并且这些应用程序可以被任何支持 X Window 的工作站访问。

任务实施

1. 用 SSH 控制台命令远程控制 Linux 服务器

在早期的 Unix/Linux 服务器上,几乎都提供 Telnet 这个远程联机服务器软件。不过,Telnet 协议是以明码形式来传输数据的,安全性得不到很好的保障。于是,著名加密算法 RSA 的网络传输协议族 SSH 应运而生,它很好地保证了数据在传输过程中不被轻易破坏、泄露和篡改,并且有效地防止了接入攻击。

(1)查看 SSH 服务端的运行状态

Linux 的发行版本(包括 CentOS 6)中大多已经包含了与 OpenSSH 相关的软件包(如:OpenSSL),系统默认安装且启动 sshd 服务。可以通过以下命令查看 sshd 服务的运行状态。

```
[root@ Server ~]# rpm -qa openssh          //查看 openssh 软件包是否安装
openssh-5.3p1-20.el6.i686
[root@ Server ~]# service sshd status      //查看 sshd 服务是否运行
openssh-daemon (pid 1905) 正在运行...
[root@ Server ~]# netstat -tnl | grep 22   //查看 sshd 使用的 TCP22 端口是
                                              否开放
tcp        0      0 0.0.0.0:22           0.0.0.0:*              LISTEN
tcp        0      0 :::22                :::*                   LISTEN
[root@ Server ~]# ps -ef | grep sshd       //查看 sshd 进程是否运行
root      1905     1  0 08:42 ?        00:00:00 /usr/sbin/sshd
root      4043  3115  0 11:31 pts/0    00:00:00 grep sshd
```

(2) SSH 的配置文件

由于 SSH 包含客户端和服务器程序,其配置文件也有两个,一个是客户端配置文件"/etc/ssh/ssh_config",通过它设置不同的选项,可以改变客户端程序的运行方式;另一个是"/etc/ssh/sshd_config",用来设置 sshd 守护进程的运行方式。这两个文件的每一行包含"关键词 值"的选项,其中"关键词"是忽略大小写的。默认的"/etc/ssh/sshd_config"部分配置文件内容(去除部分未启用选项和注释行)及选项说明如下所示。

```
# 服务器端配置文件"/etc/ssh/sshd_config"

#Port 22                              # SSH 默认使用的端口号为 22
# 指定 sshd 使用哪类地址。取值范围是:"any"(默认)、"inet"(仅 IPv4)、"inet6"(仅 IPv6)
#AddressFamily any
# 设置 sshd 服务只监听的 IPV4 地址的连接请求。0.0.0.0 监听所有网卡 IPV4 地址
#ListenAddress 0.0.0.0
# 设置 sshd 服务只监听的 IPV6 地址
#ListenAddress ::

Protocol 2                            #使用 SSH 协议版本 2。如果要同时支持两者使用 2,1

#HostKey   /etc/ssh/ssh_host_rsa_key  # SSH version 2 使用的 RSA 私钥
#HostKey   /etc/ssh/ssh_host_dsa_key  # SSH version 2 使用的 DSA 私钥

#KeyRegenerationInterval 1h           #设置在多少秒之后自动重新生成服务器的密钥
#ServerKeyBits 1024                   # 密钥长度
SyslogFacility AUTHPRIV               # 记录 SSH 登录日志
#PermitRootLogin yes                  # 默认允许 root 用户登录
PasswordAuthentication yes            # 登录时需要验证密码
ChallengeResponseAuthentication no    # 不允许挑战应答方式
GSSAPIAuthentication yes              # 允许使用基于 GSSAPI 的用户认证。仅用于 SSH-2
GSSAPICleanupCredentials yes          # 在用户退出登录后自动销毁用户凭证缓存

UsePAM yes                            # 使用 PAM 登录

# 指定客户端发送的哪些环境变量将会被传递到会话环境中
AcceptEnv LANG LC_CTYPE LC_NUMERIC LC_TIME LC_COLLATE LC_MONETARY LC_MESSAGES
```

```
AcceptEnv LC_PAPER LC_NAME LC_ADDRESS LC_TELEPHONE LC_MEASUREMENT
AcceptEnv LC_IDENTIFICATION LC_ALL LANGUAGE
AcceptEnv XMODIFIERS

X11Forwarding yes                    # 连接以可信模式转发
# 配置一个外部子系统(例如,一个文件传输守护进程)。仅用于 SSH2 协议
Subsystem sftp    /usr/libexec/openssh/sftp-server
```

默认的客户端"/etc/ssh/ssh_config"部分配置文件内容及选项说明如下所示。

```
# 客户器端配置文件"/etc/ssh/ssh_config"

Host *
    GSSAPIAuthentication yes          # 允许使用基于 GSSAPI 的用户认证
    ForwardX11Trusted yes             # 连接以可信模式转发
    # 以下设置环境变量,如:语言环境变量 LANG
    SendEnv LANG LC_CTYPE LC_NUMERIC LC_TIME LC_COLLATE LC_MONETARY LC_MESSAGES
    SendEnv LC_PAPER LC_NAME LC_ADDRESS LC_TELEPHONE LC_MEASUREMENT
    SendEnv LC_IDENTIFICATION LC_ALL LANGUAGE
    SendEnv XMODIFIERS
```

(3) Linux 客户端使用 SSH 登录到远程服务器

Linux 客户端使用 SSH 命令既可通过字符界面连接到服务端,同时还可使用 scp 和 sftp 这两个传输文件的小工具,在网络中通过加密方式上传或下载文件。scp 不仅可以将远程文件通过加密途径复制到本地主机系统中,还可以将本地文件复制到远程服务器系统中。

使用 SSH 命令连接到服务端的命令格式为"ssh 服务器 IP 地址",如果指定用户连接到远程服务器,则使用"ssh 用户名@服务器 IP 地址"命令,如下所示。

```
[root@ Client ~]# ssh    root@ 192.168.200.10        //也可用命令:ssh 192.168.
                                                                200.10
The authenticity of host '192.168.200.10 (192.168.200.10)' can't be established.
RSA key fingerprint is af:12:aa:20:47:94:c9:56:e8:5a:eb:f3:44:e7:72:cf.
Are you sure you want to continue connecting (yes/no)?    yes    //此处输入 yes
Warning:Permanently added '192.168.200.10' (RSA) to the list of known hosts.
root@ 192.168.200.10's password:            //输入远程主机的 root 用户的
                                                            密码
Last login:Mon Aug 15 17:25:40 2011 from 192.168.200.38  //显示上次登录信息
[root@ Server ~]#                            //命令提示符变成远程主机
[root@ Server ~]# exit                       //断开与远程主机的连接
logout
Connection to 192.168.200.10 closed.
[root@ Client ~]#                            //回到本地 Client 主机
```

注意,利用 SSH 首次连接远程主机时,会弹出警告信息,大致的意思就是联机的密钥 key 尚未建立,询问用户要不要接受远程主机传来的 key,并建立联机。

(4) Linux 客户端使用 SSH 在远程服务器上执行命令

使用 SSH 可以直接将终端命令提交到远程主机上执行,无须显式登录到远程主机,当然也需要有 root 口令才能执行。实现的命令是 "ssh   服务器 IP 地址   终端命令",例如要查看 Server 主机的系统版本描述,操作如下:

```
[root@ Client ~]# ssh   192.168.200.10   lsb_release  -d
root@ 192.168.200.10's password:            //输入 root 用户口令
Description:   CentOS Linux release 6.0 (Final)   //显示 Server 主机系统版本描述
[root@ Client ~]#             //远程 Server 主机上执行命令后,用户仍在 Client 端,命
                                    令提示符不变
```

(5) Linux 客户端使用 SCP 命令上传数据到远程服务器

scp(安全性复制)用来在网络上安全地复制文件,它替代了不安全的 rcp 命令。命令的用法与 cp 相似,命令格式为"scp [-r] 本地文件或目录 用户名@服务器 IP:目标路径"。上传本地目录到远程服务器时,需要加上"-r"参数,否则会提示"not a regular file"错误信息。

```
//复制 client 主机的/etc/yum.conf 文件到 server 主机的/home/ServerTest 目录中
[root@Client ~]# scp   /etc/yum.conf   root@192.168.200.10:/home/ServerTest
root@192.168.200.10's password:              //输入 root 用户口令
yum.conf         100%   969   1.0KB/s   00:00   //上传文件信息
//复制目录时,须要加上-r 参数
[root@Client ~]# scp  -r  /etc/yum   192.168.200.10:/home/ServerTest
root@192.168.200.10's password:
version-groups.conf             100%   444    0.4KB/s   00:00
refresh-packagekit.conf         100%   18     0.0KB/s   00:00
fastestmirror.conf              100%   249    0.2KB/s   00:00
[root@Client ~]#
```

(6) Linux 客户端使用 SCP 命令从远程服务器下载数据

命令格式为"scp ［-r］ 用户名@服务器 IP:源文件或目录 本地目标文件或目录"。同样,从远程服务器中下载目录时,需要加上"-r"参数,如下所示。

```
//复制 server 主机/etc/ntp.conf 文件到 client 主机的/home/ClientTest 目录中
[root@Client ~]# scp  192.168.200.10:/etc/ntp.conf  /home/ClientTest
root@192.168.200.10's password:              //输入 root 用户口令
ntp.conf         100%   1917   1.9KB/s   00:00   //下载文件信息
[root@Client ~]#
```

(7) Linux 客户端使用 SFTP 命令上传和下载数据

sftp 是类 ftp 的客户端程序,它并不使用 ftp 守护进程(ftpd 或 wu-ftpd)来进行连接,而是有意地增强了系统的安全性。在数据连接上使用 ssh2,其登录方式与 ssh 相同。针对远程主机(Server)的命令和 Linux 下的命令一样,如:改变工作目录的 cd、列出目录下文件名的 ls 和建立目录的 mkdir 命令等。但是针对本机(Client)的命令就需要加上 l(L 的小写,local)。如在本机建立目录的 lmkdir,显示本机当前工作目录的 lpwd 等。而资料数据的上传/下载命令分别由 put 和 get 命令来完成。其他具体命令可以通过"?"来查看。

```
[root@Client ~]# sftp  192.168.200.10
Connecting to 192.168.200.10...
root@192.168.200.10's password:        //输入 root 用户口令
sftp >                                  //进入 ftp 操作模式
sftp > pwd                              //显示 Server 端当前工作目录
Remote working directory：/root
sftp > cd  /home/ServerTest             //Server 端切换工作目录到/home/ServerTest
sftp > lpwd                             //显示 Client 端当前工作目录
Local working directory：/home
sftp > lcd  /home/ClientTest            //Client 端切换工作目录到/home/ClientTest
//任务1：本机/home/ClientTest 目录里的所有文件(除了子目录)将被复制到远程主
机 Server 的当前目录下
sftp > put  /home/ClientTest/ *
Uploading /home/ClientTest/printcap to /home/ServerTest/printcap
/home/ClientTest/printcap         100%    233     0.2KB/s    00:00
Uploading /home/ClientTest/yum.conf to /home/ServerTest/yum.conf
/home/ClientTest/yum.conf         100%    969     1.0KB/s    00:00
//任务2：从远程主机 Server 复制文件到本机 Client 指定的目录中
sftp > get   /etc/yum.conf   /home
Fetching /etc/yum.conf to /home/yum.conf
/etc/yum.conf                     100%    969     1.0KB/s    00:00
sftp > quit                             //退出 sftp
```

2. 终端仿真程序 SecureCRT 的安装与使用

SecureCRT 是一款支持 SSH(SSH1 和 SSH2)的终端仿真程序,同时支持 Telnet 和 rlogin 协议。SecureCRT 可以用于连接运行包括 Windows、UNIX 和 VMS 的远程系统的理想工具。通过使用内含的 VCP 命令行程序进行加密文件的传输。

(1) SecureCRT 的安装

SecureCRT 的安装很简单,默认单击"下一步"按钮即可完成安装,高级用户可以使用"Custom"的定制安装方式,定制安装所需要支持的功能和更改安装位置,如图 7-30 所示。

学习情境7 网络服务器远程控制与管理

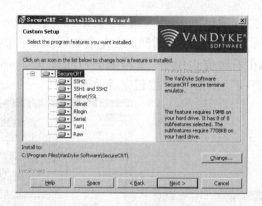

图 7-30 设置 SecureCRT 功能选择和安装位置

(2) 使用 SecureCRT 的连接到远程服务器

第一次运行 SecureCRT 时,会显示如图 7-31 所示的 "Quick Connect" 对话框。在此对话框中输入需要连接的远程服务器相关信息,然后单击 "Connect" 按钮进行连接,系统提示正确输入 root 用户口令后就可以管理远程服务器了。

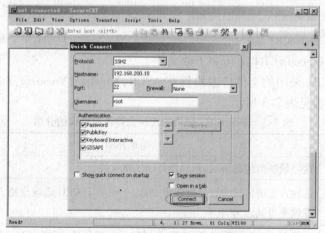

图 7-31 "Quick Connect" 登录远程服务器

如果远程管理结束后,还需要连接到其他服务器,可以单击 "File" 菜单,选择 "Quick Connect" 命令,或使用快捷键 "Alt + Q" 再次打开 "Quick Connect" 对话框。

(3) 设置 SecureCRT 的显示字符编码格式

用 SecureCRT 远程登录到服务端后,如果列出文件列表时,会出现如图7-32 所示的中文乱码现象,需要修改 SecureCRT 配置选项。

单击菜单栏的"选项(Options)",选择"会话选项(Session Options)"命令,打开如图 7-33 所示的会话选项对话框。在左边树形目录中单击"外观(Appearance)"选项,然后在右边窗口中将"字符编码(Character encoding)"的默认值"Default"改为"UTF-8",单击"Ok"按钮完成设置即可。

图 7-32　SecureCRT 显示中文乱码

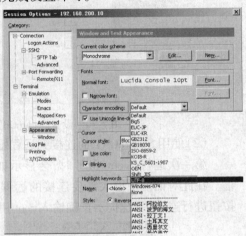

图 7-33　Session Option 中字符编码的修改

(4) 利用 SecureCRT 上传和下载文件

SecureCRT 采用的文件传输协议有 ASCII、Xmodem、Ymodem、Zmodem,它们的主要特点参见表 7-3 所示。

表 7-3　SecureCRT 使用的几种文件传输协议的介绍

协　议	简单介绍
ASCII	这是最快的传输协议,但只能传送文本文件
Xmodem	这种古老的传输协议速度较慢,但由于使用了 CRC 错误侦测方法,传输的准确率可高达 99.6%
Ymodem	这是 Xmodem 的改良版,使用了 1024 位区段传送,速度比 Xmodem 要快
Zmodem	Zmodem 采用了串流式(streaming)传输方式,传输速度较快,而且还具有自动改变区段大小和断点续传、快速错误侦测等功能。这是目前最流行的文件传输协议

在上传下载文件之前,可以设定默认上传下载目录,在"Session Option"的设置框中选择"X/Y/Zmodem",在右边窗口中设置上传和下载的目录,如图7-34所示。

学习情境7 网络服务器远程控制与管理

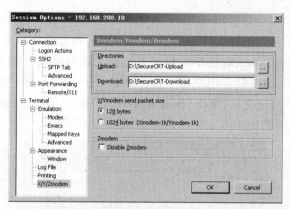

图 7-34 SecureCRT 的 X/Y/Zmodem 上传下载文件夹设置

由于 CentOS 服务器没有 rz、sz(上传、下载)的命令,需要手动安装,用户可以到开源网站 http://freeware.sgi.com/source/rzsz/rzsz-3.48.tar.gz 下载该软件包,其具体安装方法如下所示(假设软件包放在/home 目录中)。

```
[root@ Server ~ ]# cd  /home                        //切换至软件包所在目录
[root@ Server home ]# ls
admin   rzsz-3.48.tar.gz
[root@ Server home ]# tar  -zxvf   rzsz-3.48.tar.gz   //解压 rzsz 软件包
[root@ Server home ]# cd   src                      //切换至 src 工作目录
[root@ Server src ]# make   posix                    //开始安装
[root@ Server src ]# cp   rz   sz   /usr/bin/         //复制 rz、sz 命令到系统应用程序库
```

①使用 Zmodem 从客户端上传文件到 CentOS 服务器。在 SecureCRT 的字符界面中,切换工作目录到上传文件存储目录,然后输入 rz 命令,SecureCRT 会弹出文件选择对话框,在查找范围中找到需要上传的文件,单击"Add"按钮,最后单击"OK"按钮就可以把文件上传到 CentOS 了,如图 7-35 所示。

图 7-35 SecureCRT 下利用 rz 命令文件的上传

或者在菜单栏上单击"Transfer"→"Zmodem Upoad list",弹出文件选择对话框,如图7-36所示。选好文件后单击"Add"按钮,接着单击"OK"按钮,对话框自动关闭。然后在CentOS的字符界面下切换工作目录到上传文件存储目录,输入rz命令。CentOS就会把文件上传到该目录。其实还有更简便的方法,就是在单击"Add"按钮之后,单击"Start Upload"按钮,无须通过rz命令实现文件的上传,不过这需要先切换工作目录。

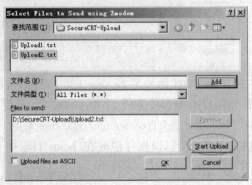

图7-36　SecureCRT下利用"Zmodem Upoad list"上传文件

②使用Zmodem下载文件到客户端。下载文件时,使用"sz filename"命令,zmodem接收可以自行启动,下载的文件存放在原先设定的默认下载目录下:

```
[root@ Server ~]# sz /etc/yum.conf
rz
Starting zmodem transfer.    Press Ctrl + C to cancel.
   100%        969 bytes    969 bytes/s 00:00:01          0 Errors
sz 3.48 01-27-98 finished.
* * * * UNREGISTERED COPY * * * * *
Please read the License Agreement in sz.doc
[root@ Server ~]#
```

3. Xmanager 远程控制软件的安装与使用

Xmanager是运行在Windows平台上的一个简单易用、高性能的X Server软件,它能把远程Unix/Linux主机的桌面无缝地显示在Windows客户端上。它可以看成是一个一站式的跨平台集成解决方案,包含以下一些产品:Xmanager 3D (OpenGL)、Xshell、Xftp和Xlpd等,它们的主要工作特点详见表7-4。

学习情境7 网络服务器远程控制与管理

表 7-4　Xmanager **产品的主要工作特点**

产品名	主要工作特点
Xmanager	运行于 MS Windows 平台上的高性能的 X window 服务器，可以在本地 PC 上同时运行 Unix/Linux 和 Windows 图形应用程序
Xshell	用于 MS Windows 平台的强大的 SSH、TELNET 和 RLOGIN 终端仿真软件。它使得用户能轻松和安全地从 Windows PC 上访问 Unix/Linux 主机
Xftp	用于 MS Windows 平台的强大的 FTP 和 SFTP 文件传输程序。Xftp 能安全地在 Unix/Linux 和 Windows PC 之间传输文件
Xlpd	用于 MS Windows 平台的 LPD（行式打印机虚拟后台程序）应用程序。安装了 Xlpd 后，带有打印机的本地 PC 就成为了一个打印服务器，来自不同远程系统的打印任务都能在网络环境中得到请求和处理
Xstart	一个窗口化的登录界面，要求填入 session、host、protocol、user name、password。可进行远程登录和管理 Unix/Linux 远程图形桌面

用户可以到 Xmanager 的官网 http://www.netsarang.com/下载测试版，如："Xmanager Enterprise 4"。Xmanager 的安装过程很简单，若执行"安装类型"为"Typical"（典型），则默认单击"Next"按钮即可。安装完成后，双击桌面的"Xmanager Enterprise 4"快捷方式，会看到系统生成的软件项目，如图 7-37 所示。

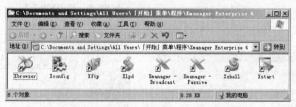

图 7-37　Xmanager 生成的软件项目

（1）使用 Xstart 连接远程 Linux 图形桌面

①第一次使用 Xstart 时，软件会自动弹出"New Session"的对话框，命名"new session"（例如 CentOS），以后使用就不会自动弹出该对话框。输入完 session 名，会弹出 Xstart 登录对话框，如图 7-38 所示。输入远程服务器的 IP 地址

(Host)和用户名(Username),选择连接协议"SSH"(Protocol)和命令"GNOME"(Command)。

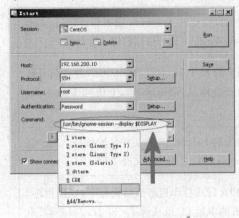

图7-38　Xstart 远程连接对话框

图7-39　"Xrcmd:Rely Messages"窗口

②单击"Run"按钮,Xstart 每次的连接都会弹出一个 Xrcmd 的反馈信息对话框,如图7-39 所示,用户可在该窗口中查看连接的状态信息,也可以单击"Close"按钮关闭此对话框。

③第一次远程连接服务端时,与 SSH 远程连接一样,都会弹出"询问联机 KEY 是否接受保存"的对话框,如果客户端将长期使用该远程连接,可以单击"Accept&Save"按钮,否则单击"Accept Once"按钮,如图7-40 所示。

④接着 Xstart 会显示用户验证对话框,如图7-41 所示,输入远程服务端的密码,单击"OK"按钮,稍后本地主机就会显示远程服务器的图形化窗口。

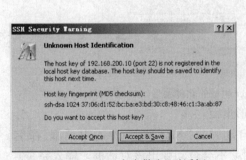

图7-40　"SSH 安全警告"对话框

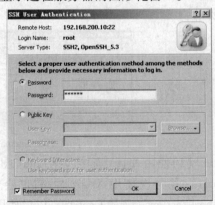

图7-41　"SSH User Authentication"对话框

学习情境7 网络服务器远程控制与管理

⑤关闭 Xstart 会话。使用 Xstart 连接到远程 Linux 服务器的桌面后,会在 Windows 系统中创建 3 个任务,分别是"Top Panel""Bottom Panel"和"x-nautilus-destop",也就是打开 3 个窗口,对应 Linux 图形桌面中的"顶部面板""底部面板"和"桌面"区域。

关闭 Xstart 会话不能使用分别关闭"Top Panel""Bottom Panel"和"x-nautilus-destop"任务的方式,需要右击 Windows 任务栏右边的"X"图标,在弹出的快捷菜单中选择"Close"命令,系统提示是否终止 X window 会话,如图 7-42 所示。

图 7-42 "SSH User Authentication"对话框

(2)使用 Xshell 以字符界面连接远程 Linux 服务器

Xshell 是一个强大的安全终端模拟软件,对个人用户免费,它支持 SSH1、SSH2 和 Telnet 协议。Xshell 的优势特点有:Screen 下的会话不会闪屏,而且可以回滚;Script 的执行顺序可以调整;可以同时发送指令到多个 session;键盘映射的兼容性要好一些,无需自行修改映射;可以展现 tunnel 等的情况;支持布局切换,像 gnome-terminal。它的缺点是其对 Unicode 制表符支持不够好,内置的 sftp 不怎么好使用,但 Xmanager 中有另外的软件 xftp,能很好地实现上传下载功能。

①新建 Session Connection。第一次使用 Xshell 时,可以单击按钮栏上的"New"按钮或者在屏幕窗口上输入"new"命令回车即可。Xshell 会弹出如图 7-43 所示的"New Session Properties"对话框。单击左侧栏的"Connection",在其右侧的属性内容中输入 Session 的名称(Name)、远程主机 IP 地址,选择连接协议和端口号,接着单击左侧栏的"Authentication",输入远程主机登录用户名和密码,最后单击"OK"按钮。

②Xshell 连接远程服务器。在如图 7-44 所示窗口中,单击工具栏上的"Open"或在 Xshell 命令行提示符后输入"Open"命令,都会弹出如图 7-45 所示的 Sessions 对话框,选择需要远程控制的服务器,单击"Connect"按钮连接到远程服务器。

③文件的上传和下载。Xshell 上传下载文件,可以使用 sftp、rzsz 命令,sftp 的具体使用方法前面已经介绍,而 rzsz 命令依托 Zmodem 文件传输协议,在 Xshell 中的使用方法与 SecureCRT 相似。文件储存位置可以在 Session 属性对话框中的"ZMODEM"进行设置,如图 7-46 所示。

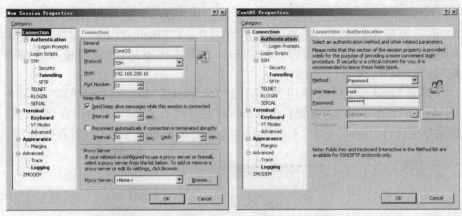

图 7-43 "New Session Properties" 对话框

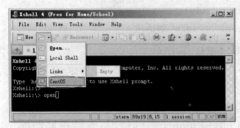

图 7-44 Xshell 窗口

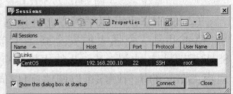

图 7-45 Sessions 对话框

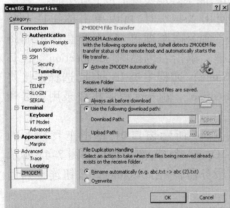

图 7-46 设置 ZMODEM 属性

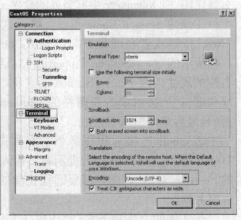

图 7-47 设置 Terminal Encoding

④解决显示乱码问题。远程连接服务器时，如果出现中文乱码的情况，可以在 Session 属性对话框中修改终端编码为"UTF-8"，如图 7-47 所示。

使用小键盘输入数字键的时候,如果出现乱码情况,可参照图 7-48 所示设置。

(3)使用 Xbrowser 连接远程 Linux 图形桌面

Xbrowser 默认使用 XDM Query(直接建立和服务器的通信方式)访问远程主机,端口号为 177,其他还有 XDM broadcast(广播询问并和第一个回应的服务器建立通信)、XDM indirect(通过特定主机间接建立和 X 服务器的通信)、Secure XDMCP 等可选访问方式。

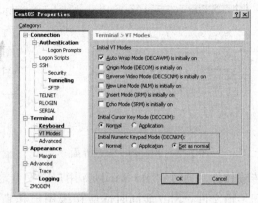

图 7-48 设置 Numeric Keypad Mode

①CentOS 服务器端的 XDMCP 设置。要使用 XDMCP 实现远程 Linux 图形桌面连接,需要修改"/etc/gdm/custom.conf"配置文件,并关闭 Linux 系统防火墙或放行 UDP 的 177 端口。gdm 是 GNOME 的图形桌面登录器,其配置文件按下面内容进行修改。

```
# GDM configuration storage
[daemon]
[security]
AllowRemoteRoot = true              # 允许远程用户登录
[xdmcp]
Enable = 1                          # 启用 XDMCP 功能
[greeter]
[chooser]
[debug]
```

②客户端远程连接。双击 Xbrowser 快捷方式图标,打开如图 7-49 所示的 Xbrowser 的管理窗口。其左侧是 Xmanager 的软件项目列表,右侧是对应的项目内容。这里着重介绍 XDMCP(X Display Manager Control Protocol,X 显示监控协议)的使用。单击工具栏上方的"New"按钮,新建 XDMCP Session。

在如图 7-50 所示的"New Session Properties"对话框里输入 Session 名(如:CentOS)、Host 的 IP 地址,单击"确定"按钮,关闭属性对话框。随后,在如图 7-49 所示的 Xbrowser 管理窗口上会生成 CentOS 的 xsession 图标,以后双击该图

图 7-49　Xbrowser 管理界面

标即可远程控制 CentOS,如图 7-51 所示。使用 Xbrowser 的远程 Linux 图形桌面连接和使用 Xstart 不同,其图形桌面不会分成 3 个部分,而是统一在一个窗口中。

(4)使用 Xftp 上传和下载文件

Xftp 是一个基于 MS Windows 平台的功能强大的 SFTP,FTP 文件传输软件。通过它 MS Windows 用户能安全地在 UNIX/Linux 和 Windows PC 之间传输文件。Xftp 能同时适应初级用户和高级用户的需要。它采用了标准的 Windows 风格的向导,简单的界面能与其他 Windows 应用程序紧密地协同工作,此外还为高级用户提供了众多强劲的功能特性。

图 7-50　"New Session Properties"对话框

图 7-51　Xbrowser 的远程桌面

Xftp 的使用和 Xmanager 其他软件项目的使用方法类似。

①打开 Xftp 管理界面,单击工具栏上的"New"按钮或者使用快捷键"Ctrl + N"新建 Session 连接,参照图 7-52,设置 Name,Host,Protocol 等属性值。

②Xftp 管理窗口中单击"Open"下方的 session 名(如 CentOS)即可实现远程连接,如图 7-53 所示。

4. RealVNC 远程控制软件的安装与使用

VNC(Virtual Network Computing)是虚拟网络计算机的缩写,它是一款优秀的远程控制工具软件,由著名的 AT&T 的欧洲研究实验室开发的。VNC 是基于 UNIX 和 Linux 操作系统的免费开放源码软件,远程控制能力强大,高效实用,其性能可以和 Windows 和 MAC 中的任何远程控制软件媲美。在 Linux 中,VNC

包括以下 4 个命令：vncserver，vncviewer，vncpasswd 和 vncconnect。

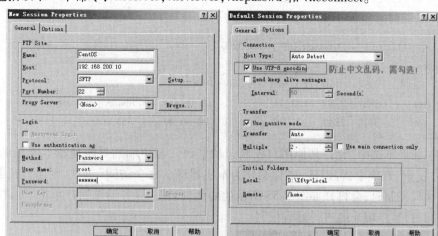

图 7-52　Xftp 下"New Session Properties"的设置

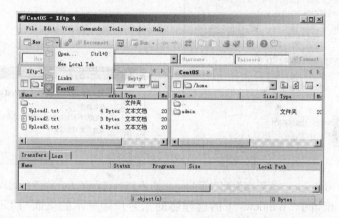

图 7-53　Xftp 远程连接服务器

VNC 基本上是由两部分组成：一部分是服务器端的应用程序（vncserver）；另外一部分是客户端的应用程序（vncviewer）。VNC 的工作原理就是不停地对窗口界面截屏，再将图像传输给客户端，同时 VNC 服务器端接管服务器端的键盘、鼠标控制权，客户端可以通过服务器端操纵键盘鼠标。

（1）使用 Gnome 环境的 vino-server 远程桌面进行控制

VINO 是 Gnome 中集成的一个 VNC 软件，安装 Gnome 环境时默认安装，单击屏幕顶部面板"系统"→"首选项"→"远程桌面"打开 vino-server 远程桌面的配置窗口，如图 7-54 所示。

勾选"允许其他人查看您的桌面"后 VINO 就会启动服务器端进程 vino-server,同时它监听 TCP5900 端口,如下所示。

```
[root@ Linux6 ~]# netstat -tnl | grep 5900
tcp        0      0 :::5900              :::*                LISTEN
[root@ Linux6 ~]# ps -ef | grep vino-server
root      2831  2287  0 21:11 ?        00:00:00 /usr/libexec/vino-server
root      3818  2842  0 21:37 pts/0    00:00:00 grep vino-server
```

如果不选中"允许其他用户控制您的桌面",客户端则只能观看不能操纵。在"安全"选项中,若勾选了"你必须为本机器确认每个访问"选项,则当该机器被远程控制时,会打开如图 7-55 所示的确认对话框,服务器端用户单击"允许"按钮后,客户端才能进行远程控制。

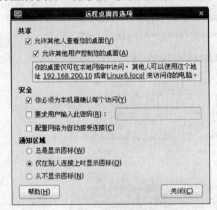
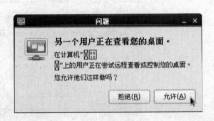

图 7-54 vino-server 远程桌面配置窗口　　图 7-55　提示是否允许进行远程桌面控制

VINO 相当于"Windows 下的远程协助",客户端显示的桌面与 Linux 服务器端本地显示器中显示的桌面一样,键盘、鼠标控制可以实现同步。VINO 比较适合进行 Linux 下的远程协助和远程教学。

(2) vncserver 组件的安装及配置

①安装 vnc 和 vnc-server 组件,操作如下所示。

```
[root@ Server ~]# rpm  -q  vnc  vnc-server          //先查询是否已经安装
package vnc is not installed
package vnc-server is not installed
//使用 yum 方式安装 vnc 客户端和服务器端组件包,安装过程从略
[root@ Server ~]# yum  install  vnc  vnc-server
```

②运行 vncserver，创建相关用户的配置信息。需要在每个用户模式下启动 vncserver，生成该用户远程桌面连接时的配置文件以及访问密码，方法就是先使用 su 命令切换用户，后执行 vncserver 命令。

在启动 vncserver 时，可以为 server 指定一个 display 参数，把 display 理解为一个桌面，每个用户都可以有自己的桌面。启动 vncserver 且指定 display 参数的命令，如 vncserver:1。VNC 客户端连接时，可以指定连接到哪个桌面上。在系统中，display 参数不能重复，确切地说，如果用户 A 已经建立了名为":1"的 display，则用户 B 就不能再使用":1"的 display 参数了，可以使用":2"等其他未被使用的参数。

```
[root@Server ~]# vncserver              //以 root 用户启动 vncserver

You will require a password to access your desktops.

Password：                              //设置 root 用户联机访问密码，如:112233
Verify：                                //确认输入密码

New 'Server:1 (root)' desktop is Server:1//默认使用桌面":1"，使用端口 5901

Creating default startup script /root/.vnc/xstartup
Starting applications specified in /root/.vnc/xstartup
Log file is /root/.vnc/Server:1.log
#为 admin 用户设置联机访问密码
[root@Server ~]# su   admin            //切换用户到 admin
[admin@Server root] $ vncpasswd        //vncserver 的密码设置工具
Password：                              //设置 admin 用户联机访问密码，如:445566
Verify：
//特别注意，为了安全起见，密码的长度至少要大于 6 个字符，且不能与账号密码相同。
//密码建立后，会在/home/admin/.vnc/passwd 文件中记录下来。
[admin@Server root] $ vncserver        //admin 用户模式下，启动 admin 的 vncserver

New 'Server:2 (admin)' desktop is Server:2  //系统自动分配闲置的 display 参数 2
                                        //当客户端联机 admin 用户的 vncserver 时，使用端口 5902
Starting applications specified in /home/admin/.vnc/xstartup
Log file is /home/admin/.vnc/Server:2.log


//关闭 5902 的 vnc 服务，只有在对应用户模式下才能关闭。
[admin@Server root] $ vncserver  -kill   :2
Killing Xvnc process ID 5470
```

③编辑 vncserver 配置文件。vncserver 的全局配置文件是"/etc/sysconfig/vncservers"(该配置文件默认没有任何配置选项,只有示例项),要以 root 权限进行修改。如果是以 root 用户启动 vncserver,无需进行配置即可启动该服务,并实现远程桌面连接控制。如果需要指定每个连接用户的桌面参数(如:显示分辨率),就需要进行修改该配置文件。

```
[root@Server ~]# vi /etc/sysconfig/vncservers
#表示启2个vnc服务,显示器(display)1,2,分别对应用户root 和 admin
VNCSERVERS="1:root 2:admin"
#为 root 用户指定桌面参数,参数-geometry 为桌面大小,缺省是 1024x768
#参数-nolisten tcp 表示不监听 X 协议端口,参数-nohttpd 表示不监听 HTTP 端口
#参数-localhost 表示只允许从本机访问,示例中有此参数
#实际使用中不能使用-localhost 参数,否则网络上的其他计算机无法访问此远程桌面服务
VNCSERVERARGS[1]="-geometry 1024x 768 -nolisten tcp"
VNCSERVERARGS[2]="-geometry 800x 600 -nolisten tcp"
```

④启动 vncserver 服务及查看 vncserver 运行状态,操作如下所示。

```
[root@Server ~]# service vncserver start      //启动 vnc server 服务
正在启动 VNC 服务器:1:root
New 'Server:1 (root)' desktop is Server:1      //启动 root 用户的 vncserver 桌面

Starting applications specified in /root/.vnc/xstartup
Log file is /root/.vnc/Server:1.log

2:admin
New 'Server:2 (admin)' desktop is Server:2      //启动 admin 用户的 vncserver 桌面

Starting applications specified in /home/admin/.vnc/xstartup
Log file is /home/admin/.vnc/Server:2.log
                                [确定]
[root@Server ~]# vncserver -list      //查看当前用户启动的 vncserver 桌面情况

TigerVNC server sessions:

X DISPLAY #    PROCESS ID
:1    4207
[root@Server ~]# netstat -tnlp      //查看 TCP 端口的打开情况,注意 5901 和 5902 端口
```

```
Active Internet connections (only servers)
Proto Recv-Q Send-Q Local Address      Foreign Address  State    PID/Program name
tcp     0      0    0.0.0.0:5901       0.0.0.0:*        LISTEN   4207/Xvnc
tcp     0      0    0.0.0.0:5902       0.0.0.0:*        LISTEN   4277/Xvnc
tcp     0      0    0.0.0.0:56815      0.0.0.0:*        LISTEN   1766/rpc.statd
tcp     0      0    0.0.0.0:111        0.0.0.0:*        LISTEN   1676/rpcbind
tcp     0      0    0.0.0.0:22         0.0.0.0:*        LISTEN   1947/sshd
tcp     0      0    127.0.0.1:631      0.0.0.0:*        LISTEN   1503/cupsd
tcp     0      0    127.0.0.1:25       0.0.0.0:*        LISTEN   2023/master
tcp     0      0    :::50095           :::*             LISTEN   1766/rpc.statd
tcp     0      0    :::111             :::*             LISTEN   1676/rpcbind
tcp     0      0    :::22              :::*             LISTEN   1947/sshd
tcp     0      0    :::1:631           :::*             LISTEN   1503/cupsd
[root@Server ~]#
```

⑤设置开机自启动 vncserver，关闭防火墙，操作如下所示。

```
[root@Server ~]# chkconfig vncserver on    //或用 ntsysv 命令，在启动服务窗口进行设置
[root@Server ~]# reboot                    //重启服务器
[root@Server ~]# service vncserver status  //重启服务器查看 vncserver 服务的
                                             运行状态
Xvnc (pid 29713 2204) 正在运行...
[root@Server ~]# service iptables status   //查看防火墙的运行状态
iptables： 未运行防火墙。
```

(3) Windows 客户端安装及使用 vnc client

远程连接到 vnc server，在 CentOS 6 中安装完 vnc 组件后，可以在"应用程序"→"Internet"菜单中找到"TigerVNC Viewer"工具，如图 7-56 所示。而 Windows 客户端则需要安装 vnc client 客户端软件。

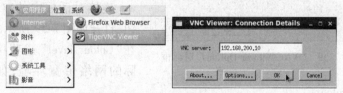

图 7-56 "TigerVNC Viewer"工具

用户可以到 vnc client 的官网"http://www.realvnc.com/download.html"下

载免费版的 Free Edition(如 VNC Free Edition for Windows Version 4.1.3)。免费版 vnc client 在进行通信时不能进行加密处理,而企业版则可以。

①vnc client 的安装很简单,默认单击"Next"按钮,但在"选择部件"时,只需勾选"VNC Viewer"即可,如图 7-57 所示。

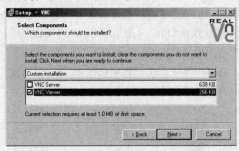

图 7-57　VNC "选择部件"对话框

②安装完 VNC Viewer 后,双击软件图标,显示如图 7-58 所示的连接对话框,输入服务端的 IP 地址和联机端口号(如果不输入端口号,默认为 5900,此处用 5901,即 root 用户登录)。随后需要输入联机桌面对应用户的访问密码,而不是用户的系统登录密码。

 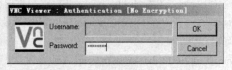

图 7-58　VNC Viewer 的远程连接对话框

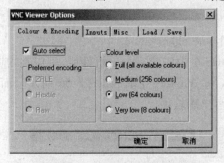

图 7-59　"VNC Viewer Options"对话框

为了降低使用 VNC Viewer 远程桌面控制服务器时占用的网络带宽,减少低网络带宽环境下的操作延时,可以降低远程桌面传输的画面质量。单击 VNC Viewer 连接对话框中的"Options"按钮,打开如图 7-59 所示的对话框,在"Colour level"选项中,根据实际的网络带宽环境,如:设置为"Low 64 colours"。

③成功登录后,显示如图 7-60 所示的远程桌面窗口,VNC 窗口标题栏左边显示被控主机名、使用桌面:1、联机的用户名 root。

学习情境7　网络服务器远程控制与管理

图 7-60　VNC 远程联机桌面 root 用户登录

④如果使用 5902 端口进行连接,即用 admin 用户进行控制,则如图 7-61 所示的远程桌面窗口,VNC 窗口标题栏左边显示被控主机名、使用桌面:2、联机的用户名 admin,同时由于不是 Linux 管理员登录,进行某些操作时提示需要输入 root 用户的密码。

图 7-61　VNC 远程联机桌面 admin 用户登录

1. 国产远程控制软件 Netman(网络人)的安装与使用

Netman 是一款国内流行的远程控制工具,采用 UDP 内网穿透技术,无需做端口映射便可穿透内网、防火墙,轻松连接两台不在同一个局域网甚至不在同一个城市、国家的计算机。安全性方面也是尽善尽美,不仅采用了 U 盾加密技术,同时设有登录密码(保存在 Netman 的服务器上)、控制密码(保存在用户本地计算机中)双重密码。用户可以到 Netman 的官网"http://netman123.cn/"下载免费或测试版。

(1) Netman 的安装

不管是受控的服务器还是用来控制的客户端,都需要安装 Netman 软件,其安装过程很简单,默认单击"下一步"按钮即可完成。控制端同时也是被控端,只要知道 ID 和密码,双方可以互相控制。

软件默认安装路径为"C:\Program Files\Netman",安装过程中可以自行修改,但安装路径需要记住,因为 Netman 软件不会在桌面新建快捷方式,需要手动进入安装文件夹,双击 Netman.exe 启动软件,这时会弹出一个提示窗口,询问是否要让软件随系统启动,如图 7-62 所示,通常是单击"确定"按钮。

图 7-62　Netman 初次启动时弹出"自启动选项"对话框

(2) 使用测试账号测试 Netman 的功能

Netman 远程控制软件的主界面如图 7-63 所示,Netman 提供测试账号:测试机 A:用户名 netman,控制密码 123456;测试机 B:用户名 netman2,控制密码 123456。用户在未注册的情况下,可以使用测试账号测试该软件功能。

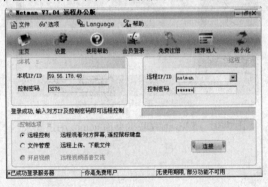

图 7-63　Netman 远程办公版的主界面

(3) 注册 Netman 用户

由于很多人使用测试账号,为了安全起见,建议用户注册 ID。单击 Netman 工作窗口上方的"免费注册"按钮,进入"远程监控版注册试用"页面,填写相关用户信息注册。注册成功后,页面会提示如图 7-64 所示的信息框,建议"至少应该注册两个至尊会员 ID"。

学习情境7　网络服务器远程控制与管理

图7-64　"至尊会员ID注册成功"的信息框

(4)使用会员账号测试Netman的功能

会员注册成功后,单击Netman主界面上的"会员登录"(或者在菜单栏上单击"选项"),显示如图7-65所示的"会员方式登录"对话框,输入会员ID和登录密码后,单击"确定"按钮。随后在弹出的"设置控制密码"对话框中设置"控制密码",如图7-66所示。

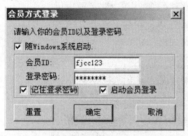 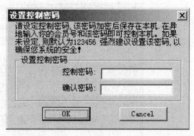

图7-65　"会员方式登录"对话框　　　图7-66　"设置控制密码"对话框

(5)加强安全设置

只输入用户名和一个密码就可以控制远程计算机,这样的简单联机操作欠妥当。为了解决这部分用户的疑虑,Netman对此也进行了相应的安全设置,在Netman主界面上,单击"设置"按钮,如图7-67所示,勾选最左上角有个"要求验证系统用户名及密码"的选项。

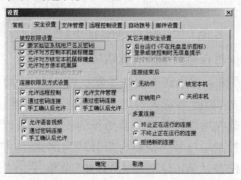

图7-67　Netman"设置"的对话框

设置完成后,每次远程控制之前除了输入"控制密码"外。还需要输入对方系统的登录用户和密码,双重验证,如图7-68所示。

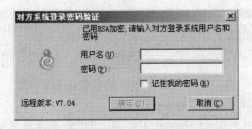

图 7-68 "对方系统登录密码验证"对话框

验证通过后,显示如图 7-69 所示的远程桌面,其窗口最上方是 Netman 的控制面板。

图 7-69 Netman 联机后的远程桌面

2. 修改 Windows 远程桌面连接的默认端口号

Windows 操作系统远程桌面连接功能默认使用 3389 端口进行远程控制操作,Win2K8 也不例外,因此恶意攻击者可能会尝试通过默认的 3389 端口号进行非法连接。为了确保远程控制服务器操作的安全性,可以对该默认端口号进行修改。下面以将控制端口号码调整为"2012"为例,操作方式如下。

①以管理员身份登录 Win2K8,单击"开始"菜单,选择"运行"命令,在打开的"运行"对话框中输入"regedit",单击"确定"按钮后打开"注册表编辑器"窗口。

②在"注册表编辑器"窗口左侧,单击"HKEY_LOCAL_MACHINE"节点选

项,再依次展开"\SYSTEM\CurrentControlSet\Control\Terminal Server\Wds\rdpwd\Tds\tcp"目标注册表子项。

③在目标注册表子项的右侧显示窗格中,找到双字节值"PortNumber",双击"PortNumber"键值后,系统打开如图7-70所示的对话框,选择"基数"为"十进制",然后在数值数据中将3389改为2012,单击"确定"按钮完成修改。

图7-70　修改注册表键值

④按照同样的方法,依次展开"HKEY_LOCAL_MACHINE"节点选项中的"\SYSTEM\CurrentControlSet\Control\Terminal Server\WinStations\RDP-Tcp"目标注册表子项,也将其"PortNumber"键值改为2012即可。

⑤重新启动Win2K8R2操作系统,使上述设置操作正式生效。以后在进行远程桌面控制该服务器时,需要制定2012的端口号才能进行连接,如"192.168.200.10:2012",而那些不清楚新端口号的用户就不能与该服务器建立远程控制连接了。

1. 远程控制软件与木马病毒程序的异同

通常所说的控制软件主要指用于正当用途的常规远程控制软件,如前面介绍的Windows平台下的PcAnywhere和RemotelyAnywhere。在Windows系统中,还有很多以病毒复制等形式传播的非法远程控制软件,常见的是木马病毒类型,如:"灰鸽子""冰河""PcShare""网络神偷"等。

常规远程控制软件和木马相同之处有以下几点:

①都是用一个客户端通过网络来控制服务端,控制端可以是Web,也可以是手机或其他智能终端,或者普通PC计算机,可以说控制端安装或植入哪里,

哪里就可以成为客户端,服务端也同样如此;

②都可以进行远程资源管理,比如文件上传下载修改;

③都可以进行远程屏幕监控、键盘记录、进程和窗口查看等。

常规远程控制软件和木马区别之处有以下几点:

①常规远程控制软件是在用户知情的情况下主动安装的,而木马程序是在用户不知情的情况下被动安装的;

②木马有破坏性:比如 DDoS 攻击、窃取或破坏被控制端的硬盘数据,启用被控制端的代理功能,把它当成"肉鸡"等;

③木马程序有隐蔽性:木马最显著的特征就是隐蔽性,也就是服务端是隐藏的,并不在被控桌面显示,不被被控者察觉,这样一来无疑就增加了木马的危害性,也为木马窃取密码或其他信息提供了方便之门。

2. 反弹端口连接技术

目前的远程控制软件很流行使用反弹端口连接技术,如前面介绍的 TeamViewer 和 Netman。反弹端口连接技术的诞生,是为了解决传统的远程控制软件不能访问装有防火墙以及不能控制局域网内部的远程计算机。

(1) 反弹端口连接原理

如果服务器端安装有防火墙,远程控制客户端发往服务端的连接首先会被服务端主机上的防火墙拦截,使服务端程序不能收到连接,远程控制软件不能正常工作。同样,局域网内通过代理上网的电脑,因为是多台共用代理服务器的 IP 地址,而本机没有独立的互联网的 IP 地址(只有局域网的 IP 地址),所以也不能正常使用,就是说传统型的同类软件不能访问装有防火墙和在局域网内部的服务端主机。

而反弹端口连接的原理是,当服务端程序运行后,主动连接一个网络域名或 IP 地址,而本地用户通过客户端程序及时将当前使用的 IP 地址及打开的端口更新到网络域名,这样服务端程序就可以成功连接到客户端,从而完成连接。因此通过反弹连接技术就可以在互联网上轻松访问到局域网里通过 NAT(透明代理)代理上网的电脑,并且可以穿过防火墙。

(2) HTTP 隧道技术

除了反弹端口连接技术外,还有一个常用的就是 HTTP 隧道技术。为了安全起见,防火墙一般只开 80 和其他一些常用的端口,这样,基于 TCP/IP 客户端和服务端的木马程序就不能通过防火墙和外界发生联系。但是经过特殊处理的 IP 封包可以伪装成 HTTP 封包,这样防火墙就认为其是合法的 HTTP 数据包就会放行,这样在木马的接收端,软件再将伪装过的 IP 封包还原出来,取出其中有用的数据,从而达到穿越防火墙端口设置的限制。简单来说,HTTP 隧道技术就是把所有要传送的数据全部封装到 HTTP 协议里进行传送,其实现原理是基于防火墙在对 HTTP 协议的报文进行识别与过滤时,往往只对其诸如 POST,GET 等命令的头进行识别,而放行其后的所有报文。

通过 HTTP 隧道技术,远程控件软件可以访问到局域网里通过各种方式上网的服务端。可以这么说,使用 HTTP 隧道技术的远程控制软件几乎支持了所有的上网方式,如拨号上网、ADSL、Cable Modem、NAT 透明代理、HTTP 的 GET 型和 CONNECT 型代理、SOCKS4 代理、SOCKS5 代理等。

附录　实训项目引导文

实训项目 1　熟悉 VMware 并安装配置服务器操作系统

一、实训场景要求

①实训按分组进行,两人一组,实训场所要求能够接入 Internet;

②利用 VMware 软件,创建出一台虚拟计算机,设置虚拟计算机的网卡为桥接模式;

③在虚拟计算机安装指定的操作系统,并设置虚拟计算机的网卡 IP 地址和物理机在同一网段;

④测试物理机和虚拟计算机的网络连通性;

⑤配置虚拟计算机操作系统的相关参数,实现在虚拟计算机中能够访问 Internet。

二、实训资讯

查找相关参考书或上网搜索,回答下面的问题。

①掌握常见 Windows 与 Linux 的发行版本,其要求如下:

A. 收集不同操作系统的发行版本信息,要按操作系统针对不同类型用户

（如个人桌面用户、个人手持设备用户和企业用户）选择某个典型版本（市场占用率高的）即可；

  B. 收集不少于 5 个不同操作系统的发行版本；

  C. 将收集的信息填入下表：

操作系统类型	版本名称	主要特点和应用范围或场合
Windows		
Linux		

②如何将常用个人桌面系统的 GHOST 版本安装到虚拟机中？
③如何将迷你 Linux 操作系统 Veket 或 PuppyLinux 安装到虚拟机中？
④什么是 Linux 的 LiveCD 版本，该版本有何用途？
⑤如何修改 Linux 操作系统的计算机名？

三、实训计划

1. 安装和配置深度 WindowsXP SP3 精简安装版

要求：

①上网搜索并下载深度 WindowsXP SP3 精简安装版的光盘镜像文件；

②创建一个 VMware 虚拟机，设置虚拟机内存为 512 M 或更大，网络适配器设置为桥接类型，虚拟硬盘大小 10 G，新建虚拟机文件的存放位置为"D:\VirtualPC"；

③在虚拟机中安装完成 WindowsXP SP3 精简版后，安装 VMware Tools；

④配置虚拟机的网卡参数，测试虚拟机能否访问 Internet；

⑤利用 VMware 快照管理功能，为安装和配置完成的系统进行备份操作。

备注:根据网上资料说明,深度 WindowsXP SP3 精简版是采用久经考验的精简方法和体积压缩技术,在 220 M 的光盘体积中提供了几乎 100% 的原版 XP 兼容性,主要用于家庭、网吧、办公环境中个人使用。精简版经过优化后,安装和运行速度较快,但并非意味着功能缺失、不稳定或者兼容性差。经过多年在 10 余个版本的更新和升级过程后,它已经被证明能很好地支持各种软件使用和硬件驱动安装,其安装速度、使用效率、兼容性和稳定性方面有比较出色的表现。

2. 安装和配置 Win2K8R2 企业版

要求:
①按照教材内容安装和配置 Win2K8R2 企业版虚拟机;
②在 Win2K8R2 虚拟机中安装 VMware Tools;
③关闭 Win2K8R2 虚拟机的关机事件跟踪功能;
④设置 Win2K8R2 虚拟机开机自动登录功能;
⑤关闭 Win2K8R2 的"自动播放"功能;
⑥利用 VMware 快照管理功能,为安装和配置完成的系统进行备份操作。

3. 利用虚拟机运行 Linux Live CD 光盘版的 PuppyLinux

要求:
①创建虚拟机时,正确选择虚拟机所需要运行目标操作系统的类型;
②设置虚拟机启动选项为先从光盘启动;
③配置虚拟机的网卡为桥接类型,并设置相应参数,实现虚拟机能够上 Internet。

4. 安装和配置 CentOS Linux 6

要求:
①按照教材内容安装和配置 CentOS 6 服务器虚拟机;
②在图形界面中查看或设置网卡 IP 地址等参数;
③在终端命令行窗口中,使用 ping 命令测试局域网络的连通性;
④按照教材内容在 CentOS 6 虚拟机中安装 VMware Tools;
⑤在终端命令行窗口中,使用 Linux 命令重启或关闭 CentOS 6 虚拟机;
⑥利用 VMware 快照管理功能,为安装和配置完成的系统进行备份操作。

四、实训实施(记录实训过程和结果)

要求:
①利用 VMware 在虚拟机中安装操作系统时,对每个关键步骤需要进行屏

幕截图说明。如：创建完 VMware 虚拟机的硬件设置情况、安装完操作系统并正常启动后的界面、在虚拟机中配置完成网络设备参数后联网测试结果、创建 VMware 快照后的情况等。

②在下表中记录在实施过程中可能碰到的所有意外现象（由于操作步骤不一致或误操作等原因，在实训时总会出现这样或那样的意外情况，学会了解决意外现象或故障，才能真正掌握实际技能）。

③进行实训任务总结，主要包括实施过程的简单总结、学习心得体会、对教师和本课程的建议等。

实训意外现象记录表

序号	意外现象描述	可能的原因	最终解决办法

五、实训评价

班级			日期		
项目名称					
项目成员			项目组长		
编号	项目任务完成情况评价(权重)		小组自评	小组互评	教师评价
1	钻研创新能力(5分)				
2	劳动纪律与团队协作(5分)				
3	资讯及方案设计能力(10分)				
4	安装和配置深度WindowsXP SP3 精简安装版(10分)				
5	安装和配置Windows Server 2008 R2 企业版(20分)				
6	利用虚拟机运行PuppyLinux(10分)				
7	安装和配置CentOS Linux 6(20分)				
8	实训任务总结(10分)				
互评小组意见					
指导教师意见					
总评	互评项目组长签名		指导教师签名		
备注	①等级分为优秀(90~100)、良好(75~89)、合格(60~74)、不合格(0~59)4个等级。②互评是由其他项目小组进行,总评是指导教师在自评和互评的基础上,根据实际情况做出评价。				

实训项目 2　局域网资源共享的配置与管理

一、实训场景要求

①实训按分组进行,两人一组,实训场所要求能够接入 Internet;
②普通打印机一台,用于网络共享打印机;
③在 Windows 和 Linux 服务器虚拟机中,设置共享及相关权限,实现在 Linux 和 Windows 操作系统中资源共享访问;
④在 Windows 和 Linux 服务器虚拟机中,安装打印机驱动程序,实现网络共享打印。

二、实训资讯

查找相关参考书或上网搜索,回答以下问题。
①要实现 Windows 与 Linux 操作系统中的文件相互拷贝,有几种方法?
②Windows 与 Linux 操作系统对磁盘和文件的管理方式有什么异同点?
③存放 Windows 与 Linux 用户账号信息的文件名是什么?该文件存放在哪个目录中?
④默认 CentOS 6 用户账号中,登录口令是用什么方式加密的?
⑤在 Windows 系统中,若同一局域网中有多台计算机名称相同,会有什么影响?
⑥在 Windows 系统中,若不使用 TCP/IP 协议,能否实现文件的网络共享?

三、实训计划

1. 配置 Win2K8R2 的文件共享

要求:
①按照教材内容安装和配置 Win2K8R2 的文件共享及相关权限的设置;

②以不同用户账号登录 Windows 系统,测试文件共享权限设置的正确性。

2. 配置 Win2K8R2 的打印机共享

要求:

①参照教材相关内容安装对应打印机的驱动程序,并设置打印机共享;

②在 Windows 客户端中安装网络打印机驱动程序,并测试能否继续网络打印。

3. 配置 CentOS 6 的网络接口参数

要求:

①在 CentOS 6 图形界面中,正确配置 CentOS 虚拟机的网络接口和 IP 地址;

②在终端命令行窗口中,使用 ifconfig 命令查看网络接口和 IP 地址等参数情况;

③在终端命令行窗口中,使用 ifconfig 命令修改网络接口的 IP 地址;

④在终端命令行窗口中,使用 ifdown 和 ifup 禁止或激活相应的网络接口。

4. 配置 CentOS 6 的 Samba 共享

要求:

①按照教材内容创建指定用户组和用户,并修改用户登录密码;

②配置 CentOS 服务器的 YUM 源为 http://mirrors.163.com/centos/;

③安装和配置 Samba 服务;

④配置 Samba 服务器共享文件夹及用户访问权限;

⑤在 Windows 系统中测试 Samba 服务。

5. 在 Linux 字符界面中使用 vi 编辑器编辑文件

要求:

①用 vi 编辑器编写一个简单的 C 语言程序,在控制台输出"Hello,Linux!"字符串;

②用 ls 命令查看当前目录下的文件信息;

③用 cat 命令查看源程序内容;

④用 gcc 进行编译并生成可执行文件 a.out;

⑤用"./a.out"执行生成的可执行文件,查看程序运行结果。

6. 使用 vi 编辑器修改 Samba 配置文件

要求:

①只能在 Linux 字符界面中修改 Samba 配置文件；

②按照教材中的方法，修改 Samba 配置文件为每个用户使用独立的配置文件；

③在 Windows 系统中测试 Samba 服务。

四、实训实施(记录实训过程和结果)

要求：

①在 Windows 图形界面中设置文件或打印机共享时，对每个关键步骤需要进行屏幕截图说明；

②在 Linux 终端命令行窗口中执行的命令结果，可以直接拷贝终端命令行窗口中的字符信息即可，无须进行屏幕截图；

③在实施 Linux 的 Samba 共享时，在图形界面中设置好文件或目录的权限后，需要在终端命令行窗口中执行"ls -l"命令，查看文件或目录的权限设置结果；

④在下表中记录在实施过程中可能碰到的所有意外现象；

⑤进行实训任务总结，主要包括实施过程的简单总结、学习心得体会、对教师和本课程的建议等。

实训意外现象记录表

序号	意外现象描述	可能的原因	最终解决办法

续表

序号	意外现象描述	可能的原因	最终解决办法

五、实训评价

班级			日期	
项目名称				
项目成员			项目组长	
编号	项目任务完成情况评价(权重)	小组自评	小组互评	教师评价
1	钻研创新能力(5 分)			
2	劳动纪律与团队协作(5 分)			
3	资讯及方案设计能力(10 分)			
4	配置 Win2K8R2 的文件共享(10 分)			
5	配置 Win2K8R2 的打印机共享(10 分)			
6	配置 CentOS 6 的网络接口参数(5 分)			
7	配置 CentOS 6 的 Samba 共享(20 分)			
8	在 Linux 字符界面中使用 vi 编辑器编辑文件(10 分)			
9	使用 vi 编辑器修改 Samba 配置文件(15 分)			
10	实训任务总结(10 分)			

续表

互评小组意见	
指导教师意见	
总评		互评项目组长签名		指导教师签名	
备注	①等级分为优秀(90~100)、良好(75~89)、合格(60~74)、不合格(0~59)4个等级。 ②互评是由其他项目小组进行,总评是指导教师在自评和互评的基础上,根据实际情况做出评价。

实训项目 3　DHCP 服务器安装、配置与管理

一、实训场景要求

①实训按分组进行,两人一组,实训场所要求能够接入 Internet。

②利用 VMware 软件,设置虚拟机网卡的桥接或 HOST Only 模式,分别虚拟出在同一网段的多台计算机,如果虚拟机的网卡使用桥接方式,建议不同小组使用不同网段。如:1 号机使用 192.168.101.×,20 号机使用 192.168.120.×。

③需要禁用或停止物理主机中的"VMware DHCP Service"服务,防止其干扰实训中配置的 DHCP 服务器。

④安装和配置的 DHCP 服务器要能够为 Linux 和 Windows 客户机提供 DHCP 服务。

⑤利用三层路由交换机,搭建出多网段网络环境,或利用虚拟机运行虚拟路由器软件,虚拟出一台路由器,并用其实现跨网段网络测试环境。

二、实训资讯

查找相关参考书或上网搜索,回答下面的问题。
①要实现 2 台计算机跨网段访问,可以采用什么方式?
②简述有哪些设备可以提供 DHCP 服务。
③ARP 攻击为什么会导致 IP 地址冲突?

三、实训计划

1. 配置 Win2K8R2 的 DHCP 服务器

要求:
①按照教材内容安装和配置 Win2K8R2 的 DHCP 功能;
②设置同组中的其他 Linux 或 Windows 客户机为自动获取 IP 地址,测试在

不同网段中能否正确获取 DHCP 服务器动态分配的 IP 地址等参数。

2. 配置 CentOS 6 的 DHCP 服务器

要求：

①按照教材内容安装和配置 CentOS 6 的 DHCP 功能；

②设置同组中的其他 Linux 或 Windows 客户机为自动获取 IP 地址，测试指定 MAC 地址的计算机在不同网段中能否正确获取 DHCP 服务器动态分配的 IP 地址等参数；

③利用 TcpDump 工具捕获 DHCP 数据包。

3. 安装配置 RouterOS 虚拟机，实现跨网段访问

要求：

①按照教材内容安装和配置 RouterOS 虚拟机；

②为 RouterOS 虚拟机配置至少 3 个网卡，并设置相应的 IP 地址；

③在同一物理主机中，启动多个 XP 虚拟机客户端，并指定虚拟机网络连接到不同的虚拟网络中，测试 DHCP 服务器能否通过虚拟路由器为不同网段中的计算机提供 DHCP 服务。

4. 在三层交换机或 RouterOS 中配置 DHCP 服务器

要求：

①按照教材的方法，在三层路由交换机或 RouterOS 中配置 DHCP 服务器功能；

②配置三层路由交换机的 DHCP 中继功能；

③配置接入交换机的 DHCP Snooping 功能；

④测试在同一网段中，有其他 DHCP 服务器干扰的情况下，客户机能否正确获取指定的 DHCP 服务器提供的 IP 地址等参数。

四、实训实施（记录实训过程和结果）

要求：

①在 Windows 图形界面中配置 DHCP 服务时，对每个关键步骤需要进行屏幕截图说明；

②在 CentOS 6 中配置 DHCP 服务时，只需要拷贝"dhcpd.conf"文件的内容即可；

③在测试客户机能否正确获取 DHCP 服务器提供的 IP 地址等参数时，可以直接拷贝命令行窗口中的字符信息（如：ipconfig 的结果输出）；

④在安装配置虚拟路由器 RouterOS 过程中,对每个关键步骤需要进行屏幕截图说明;

⑤在用 TcpDump 工具捕获 DHCP 数据包,只需要拷贝终端窗口的字符信息;

⑥在交换机过程中,只需要拷贝交换机的配置信息;

⑦在下表中记录在实施过程中可能碰到的所有意外现象;

⑧进行实训任务总结,主要包括实施过程的简单总结、学习心得体会、对教师和本课程的建议等。

实训意外现象记录表

序号	意外现象描述	可能的原因	最终解决办法

五、实训评价

班级			日期		
项目名称					
项目成员			项目组长		
编号	项目任务完成情况评价(权重)		小组自评	小组互评	教师评价
1	钻研创新能力(5分)				
2	劳动纪律与团队协作(5分)				
3	资讯及方案设计能力(10分)				
4	配置Win2K8R2的DHCP服务器(20分)				
5	配置CentOS 6的DHCP服务器(20分)				
6	安装配置RouterOS虚拟机,实现跨网段访问(20分)				
7	在三层交换机或RouterOS中配置DHCP服务器(10分)				
8	实训任务总结(10分)				
互评小组意见					
指导教师意见					
总评	互评项目组长签名		指导教师签名		
备注	①等级分为优秀(90~100)、良好(75~89)、合格(60~74)、不合格(0~59)4个等级。 ②互评是由其他项目小组进行,总评是指导教师在自评和互评的基础上,根据实际情况做出评价。				

实训项目 4　DNS 服务器安装、配置与管理

一、实训场景要求

①实训按分组进行,两人一组,实训场所要求能够接入 Internet;

②利用 VMware 软件,设置虚拟机网卡的桥接或 HOST Only 模式,分别虚拟出在同一网段的多台计算机,如果虚拟机的网卡使用桥接方式,建议不同小组使用不同网段。如:1 号机使用 192.168.101.×,20 号机使用 192.168.120.×;

③利用三层路由交换机或 RouterOS,搭建出多网段网络环境,并用其实现模拟多线路出口时,测试 Internet 用户访问 DNS 服务器的智能解析情况。

二、实训资讯

查找相关参考书或上网搜索,回答下面的问题。

①上网查询学校所在地区,各个 ISP(如:电信、网通、铁通)提供的 DNS 服务器 IP 地址是什么?

②简述在交换机中设置 DNS 服务器 IP 地址的目的。

③简述 DNS 欺骗和"钓鱼网站"的区别。

三、实训计划

1. 配置 CentOS 6 的 DNS 服务器

要求:

①按照教材内容修改 DNS 服务器的主机名和本机域名;

②修改 DNS 的主配置文件;

③启动 DNS 服务;

④在 DNS 服务器本机中测试域名解析是否正确,要求分别使用 host、nslookup 和 dig 命令进行正向和反向域名解析测试;

⑤利用 TcpDump 工具捕获 DNS 数据包。

2. 配置 RouterOS 实现模拟多线路访问 DNS 服务器

要求：

①为 RouterOS 虚拟机配置至少 3 个网卡,并设置 IP 地址；

②修改 DNS 服务组件的配置文件,增加对下表中域名和 IP 地址的解析；

域名解析对照表

域　名	局域网 IP 地址	电信 IP 地址	教育网 IP 地址
kjxh.fjcc.edu.cn	192.168.200.13	59.56.178.49	59.77.158.13
wlkc.fjcc.edu.cn	192.168.200.16	无	59.77.158.16

③查看 DNS 日志文件,是否有记录不同网络用户访问 DNS 服务器的信息。

3. 配置 Win2K8R2 的 DNS 服务器

要求：

①按照教材内容安装和配置 Win2K8R2 的 DNS 功能；

②将 DNS 服务器配置信息的备份后,复制到同组的另外一台 Win2K8R2 虚拟机中。

4. 将 CentOS 6 的 DNS 服务器配置信息移植到 Win2K8R2 中

要求：

①按照教材内容在 Win2K8R2 中安装 Bind 软件的 Windows 版。

②将 CentOS 6 的 DNS 服务器配置信息拷贝到 Win2K8R2 中对应文件夹中。

③测试 DNS 服务器能否进行正常 DNS 解析。

四、实训实施（记录实训过程和结果）

要求：

①在 CentOS 6 中配置 DNS 服务时,只需要拷贝相关配置文件的内容即可；

②在客户机中测试 DNS 服务器能否正确进行域名解析时,可以直接拷贝命令行窗口中的字符信息；

③在用 TcpDump 工具捕获 DNS 数据包,只需要拷贝终端窗口的字符信息；

④在 Windows 图形界面中配置 DNS 服务时,对每个关键步骤需要进行屏幕截图说明；

⑤在 Win2K8R2 中安装 Bind 软件时，对每个关键步骤需要进行屏幕截图说明；

⑥在下表中记录在实施过程中可能碰到的所有意外现象；

⑦进行实训任务总结，主要包括实施过程的简单总结、学习心得体会、对教师和本课程的建议等。

实训意外现象记录表

序号	意外现象描述	可能的原因	最终解决办法

五、实训评价

班级			日期		
项目名称					
项目成员			项目组长		
编号	项目任务完成情况评价(权重)		小组自评	小组互评	教师评价
1	钻研创新能力(5分)				
2	劳动纪律与团队协作(5分)				
3	资讯及方案设计能力(10分)				
4	配置 CentOS 6 的 DNS 服务器(20分)				
5	配置 RouterOS 实现模拟多线路访问 DNS 服务器(20分)				
6	配置 Win2K8R2 的 DNS 服务器(15分)				
7	将 CentOS 6 的 DNS 服务器移植到 Win2K8R2(15分)				
8	实训任务总结(10分)				
互评小组意见					
指导教师意见					
总评		互评项目组长签名		指导教师签名	
备注	①等级分为优秀(90~100)、良好(75~89)、合格(60~74)、不合格(0~59)4个等级。②互评是由其他项目小组进行,总评是指导教师在自评和互评的基础上,根据实际情况做出评价。				

实训项目 5　FTP 服务器安装、配置与管理

一、实训场景要求

①实训按分组进行,两人一组,实训场所要求能够接入 Internet;

②利用 VMware 软件,设置虚拟机网卡的桥接或 HOST Only 模式,分别虚拟出在同一网段的多台计算机;

③在 Windows 和 Linux 操作系统中安装和配置 FTP 服务器;

④利用三层路由交换机或 RouterOS,搭建出多网段网络环境,测试 FTP 服务器能否限制某些 IP 网段的计算机访问。

二、实训资讯

查找相关参考书或上网搜索,回答下面的问题。

①在因特网上下载文件,除了采用 FTP 方式以外,还有哪些方式?

②常见的多线程下载工具软件有哪些,其工作机制是什么?

③简述 P2P 下载的工作机制是什么?

三、实训计划

1. 配置 Win2K8R2 中自带 FTP 服务组件

要求:

①按照教材内容添加 FTP 服务器角色;

②进行 FTP 站点主要参数设置;

③设置具体用户的 NTFS 访问权限。

2. 在 Win2K8R2 中安装配置 Titan FTP Server

要求:

①按照教材内容安装和配置第三方 FTP 服务器软件;

②设置 FTP 站点主要参数,并进行用户访问权限的设置;
③由于 Titan FTP Server 是英文版软件,测试该 FTP 服务时,需要使用文件名为汉字的文件进行上传和下载测试。

3. 配置 CentOS 6 的 VSFTPD 服务组件

要求:
①按照教材内容,用 YUM 方式安装 VSFTPD 服务组件;
②修改 VSFTPD 的主配置文件;
③启动 VSFTPD 服务;
④在 WindowsXP 中,利用 ftp 命令行工具访问并测试 VSFTPD 服务。

4. 配置 RouterOS 虚拟机,实现跨网段访问 FTP 服务器

要求:
①为 RouterOS 虚拟机配置至少 2 个网卡,并设置相应的 IP 地址;
②查看 FTP 服务器的访问日志,是否有记录被拒绝访问的 IP 地址客户机访问 FTP 服务器的信息。

5. 在 CentOS 6 中安装以源代码发行的 proftpd 服务器

要求:
①先用"yum remove"命令卸载已安装的 vsftpd 服务组件;
②按照教材内容,下载并安装 proftpd 的稳定版本;
③编辑 proftpd.conf 配置文件,实现 FTP 服务器功能;
④检查 proftpd 服务进程和端口打开情况。

6. 在 CentOS 6 中使用 tar 备份指定目录文件

要求:
①只能在终端窗口中使用 tar 命令,不能使用图形化的压缩工具"归档管理器";
②将安装配置好的 proftpd 服务器所在目录进行打包备份。

四、实训实施(记录实训过程和结果)

要求:
①在 Win2K8R2 中配置 FTP 服务站点时,对每个关键步骤需要进行屏幕截图说明;
②CentOS 6 中配置 VSFTPD 服务时,只需要拷贝相关配置文件的内容;

③在客户机中测试 FTP 服务器能否正确进行上传和下载时,如果是使用 ftp 命令行工具,则可以直接拷贝命令行窗口中的字符信息;

④在 CentOS 6 中安装以源代码发行的 proftpd 服务器时,安装过程不需要进行屏幕截图,只需要给出配置文件的内容;

⑤在使用 tar 命令进行打包备份时,需要给出打包前文件总大小和打包后文件的大小,以及如何进行解包操作;

⑥在下表中记录在实施过程中可能碰到的所有意外现象;

⑦进行实训任务总结,主要包括实施过程的简单总结、学习心得体会、对教师和本课程的建议等。

实训意外现象记录表

序号	意外现象描述	可能的原因	最终解决办法

五、实训评价

班级			日期		
项目名称					
项目成员			项目组长		
编号	项目任务完成情况评价(权重)		小组自评	小组互评	教师评价
1	钻研创新能力(5分)				
2	劳动纪律与团队协作(5分)				
3	资讯及方案设计能力(10分)				
4	配置 Win2K8R2 中自带 FTP 服务组件(15分)				
5	在 Win2K8R2 中安装配置 Titan FTP Server(10分)				
6	配置 CentOS 6 的 VSFTPD 服务组件(15分)				
7	配置 RouterOS,实现跨网段访问 FTP 服务器(10分)				
8	安装以源代码发行的 proftpd 服务器(10分)				
9	使用 tar 备份指定目录文件(10分)				
10	实训任务总结(10分)				
互评小组意见					
指导教师意见					
总评	互评项目组长签名			指导教师签名	
备注	①等级分为优秀(90~100)、良好(75~89)、合格(60~74)、不合格(0~59)4个等级。 ②互评是由其他项目小组进行,总评是指导教师在自评和互评的基础上,根据实际情况做出评价。				

实训项目6 Web服务器安装、配置与管理

一、实训场景要求

①实训按分组进行,两人一组,实训场所要求能够接入Internet;

②利用VMware软件,设置虚拟机网卡的桥接或HOST Only模式,分别虚拟出在同一网段的多台计算机;

③在Windows和Linux操作系统中安装和配置支持动态网站的Web服务器;

④在Windows Server 2008下安装和配置SQL Server数据库服务器;

⑤在Linux操作系统中安装和配置MySQL数据库服务器;

⑥在Windows和Linux服务器上配置开源网站系统,并进行客户端连接测试。

二、实训资讯

查找相关参考书或上网搜索,回答下面的问题。

①目前能提供WWW服务的Web服务器组件有哪些?

要求:除了Windows的IIS和Linux的Apache以外的其他Web服务器组件。

②Windows操作系统中常用的数据库系统有哪些?

要求:除了Windows的SQL Server以外的其他数据库系统。

③Linux操作系统中常用的数据库系统有哪些?

要求:除了Linux的MySQL以外的其他数据库系统。

④在Linux操作系统中要配置支持JSP动态网站,需要安装哪些组件?

⑤要通过网络远程管理MySQL数据库,需要如何修改MySQL的配置文件?

要求:要实现允许网络上的其他计算机利用root账号进行登录和管理MySQL数据库。

三、实训计划

①在 Win2K8R2 中安装 IIS 服务组件和 .NET 环境,其要求如下:

A. 事先要配置好 DNS 服务器,以实现网站的域名解析;若本机进行测试,可以直接修改本机 HOSTS 文件内容,以实现简单域名解析功能。

B. DNS 服务器的功能可以由本机承担,或由同组中其他计算机承担。

②安装 SQL Server 2008 数据库系统并进行管理测试。如果实训时间有限,可以下载安装 SQL Server 2008 Express 版本,注意区分 32 位和 64 位版本;同时,需要启用"MSSQLSERVER 的 TCP/IP 协议",才能实现远程网络管理 SQL Server,否则只能本机访问。

③安装长登企业建站系统。

④在 CentOS 6 中安装配置动态网站服务器,其要求如下:

A. 按照教材内容,用 YUM 方式安装 LAMP 服务组件;

B. 安装和配置 phpBB 动态网站。

⑤在 CentOS 6 中安装以源代码发行的 MySQL 服务器并进行测试,其要求如下:

A. 先删除用 YUM 方式安装 MySQL 服务组件。

B. 在 MySQL 中,用 SQL 命令建立一个名为 DbBBSxx 的数据库,xx 表示座号。

C. 在 DbBBSxx 数据库中,用 SQL 命令建立一个名 UserXX 的表,XX 表示座号;UserXX 表中包含 UserID、UserName、UserPassword 字段。

D. 在 UserXX 表中,用 SQL 命令插入一条记录。

E. 用 SQL 命令查询记录插入是否成功。

F. 删除名为 DbBBSxx 的数据库。

⑥在 CentOS 6 中安装以源代码发行的 phpMyAdmin,并进行管理 MySQL 服务器测试。

⑦Apache 服务器压力测试,其要求是进行压力测试时,需要调整不同测试参数,并进行多次测试。

四、实训实施(记录实训过程和结果)

要求:

①在 Win2K8R2 中安装 IIS 服务组件和 .NET 环境时,对每个关键步骤需要进行屏幕截图说明。

②在安装 SQL Server 2008 和长登企业建站系统时,对每个关键步骤需要进行屏幕截图说明。

③在 CentOS 6 安装配置动态网站服务器时,对安装 LAMP 服务组件,只需要拷贝命令行窗口中的字符信息;而安装和配置 phpBB 动态网站的每个关键步骤需要进行屏幕截图说明。

④在 CentOS 6 中安装以源代码发行的 MySQL 服务器时,需要拷贝每条命令执行过程中命令行窗口中的字符信息,以及对数据库操作的 SQL 命令。

⑤在进行 Apache 服务器压力测试,需要记录不同测试参数的测试结果,并认真观察计算机的运行状况,如:硬盘读写指示灯的闪烁情况,执行多个任务时计算机会不会很卡。

⑥在下表中记录在实施过程中可能碰到的所有意外现象。

⑦进行实训任务总结,主要包括实施过程的简单总结、学习心得体会、对教师和本课程的建议等。

实训意外现象记录表

序号	意外现象描述	可能的原因	最终解决办法

五、实训评价

班级			日期		
项目名称					
项目成员			项目组长		
编号	项目任务完成情况评价(权重)		小组自评	小组互评	教师评价
1	钻研创新能力(5分)				
2	劳动纪律与团队协作(5分)				
3	资讯及方案设计能力(10分)				
4	安装IIS服务组件和.NET环境(10分)				
5	安装SQL Server 2008数据库系统(10分)				
6	安装长登企业建站系统(10分)				
7	在CentOS 6中安装配置动态网站服务器(10分)				
8	在CentOS 6中安装以源代码发行的MySQL(10分)				
9	在CentOS 6中安装以源代码发行的phpMyAdmin(10分)				
10	Apache服务器压力测试(10分)				
11	实训任务总结(10分)				
互评小组意见					
指导教师意见					
总评	互评项目组长签名		指导教师签名		
备注	①等级分为优秀(90~100)、良好(75~89)、合格(60~74)、不合格(0~59)4个等级。 ②互评是由其他项目小组进行,总评是指导教师在自评和互评的基础上,根据实际情况做出评价。				

实训项目 7　网络服务器远程控制与管理

一、实训场景要求

①实训按分组进行,两人一组,实训场所要求能够接入 Internet;

②利用 VMware 软件,创建出一台虚拟计算机,设置虚拟计算机的网卡为桥接模式,分别虚拟出在同一网段的多台计算机;

③在操作系统中配置远程管理功能或安装第三方远程管理软件,实现对服务器的远程管理。

二、实训资讯

查找相关参考书或上网搜索,回答下面的问题。

①简述 SSH 协议使用什么加密方式。

②简述 QQ 远程协助的工作机制。

③在安装有 Gnome 桌面的 Linux 系统,如何进行图形界面和字符界面的切换?

要求:如何从图形界面切换到字符界面;如何从字符界面切换到(或启动)图形界面;修改什么配置文件,可以使得开机默认登录到字符界面?

三、实训计划

1. 配置 Win2K8R2 的远程桌面控制功能

要求:

①按照教材内容启用 Win2K8R2 的远程桌面控制功能;

②利用多个虚拟机连接 Win2K8R2 的远程桌面,当超过最大连接用户数限制时,使用带"/console"参数的"mstsc"控制台命令进行强行连接;

③配置最大连接用户数为 5;

④修改 Windows 远程桌面连接的默认端口号为 5566;

⑤在进行测试 Win2K8R2 的远程桌面控制功能时,将控制端计算机的本地磁盘驱动器连接并映射到被控制端的服务器,然后将某个文件通过远程桌面"上传"到服务器中。

2. 安装和配置 RemotelyAnywhere 远程控制软件

要求:

①按照教材内容在 Win2K8R2 中安装 RemotelyAnywhere 远程控制软件;

②在客户端测试远程控制服务器时,在浏览器中分别使用"HTML 方式"和"ActiveX 控件方式"控制和操作远程服务器,并比较其控制操作的易用性。

3. 用 SSH 控制台命令远程控制 Linux 服务器

要求:

①每个小组的成员分别用 SSH 相关命令,在 Linux 下以字符登录方式,为对方安装以源代码发行的 FTP 服务器组件 proftpd-1.3.4a.tar.gz;

②在 WindowsXP 系统中,利用 SSH 相关软件(如:putty 或 SecureCRT),用字符登录方式为 FTP 服务器并进行相关的配置,指定匿名下载目录为"/home/download"。

4. Xmanager 远程控制软件的安装与使用

要求:

①按照教材内容在 WindowsXP 系统中安装 Xmanager 远程控制软件;

②在 CentOS 6 中修改 XDMCP 相关配置文件,需要使用 SSH 字符登录方式;

③在 WindowsXP 系统中分别使用 Xstart 和 Xbrowser 方式进行 CentOS 6 的远程桌面控制。

5. RealVNC 远程控制软件的安装与使用

要求:

①按照教材内容在 WindowsXP 系统中安装 RealVNC 远程控制软件;

②配置 Gnome 环境的 vino-server 远程协助功能,在 WindowsXP 系统中利用 VNC-Viewer 进行远程桌面控制;

③为 Linux 服务器安装 vnc-server 组件,为 root 和 admin 用户分别设置不同的桌面分辨率,root 用户为(800×600),admin 用户为(600×480),然后在 WindowsXP 系统中利用 VNC-Viewer 进行远程桌面控制。

四、实训实施(记录实训过程和结果)

要求:

①在 Win2K8R2 中使用远程桌面或 RemotelyAnywhere 实施远程控制服务器时,对每个关键步骤需要进行屏幕截图说明;

②在使用 putty 或 SecureCRT 工具通过 SSH 远程控制 Linux 服务器时,对每个关键步骤需要进行屏幕截图说明;

③在使用 Xmanager 或 RealVNC 远程控制 Linux 服务器时,除了需要修改 CentOS 6 相关配置文件可以直接拷贝文件内容外,其余每个关键步骤需要进行屏幕截图说明;

④在下表中记录在实施过程中可能碰到的所有意外现象;

⑤进行实训任务总结,主要包括实施过程的简单总结、学习心得体会、对教师和本课程的建议等。

实训意外现象记录表

序号	意外现象描述	可能的原因	最终解决办法

五、实训评价

班级			日期		
项目名称					
项目成员			项目组长		
编号	项目任务完成情况评价(权重)		小组自评	小组互评	教师评价
1	钻研创新能力(5分)				
2	劳动纪律与团队协作(5分)				
3	资讯及方案设计能力(10分)				
4	配置 Win2K8R2 的远程桌面控制功能(10分)				
5	安装和配置 RemotelyAnywhere 远程控制软件(10分)				
6	用 SSH 控制台命令远程控制 Linux 服务器(20分)				
7	Xmanager 远程控制软件的安装与使用(20分)				
8	RealVNC 远程控制软件的安装与使用(10分)				
9	实训任务总结(10分)				
互评小组意见					
指导教师意见					
总评	互评项目组长签名		指导教师签名		
备注	①等级分为优秀(90~100)、良好(75~89)、合格(60~74)、不合格(0~59)4个等级。 ②互评是由其他项目小组进行,总评是指导教师在自评和互评的基础上,根据实际情况做出评价。				

参考文献

[1] 高俊峰. 循序渐进 Linux[M]. 北京:人民邮电出版社,2009.

[2] 鸟哥. 鸟哥的 Linux 私房菜:服务器架设篇[M]. 北京:机械工业出版社,2008.

[3] 许社村. Red Hat Linux 9 中文版入门与进阶[M]. 北京:清华大学出版社,2003.

[4] 张栋,周进,黄成. Red Hat Enterprise Linux 服务器配置与管理[M]. 北京:人民邮电出版社,2009.

[5] 赵江,张锐. Windows Server 2008 配置与应用指南[M]. 北京:人民邮电出版社,2008.

[6] 刘晓辉,李书满. Windows Server 2008 服务器架设与配置实战指南[M]. 北京:清华大学出版社,2010.

[7] 戴有炜. Windows Server 2008 安装与管理指南[M]. 北京:科学出版社,2010.

[8] 韩立刚,张辉. Windows Server 2008 系统管理之道[M]. 北京:清华大学出版社,2009.

[9] 刘淑梅. Windows Server 2008 组网技术与应用详解[M]. 北京:人民邮电出版社,2009.

[10] lan McLean,Orin Thomas. Windows Server 2008 网管员自学宝典(MCITP 教程)[M]. 施平安,刘晖,张大威,译. 北京:清华大学出版社,2009.

[11] 伍之昂,汤楠,庄毅. Linux 服务器架设与管理(网管实战宝典)[M]. 北京:清华大学出版社,2008.

[12] 梁如军,丛日权,周涛. CentOS 5 系统管理[M]. 北京:电子工业出版社,2008.

[13] 郝永清. 堡垒主机搭建全攻略与流行黑客攻击技术深度分析[M]. 北京：科学出版社, 2010.

[14] 戴有炜. Windows Server 2008 R2 网络管理与架站[M]. 北京：清华大学出版社, 2011.

[15] 成都网大科技有限公司. MikroTik RouterOS v2.9 基本操作说明[EB/OL]. [2010-10-27]. http://www.mikrotik.com.cn.

[16] 张勤, 杨章明. Linux 服务器配置全程实录[M]. 北京：人民邮电出版社, 2010.